霞光照浦丝路帆

海洋文化研讨会
（中国·霞浦）论文集

麻健敏　主编

海峡出版发行集团｜海峡文艺出版社

序

刘小新

　　我国是一个海洋大国，海域面积十分辽阔，海洋资源十分丰富。21世纪是海洋的世纪，中华民族的伟大复兴必定要在海洋事业发展和海洋强国建设中有所作为。党的十八大以来，习近平总书记围绕建设海洋强国发表了一系列重要讲话、作出一系列重大部署，提出"建设海洋强国是中国特色社会主义事业的重要组成部分""要进一步关心海洋、认识海洋、经略海洋，坚持陆海统筹，坚持走依海富国、以海强国、人海和谐、合作共赢的发展道路，通过和平、发展、合作、共赢方式，扎实推进海洋强国建设"，这为我们在新时代发展海洋事业、建设海洋强国提供了行动指南。海洋文化体现了一个国家和民族关于海洋的认知和行为。海洋强国建设离不开海洋文化建设，它是实现从"海洋大国"向"海洋强国"转变的重要文化支撑。要实现国家"十四五"规划建议提出的"坚持陆海统筹，发展海洋经济，建设海洋强国"的宏伟目标，维护国家海洋权益、推动海洋经济高质量发展，需要深刻把握海洋文化内涵，继承我国古代灿烂的海洋文明，结合新时代加快建设海洋强国的内在要求，衔古接今，立足新常态，贯彻新发展理念，构建适应新时代发展要求的海洋文化新格局。

　　福建省第十一次党代会明确将打造"海上丝绸之路核心区"、建设"海上福建"纳入今后五年工作的总体要求和目标任务，这是继承和弘扬悠久八闽海洋历史文化的必然，也是新时代实现闽江口"金三角"开放开发新格局的必然，更是贯彻落实习近平总书记重要指示批示精神的必然。习近平总书记在福建工作期间十分重视海洋经济，指出发展海洋经济是一项功在当代、利在千秋的大事业，先后提出念好"山海经"和建设"海上福州"发展战略。在福州担任市委书记期间，习近平同志基于对世界经济发展格局和趋势的深刻洞察，提出了建设"海上福州"发展战略："福州的优势在于江海，福州的出路在于江海，福州的希望在于江海，福州的发展也在于江海。"习近平同志主张进一步提高福州经济的外向度，以福州开放城市和马尾开发区为中心，形成闽江口两岸大福州"金三角"开放地带，并逐步向闽东北辐射。当时，发展海洋经济还是个新命题。1994年6月，《关于建设"海上福州"的意见》出台，提出对海洋进行立体式的、全方位综合性开发的全新理念，福州成为我国最早发出"向海进军"宣言的城市。从建设"海上福州"到建设"海上福建"，不仅加速了福州"东扩南进、沿江向海"的步伐，而且有利于发挥省会城市的排头兵作用，带动莆田、宁德及闽东北区域实现跨越式发展，最终实现海西城市群发展，进而完成中国经济发展蓝图中的"海洋"拼图。

福建在中华海洋文明史中占据着重要地位。福建是中华海洋文明重要发祥地和先驱者。福建海岸线蜿蜒曲折，天然良港众多，留下中国古代航海历史上的诸多佳话，创造了中华海洋文明的众多奇迹。"习水"的古闽人不但擅长驾船行舟于江河湖汉，还拥有特殊的海洋航行技能，有证据证明福建沿海是世界海洋民族"南岛语族"的发祥地。福建是古代"海上丝绸之路"的东方起点，是中国古代海洋贸易北洋航线和南洋航线的重要枢纽。宋元时期的泉州对外交通和海洋贸易空前繁荣，到泉州港来经商、传教、创业、致仕及至长期定居的外国人数以万计。意大利旅行家马可·波罗和摩洛哥旅行家伊本·白图泰一致赞誉泉州是与埃及亚历山大港齐名的东方第一大港。泉州被联合国教科文组织确定为"海上丝绸之路的东方起点"。福建是中外经济交流的重要纽带。明永乐年间，郑和七下西洋就是从长乐太平港扬帆远航。明成化五年（1469），市舶司移于福州，主持朝贡贸易和一般商人来华贸易。清代，福州成为东亚地区海洋贸易的中心城市。"百货随潮船入市""近市鱼盐千艘集，凌空楼阁万山低""商人载酒晚移舟"等诗句，十分形象地描述了古代福州海洋商业繁荣的景象。

福建是中华海洋精神的孕育地之一，海洋文化资源十分丰富。海洋性是福建文化的最突出特征，它使福建人富于流动性，铸就了敢冒风险、爱拼会赢的精神，"走四方，闯天下"，哪里有市场就把生意做到哪里，创造了许多商业传奇。悠久的海洋商贸史孕育了福建海洋商帮。闽商是全球贸易的重要参与者，他们的市场网络遍及国内沿海港口及海外诸港。祖籍福建的海外华商历来就是世界商帮中一支不容忽视的力量。福建还是中华海洋文化的坚定传播者。经过漫长历史的演化与积淀，妈祖文化已经成为闽商精神的重要伦理内涵。在长期的传播和弘扬妈祖文化的历程中，闽商将福建人的冒险精神与妈祖的奉献精神有机结合，逐步形成闽商的海纳百川、乐善好施、明辨大义，勇于担当、义利兼具、爱国爱乡、敢拼会赢的优秀商业品格。闽商文化的海洋性特质，不但推动了福建经济社会的发展，其精神影响力也随着海洋商路，传播到全国各地和世界八方。

党的十八大以来，以习近平同志为核心的党中央高度重视哲学社会科学发展和新型智库建设。福建社科院作为省级综合性社会科学研究机构和重要智库，我们始终围绕福建改革开放和经济社会发展中的重大问题，进行前瞻性、战略性和基础性研究；始终紧紧围绕坚持和发展中国特色社会主义这一主题，着力加强马克思主义中国化，面向福建经济社会发展中的重大理论与现实问题，取得一批具有地方特色的重大基础理论问题研究成果；始终坚持为地方经济社会发展服务的方针，在应用研究领域进一步拓宽路径，在全省新型智库建设中发挥出重要的引领作用。在"一带一路"倡议的大背景下，福建作为"21世纪海上丝绸之路"核心区，全面深入开展福建海洋文化研究具有重要的历史意义和当代价值。霞浦县是闽东北地区海洋经济、海洋文化的重镇，海洋历史文化资源丰富。霞浦多处贝丘文化遗址的挖掘发现，证明霞浦沿海地区是福建古代海洋族群重要的栖息地。三国时期在霞浦建立的温麻船屯，证明霞浦古代造船技术水平的高超。唐代，日本遣唐使空海在霞浦登岸，证明霞浦是中国古代海外交通要冲。存留至今的大量明清时期海防城堡，对研究古代东南海防具有重要意义。与此同时，由于历史上陆路交通闭塞的原因，霞浦经历了较长的文化封闭期，地方文化得以原生态保存，例如柏洋摩尼教遗存，具有很高的世界古代宗教史研究价值。

2019 年 10 月 15 日，"福建社会科学院霞浦海洋文化研究基地"成立。这是我院在闽东北地区建立的首个学术研究基地，是扎实推进"四力"教育实践的重要平台，是科研创新的一项重要举措，是省级高端智库与地方政府联合开展学术研究的有益尝试。霞浦海洋文化研究基地的成立，将有助于带动和提升我院历史文化研究服务社会、服务基层、服务群众的能力，有助于促进我院与地方政府在社科研究领域的合作交流，产出一批直接服务于地方文化发展需求的理论与实践紧密结合的优秀成果。

2020 年 10 月，"中国·霞浦海洋文化研讨会"在霞浦举办，2021 年 11 月，"霞浦海洋文化论坛"再次于霞浦举办，来自全国各地的海洋历史与现实问题研究的专家学者们汇聚一堂，高论迭出，精彩纷呈。两次"霞浦海洋文化论坛"，研究涉及领域广泛，既有历史问题的研究，也有文化层面的探讨，还有不少现实问题的对策建议。在海洋历史研究方面，举凡福建古代造船与航海造技术、沿海少数族裔社会变迁、海洋宗教的传播轨迹、沿海城堡式古村落、古代海洋贸易商品种类；在海洋文化方面，有海洋文艺的多姿，有海洋民俗的多彩，有海洋精神的探究，并达成挖掘保护好海洋历史文化遗产、传承海洋文化基因的共识。更为重要的是，会议明确提出要立足新发展阶段，贯彻发展理念，构建福建海洋经济新格局，全面振兴福建海洋文化。我相信，随着霞浦海洋历史文化研究向纵深发展，必将产生积极的辐射作用，推动全省海洋历史文化研究向高质量迈进，进而赋能全省海洋经济、海洋文化、海洋生态建设提质增效，全方位实现"海上丝绸之路核心区""海上福建"的宏伟蓝图。

（作者系福建社会科学院副院长）

目录

建设中国海洋文化基因库，全面复兴中国传统海洋文化 / 苏文菁 ·············· 1

明清海洋经济对中国畲族社会的深刻影响 / 麻健敏 ·············· 6

霞浦，心中那片海

　　——海洋城市品牌的构建与路径 / 陈　健　·············· 14

清代册封琉球闽东地区相关人员行迹考述 / 赖正维 ·············· 20

闽东宁德地区古碑刻遗存调查 / 刘传标 ·············· 29

霞浦史前海洋文化的特色价值 / 吴　卫 ·············· 49

从福建北大门到省城福州

　　——仙霞古道与闽江航道漫笔 / 许维勤 ·············· 55

霞浦县崇儒乡濂溪村宋代窑址调查报告 / 吴春明 ·············· 61

近代闽东茶叶贸易概述 / 潘　健 ·············· 68

清末民初粤闽侨资铁路比较研究 / 黄洁琼 ·············· 81

莲开一路："海丝"佛教先驱宝松和尚别传 / 陈文庆 ·············· 91

珍爱和保护霞浦摩尼教史迹 / 粘良图 ·············· 97

霞浦海洋文化史迹略论 / 刘岳龙 ·············· 102

清末霞浦长腰岛船坞建设之议的兴废 / 陈信健 ·············· 114

霞浦船民族群身份的演变历程 / 刘季鸣 ·············· 127

清代闽东地区女性之特征与变化 / 张　慧 ·············· 134

古代霞浦茶叶贸易的几个口岸 / 郑学华 ·············· 142

海洋文化遗产的沿革与保护：以闽海关建筑为例 / 林　星 ·············· 147

六百年华风驰荡"海丝"路

　　——印度尼西亚民间文学中郑和故事的当代意义 / 肖　成 ·········· 157

试析福建海洋文化的保护和利用 / 陆　芸 ···························· 164

关于福建海洋非物质文化遗产保护与利用的思考 / 黄艳平 ·········· 169

新时代背景下海洋精神践行的思考 / 张建青　鄢木秀 ·············· 175

当代年轻人如何传承和弘扬海洋文化

　　——以妈祖文化传播为例 / 孙子璇 ······················· 183

福建传统海上信仰与敬神仪轨研究 / 林　瀚 ······················ 188

东海区海洋文化产业投入产出表的编制与应用 / 郑珍远　张棣荔　郑姗姗

　　······································· 205

霞浦妈祖文化与两岸民间交流 / 陈　杰 ·························· 219

妈祖信俗的多样化表达

　　——"茶帮拜妈祖"市级非遗的实践 / 钱颖曦 ············· 224

浅谈海洋文创对霞浦新经济发展的启示 / 吴巍巍　黄　慧　赖清颖 ······· 229

大力发展环马祖澳旅游，助力两岸融合共赢 / 纪浩鹏 ············· 234

霞浦竹江海洋文化研学构想 / 郑臣梁 ···························· 239

探索海洋教育视域下全局研学产业创新发展路径

　　——以福州马尾和厦门为例 / 陈炎森 ················· 246

区域渔文化的传承、研习与展示

　　——以石狮市弘洋渔文化馆的建设为例 / 邱　松 ·········· 250

互联网助推霞浦海洋养殖的探索与实践 / 龚碧玲 ················ 253

中国传统航海绳结的特点与价值 / 曾俊凯 ······················ 258

福建霞浦海带价格指数编制设想 / 郑珍远 ······················ 262

后记 ·· 273

建设中国海洋文化基因库，
全面复兴中国传统海洋文化

苏文菁

中国是欧亚大陆东端的大陆国家，也是向太平洋开放的海洋国家。在多元一体的中华民族发展史上，东部沿海的海洋族群沿着3.2万千米的海岸线以及毗邻海域创造了辉煌灿烂的海洋文明，其与陆地上的农耕文明、游牧文明共同构成了中国传统文化。中国历代王朝经略海洋有张有弛，民间向海洋的发展此起彼伏，海洋中国始终是中华民族生存与发展的重要空间。

同时，我们也应该清醒地认识到，明清以降，中国主流文化从海上退缩了，沿海区域海洋族群的海洋实践沉入历史地表以上，其经略海洋、捍卫海疆的事实极少进入以汉语文字记载的主流文化传承之中，偶有记载，亦以被"污名化"的形象出现。这段历史造成了今天中国主流知识体系中"海洋"的缺失。

受制于传统陆权思维，《中华人民共和国宪法》（2004年第四次修订）总纲第九条对山岭、草原、滩涂等自然资源的归属均有明确规定，唯独缺失了海洋；而其他条款与300多万平方千米的海域更是没有关系。缺少国家根本大法——宪法的支撑，我国的海洋法律体系构建根基不稳，缺乏体系性和科学性。

在教育领域，近年来随着国家对海洋重视的不断提升，不少课本中均加大了海洋相关知识的比重。然而，仍存在以下两个方面的问题：教材编纂者对中国海洋国土认识不足，仍从大陆文明的角度对海洋进行阐释和解读，使得学生的视野无法摆脱陆地国土的限制；另一方面，教材中有限的篇幅局限于海洋的自然属性，人文层面的"海洋"，也就是产生于人海互动之中的历史、文化等精神文明成果，被忽视了。

中国海洋文化的基因大多留存于中国东南沿海的民间，留存于中国海洋族群的日常生活之中。但是，中国40多年的工业化进程，在极大提升了人民生活品质的同时，也在一定程度上破坏了中华大地上包括海洋文化在内的传统文化资源。而对于留存的海洋文化因素，又往往以农耕文化的标准任意对其施以"改造"，使之失去了海洋文化应有的内涵。

建设海洋强国、实现"一带一路"美好愿景，必须建设基于当代中国社会发展的海洋文化。中国的海洋传统是建设当代中国海洋文化的本民族的文化支撑。

对此，我们认为设立"中国海洋文化基因库"，从海洋文明的视角出发，通过现代化的手段对环中国海海洋文化圈的历史文化进行整理、挖掘与研究，从中梳理出中国海洋文化的基本基因，是复兴中国传统海洋文化、建设中国当代海洋文化最为切实有效的方法。

一、中国海洋文化基因库的内容

建设中国海洋文化基因库，必须明确中国海洋文化的核心思想理念。我们认为多元、共享、开放、拼搏是蕴含在千百年来中华文明中的、通过海洋活动而展现出来的中国海洋文化的核心思想理念。

人类的海洋实践都经历了由简单到复杂、由小规模到大族群、由顺应自然到改造自然的过程，但是，由于不同族群生活的陆域文化的差异，不同民族的海洋文化呈现出不同的思想理念。地处欧亚大陆东端的中国拥有多样化的土地与物产，不同区域的人民在与自然环境的互动中创造了风格不同的习俗。这使得中华民族在长期的海洋活动中保持了尊重不同文明的多元的思想理念。回顾中国海洋族群的海洋实践，我们能看到，他们不仅将中华物产带到世界各地，同时也将中国传统社会精耕细作的劳动方式、长幼有序的家庭伦理分享到不同的族群之中，这也正是构成亚洲儒家文化圈的根本因素。海洋至今还是人类尚未完全征服的场域，开放的胸襟才能促使人类走向广阔的大海，接受未知的文化。在生产力极为低下的古代，当人们突破面积仅占地球表面30％的陆域对人类的限制、迈向更加广阔的大洋的时候，其拼搏的精神是不言而喻的。

在建设海洋强国的新时期，时代在呼唤海洋精神。树立多元、共享、开放、拼搏的海洋精神，将为中国当代海洋文化的构建注入核心思想，为实现中华民族的全面复兴迈出坚实的一步。

围绕上述核心思想理念，中国海洋文化基因库将包括以下5个方面的主体内容：

1. 中国海洋族群。人是文化的创造者和实践者，构建中国海洋文化需要界定中国的海洋族群。良渚文化遗址群、马祖列岛"亮岛人"遗骨、海南东南部沿海地区新石器时代遗址等史前文化遗迹的发现，将中国东部沿海与世界上最大的海洋族群"南岛语族"紧紧联系在一起。最新学术研究成果显示，以福建为中心的中国东南沿海应是南岛语族向大洋迁徙前的最后栖息地，水上居民——疍民很有可能是留在大陆繁衍至今的南岛语族分支。中国海洋族群向外迁徙是持续性的。他们不仅把中华文明带到世界各地，同时也把不同区域的物产与文化带回中国。东南亚是中国海洋族群向外迁徙的第一大码头。中国海洋族群有的在东南亚落地生根，形成了土生华人族群，有的再以东南亚为起点，迁播全球。他们是中国海洋文化的普世价值的最佳代表。

2. 中国传统造船与航海技术。前工业革命时代，中国传统木制帆船是航海中最先进的生产工具。今天，其核心技术"水密隔舱"的原理依然影响着当代舰船的设计，这是传统中国至今仍影响世界的技术样板之一。此外，中国的舵、中华帆等一系列造船技术都有其独到之处，与指南针、过洋牵星术等航海技术共同支持了古代"海上丝绸之路"的持久不衰。航海图和针路簿记载了中国海洋族群千年间的航海路线，成为今天中国拥有东海与南海诸岛的铁证。

3. 中国海神谱系。海洋族群的民间信仰和节庆习俗有着巨大的艺术和文化价值，是今天了解海洋族群历史传承的一大途径。为人们所熟知的海神妈祖，在宋代"开洋裕国"的需求之下，由区域性的民间信仰升格为国家神灵，跟随中国海洋族群跨洋越海，传播全球。除了妈祖之外，中国还有诸多的海神，如精卫、四海龙王等等。此外，沿海地区还有其他的区域性海神，如陈文龙、南海神等。这些神明共同构成了中国海神的谱系，为充满凶险和挑战的涉海生活提供精神护佑。今天，对海神的崇拜依然存在于东部沿海族群的精神生活中。

4. 中国沿海地区的方言。语言是文化的重要载体，中国沿海地区的区域语言系统蕴藏着深厚的海洋文化背景。16 世纪以来，欧洲东来的人群在海洋上遭遇的大多为使用各种方言的中国东南沿海的海洋族群，因此，国际知识体系中的"中国语言"包括有数种方言，除了汉语普通话之外，一般有以下四种：闽南话、福州话、粤语（广府话）、吴语。中国文化对世界的影响并不仅仅是通过汉语普通话实现的，在深受中华海洋文化影响的东南亚地区，各种领域都有中国东南沿海方言的借音。此外，中国沿海区域方言中蕴藏着深厚的当地海洋文化信息，不宜简单以北方方言为基础的汉语普通话取代。

5. 中国海洋英雄。每个民族的英雄都是该民族文化精神的代表者，中国的海洋英雄是多元、共享、开放、拼搏的海洋精神的凝聚。明末清初，郑氏集团的领袖郑芝龙整合军官、海盗、商人三重身份，以他为代表的中国海上力量与西方海上扩张势力时而合作、时而博弈。1633 年，郑芝龙所领导的厦门料罗湾海战，首开东方国家在海战中击败西方殖民国家之先例，代表了历代中国海商对海权的不懈抗争。20世纪初，带领乡亲移居海外、建设当地的黄乃裳，承载了中国海洋族群把中国的技术、物产和文化带到世界各地落地生根的使命，无疑将成为中国"走出去"、实行"一带一路"建设的时代新典范。

二、中国海洋文化基因库的作用

1. 教育展示作用：作为现有教育体系的补充，使海洋文化贯穿国民教育始终，引导大众跳出陆地限制，从多元文明的视角看重新认识中国的历史文化，培养具备海洋人文知识储备的合格公民。

2. 保护传承作用：串联起中国东部沿海各区域的海洋文明存档保护工作，将其置于整体性的大背景之下，深入挖掘研究其中所承载的中国海洋文明的宝贵基因片段，形成中国海洋文明的知识体系传承。

3. 科研平台作用：整合集聚现有海洋人文学术资源，在思想的碰撞中产生新思想的火花，推动中国传统海洋文化的复兴，为中国当代海洋文化的构建提供学术依据，为中国建设海洋强国提供理论体系和技术路线。

4. 创意创新作用：以海洋文化滋养文艺创作和文化产品，推动海洋文化资源到海洋文化资本的转换，激发国内培育海洋类文化品牌和IP的能力，推动海洋文创产业及其上下游产业链的创新发展。

5. 提升生活内涵的作用：使海洋文化核心价值观融入生产生活，使其在日常生活中获得文化的意义。

三、中国海洋文化基因库的实现形式

1. 建设中国海洋文化与海洋意识教育基地：以博物馆为核心，链接起项目建设地周边的中国海洋族群活动现场，向大众展示中国海洋文明的辉煌成果；与教育部门合作，为新时期的课程和教材体系提供最鲜活的海洋文化素材，在青少年中播撒多元、开放、共享、拼搏的海洋核心精神。

2. 建设海洋人文知识交流与生产平台：以实物、录影、模型等形式，对以中国东南沿海为中心的中国海洋文明成果进行归档整理，为专家学者提供研究素材；设立研究讲席并招募全球专家学者，建设配套的学术工作室和会议中心，每两年举办一届"海上丝绸之路沿线区域海洋文明论坛"。在此基础上，产生出适合海洋强国时代的新的思想资源、知识体系。

3. 为讲好中国故事提供海洋文化素材：在地区形象和文化塑造中置入海洋文化元素，打造中国东部沿海地区的海洋文化品牌形象；针对不同人群设置各种门类的传播形式，如系列短片、歌舞剧、故事电影、VR 体验、旅游产品等，借助新一代文创手段，进行海洋文化和海洋精神的表达和传播。

4.建设中国海洋文化节日活动体系：发掘开渔节、妈祖诞辰等传统海洋节日，恢复其海洋文明的特质；针对 68 海洋日、712 航海日、海军节等现代海洋节日，建立其与中国传统海洋文化的连接；每年设计与海洋产业相关的经济类文化活动，以包含多种艺术门类的嘉年华形式，赋予产品以海洋文化附加值，实现当地经济增长与文化宣传的双赢。

5.推动海洋文化创意产业发展：以素材库的形式，贮备一批中国海洋文化故事素材，通过向商业文化产品的转化，培育自己的海洋文化 IP；建立海洋文化产品和知识产权交易平台，集聚具备中国海洋文化特色的优质文化产品，为海洋文化创意产业发展提供新的增长点。

6.推进国际交流合作：在"海上丝绸之路"沿线，特别是环中国海海洋文化圈，加强与文化机构和各级智库的深度交流合作；发掘其他国家和地区历史文化中的中国海洋文化元素，以当地民众最容易接受的方式，讲述中国好故事，传播中国好声音，显示中国文化的软实力。

四、结语

党的十八大以来，中国从以陆地为主进入了"坚持陆海统筹、建设海洋强国"的新阶段。习近平总书记关于建设海洋强国的重要论述，不仅是习近平新时代中国特色社会主义理论的重要组成，更是马克思主义海洋观在当代中国的最新发展。

福建因海而生，向海而兴，近年来福建"六区合一"、建设"21 世纪海上丝绸之路"核心区成为新的历史机遇。海洋事业在福建省的社会发展、经济建设中的地位越来越重要。福建省建设海洋强省，厦门市建设国家海洋中心城市，福州市建设国家中心城市，这些都与福建深厚的海洋文化积淀有关。作为中国海洋文明最具代表性的区域，福建必须在文化上承担起建设中国特色的海洋文化理论、为重返世界舞台中心的中国提供好故事、为建设"21 世纪海上丝绸之路"提供技术路线的重要任务。

（作者系福州大学闽商文化研究院院长、教授）

明清海洋经济对中国畲族社会的深刻影响

麻健敏

明朝中期以后，受政府的招徕以及海洋经济的吸引，大量畲民从祖居地闽粤赣交界处迁居闽东北沿海地区，"编录图籍"开始定居生活，逐步形成从闽东北到浙西南"大分散，小聚居"的分布格局。畲族人民与汉族人民的交往、交流、交融日益密切，不但改变了千年游耕徙居的传统生活形态，也使得畲民族的思想文化、经济生活、社会结构发生了巨大变革和飞跃。

一、明清时期畲民大规模沿海北迁的动因

闽粤赣交界地区是历史上畲民传统聚居区，最迟从隋唐时期开始，畲民就在这一带山区"随山散处，刀耕火种，采实猎毛，食尽一山则他徙"①，一直过着不落户籍、不纳赋税的游耕游猎生活。南宋刘克庄《漳州谕畲》记述漳州地区畲民情况颇详，为最早称漳州一带少数民族为"畲民"的历史文献。唐代，陈政、陈元光父子在漳州地区实行军屯，招徕畲民垦荒，"火田军陂"遗迹是当时大规模垦殖的历史见证。元初畲民大规模抗元斗争，说明这一时期畲民有不小的人口规模。

唐五代以后，福建海洋经济日趋繁荣，海洋贸易发展成为福建经济重要支柱，至宋元两代到达鼎盛。元末福建沿海地区的战乱加上明朝初年实行严酷的海禁政策，使得曾经因海洋经济而繁荣的闽南、闽西南地区产生经济衰退，出现人口过剩，世居于此的人民被迫向外地迁移。明朝实行"招集流亡，劝农兴学"政策，鼓励垦荒并废除了名目繁多的苛捐杂税。畲民成为明政府招徕的对象，其主要人口陆续迁徙到福州周边的山区。畲民迁徙北上的原因，与明代福州地区商品经济的发展有着密切的关系。当时福建海洋经济重心转移至福州，促进了当地纺

---

① 顾炎武. 天下郡国利病书·第二七册·广东上·博罗县。

织业的发展，纺织业对靛青的需求激增。靛青，也称为靛蓝、蓼蓝，福建人叫
"菁"，是一种可以提取蓝色染料的草本植物。明代福建种靛业集中于福州一带，
《闽部疏》记载："福州而南，兰甲天下。"福州南台的上靛街、下靛街逐渐成为
"兰靛"的批发中心。畲民善于在深山生活耕作，加工菁靛、苎麻和茶叶，有种
植"菁"的传统。在闽西的畲家菁民"刀耕火耨，艺蓝为生，编至各邑结寮而
居。"① 迁入福州周边及闽东地区的畲民，因擅种蓝靛，也被称为"菁客"，他们
居住的村寨被称为"菁寮"。靛菁的加工是"绞其汁以灰扰之而成靛"②，大宗的
菁染料生产是以"寮"为单位进行，菁客受制于"寮主"和"山主"，"山主约束
寮主，而寮主约束菁民"③。由于气候和土质的原因，闽东和浙南广袤的山区成
了苎麻的理想家园，山民都擅此业，种苎，制苎，直至织成苎布，"一条龙"做
到底。大批畲民迁入闽东、浙南山区，并逐渐定居下来。在迁移时他们随身携带
农具，个别的还带有牲口，"随山种插，去瘠就腴"④，凡山间荒地"皆治为垄
亩"⑤，有水源的地方辟为梯田，成为当地的一支垦荒大军。畲民无论男女，黎
明即起，早饭后携工具赴田间劳作。畲族妇女则背着婴孩入山砍柴、采茶、挑
担、拔草。明万历年间一位进士游太姥山，在过湖坪这个地方，目睹畲民烧草焚
山的画面："西风急甚，竹木迸爆如霹雳……回望十里为灰矣"，并写下"畲人烧
草过春分"⑥ 的诗句。至清乾嘉年间，闽东畲区靛菁生产加工进入最为繁盛的时
期，宁德出现"西乡几都菁客盈千"⑦ 的景象。

　　清顺治十八年（1661），清政府为了应对据守台湾、袭扰福建沿海的郑成功
军事集团而实行海禁，强迫沿海居民内迁 30 里，造成沿海地区大面积的耕地抛
荒。直到康熙二十二年（1683），清朝平定台湾，郑克塽归顺，方停止迁界令。
复界之初，清政府鼓励开垦田土，免 3 年租税，优惠的政策和大片的荒地吸引了
一部分先期居住闽东、浙南近海山区的畲民也加入复界垦荒的行列。复界垦荒一
直延续到乾隆时期，今福安的甘棠、下白石、湾坞、溪尾，福鼎的桐城、前岐，
霞浦的牙城、水门，以及宁德的七都、飞鸾等沿海乡镇的许多畲村正是在这一时

---

① 熊人霖. 南荣集·卷一二·防菁民议上.
② 徐友梧. 霞浦县志·卷一一·物产志.
③ 熊人霖. 南荣集·卷一二·防菁民议下.
④ 余中英. 古田县志·卷二一·礼俗志·畲民附.
⑤ 谢肇淛. 太姥山志·卷中·游太姥山记.
⑥ 谢肇淛. 太姥山志·卷下·游太姥山道中作.
⑦ 卢建其，张君宾. 宁德县志·卷一·舆地志·物产.

期形成的。此外，长期围海造田缓解了土地矛盾，使闽东山区尚存较大的开发空间。经过闽东世代百姓的努力，围垦面积不断扩大，形成今天闽东最大的平原，拥有良田万亩，被称为"闽东第一洋"。围海造田大大缓解了人口增殖与土地短缺的矛盾，为大批畲族新移民提供了一个尚未充分开发的广袤的山区空间。这个时期畲族地区的社会经济生活相对比较安定，随着安家山野，自成村落，畲族的山地游耕逐步改为山地定耕。根据闽东现有畲族谱牒统计，从唐至清，畲族蓝、雷、钟三大主姓共有 74 支迁入闽东，其中唐代 2 支、明代 30 支、清代 42 支。畲民大批迁入闽东是在明清时期，尤其以明万历年间至清乾隆中期这 200 年最为集中。清乾隆后期（18 世纪后期）以后，畲族入迁闽东的历史基本结束。有学者推算，乾隆后期，闽东地区有畲民 4 万多人，其中福安县就有约 14000 人。清光绪十年（1884）编修的《福安县志》记载，"各都畲民村居"共有 209 个。闽东自古就是一个富庶而又充满温情的地方，畲族进入闽东后与当地汉族的交往日益频繁。畲族没有铁匠，就从附近汉族社区引进锄头、犁耙、砍刀等铁制农具，从传统的"游耕"转为择地定居、以农为业。清乾隆初年，闽东各县官府对畲民实行编甲，标志着畲族正式告别原始游耕时代，开启了定居农业的历史进程。

二、清中后期畲族海洋经济的发展

清中后期，福州地区海洋贸易进入发展高峰，带动闽东北地区商品经济发展，闽东畲族地区出现了土特产专业市场、茶叶市场。

（一）畲家集市出现

畲村没有固定的集贸时间和地点，都是到离村落较近的集镇从事商业活动。明代，偏远畲村"其贸易商贾，刻木大小长短为验"①，商业贸易十分落后。清代以后，畲民将多余农产品等挑至集镇交易，其所制竹器、所酿蜂蜜或"所畜有鱼豕鸡鹜，皆鬻于市"②。交易最为经常的是砍柴"负薪鬻于市"③，"易币以购各种棉纱布匹等杂货归焉"④，即换取最必需的生活用品和生料。魏蓝《畲客风俗》载，清代浙西南畲区"凡物与人换物者，即以高价与之，畲客亦不肯售。畲妇持鸡至城市，换人旧衣物，或挑番薯、芋头、萝卜之属，与人换鞋"⑤。清中后期，

---

① 顾炎武. 天下郡国利病书·第一六册·福建防闽山寇议.
② 邓光瀛. 长汀县志·卷三五·杂录畲家.
③ 周荣椿. 处州府志·卷二九·艺文志中·文编三.
④ 王虞辅. 平阳畲民调查. 民国三十五年（1946）.
⑤ 畲家风俗（日本东京清国留学会会馆刊本）. 光绪三十二年（1906）.

拥有某种土特产的畲区开始专门推销这种产品，并在畲区形成专业市场，如景宁畲区的香菇便远销华东、华南，闽东畲区的茶叶大量出口。

闽东是中国茶叶的重要产区之一，茶叶给茶区人民，包括广大畲民带来了经济利益。明朝长乐人谢肇淛在《游太姥山记》中写道："环长溪百里，诸山皆产茶，山丁僧俗半食焉。"茶叶是畲民种植的传统经济作物，畲区几乎无园不种茶。畲乡制茶历史悠久，茶叶加工主要在家庭内进行，少则数斤，多则数担，均经个体手工制作完成，工艺精湛。如浙江景宁"惠明茶"，产地在敕木山畲村。唐咸通二年（861）惠明和尚建寺山中，与畲民一起在寺周围辟地种茶，茶因僧名，历代列为"贡茶"。宁德八都猴墩雷氏在清咸丰、同治间，在闽省大开茶局，畲族地区出现辐辏之场、五都之市。

（二）猴墩茶市形成

闽东地区的山地、土壤、气候极为适宜茶叶的种植，生活在闽东山区的畲民也是种茶的好手。位于闽东山重水复中的猴墩畲村，本是春种秋收，平淡无奇，却因清代中期的两个机缘，一举成为闽东地区著名的茶叶贸易集散中心，畲人无意间成了这个地方茶叶贸易执牛耳者。

19 世纪，福建茶业进入黄金时期，福建茶在国际茶市上风靡一时，输出量位居全国首位。在福建的茶叶品种里，武夷山出产的红茶——正山小种深受西方上流社会的青睐和追捧，西方茶商携带巨款往来武夷山茶叶产区，采购来的茶叶走陆路，即经江西往广州，然后从广州装船运送到欧美地区。1853 年，太平军切断了武夷茶往广州的通道，西方茶商被迫另寻出口渠道。美国的旗昌洋行开辟了从闽江水路运输武夷茶的方式，取得巨大的利益，引得各商家竞相效仿。咸丰五年（1855），武夷茶的集散地福州已经有 5 家洋行在竞争抢购茶叶，福州这一年输出 1573 余万磅的茶叶，次年上升到 3500 余万磅，福州在国际茶市声名鹊起。19 世纪 60 年代，福州茶叶出口量突破 6000 万磅，在福州经营茶叶的商人赚得盆满钵满。由于武夷茶的数量毕竟有限，茶商开始将触手伸向闽东北这块福建重要的茶叶产区。闽东原来主要的茶叶品种是绿茶，茶商为了适应外贸红茶的需求，从武夷山请来制茶师傅，开始在闽东地区揉制红茶，红茶作坊很快遍及闽东各地。闽东特有的茶叶，加上武夷山地区传统的制茶技艺，诞生出福建"闽红三品"（即福建三大功夫茶）中的二品——福安的"坦洋工夫"和福鼎的"白琳工夫"。

猴墩畲村之所以成为茶叶集市，得益于其交通的便利。当时有 2 条"官道"经过猴墩村，外可连接宁德八都镇的霍童溪码头，内可直达闽东北的腹地。霍童溪可以通向三都澳、官井洋，这两个出海口均可以很快到达福州港。而从猴墩向内延伸的地区，都是茶叶的产区。猴墩畲村是闽东茶叶出口的门户之一，400 多人的畲族村落有 5 家茶庄，形成茶叶贸易"畲家阵"。该村著名茶庄有雷氏"振昌号"、雷氏"泰盛号"等。猴墩村还开设了屠宰店、杂货店、豆腐店、酒店、糕饼店等，形成一定规模的集市。随后，猴墩村还推销闽东特产菁靛、乌桕、板栗、蔗糖等。猴墩村畲族商人收购附近 36 个村的茶叶，通过水路运到福州，同时，又从福州运回布匹、洋油等日常生活必需的各项杂货。猴墩茶庄以收购绿毛茶为主，每届茶季，茶庄隔两天就有百担茶叶装袋出运。在猴墩茶叶市场的鼎盛期，头春茶可收购 1500 担之多，二春三春能收 2500 担。猴墩茶人除了将每年 4000 多担干茶叶运往福州茶栈外，又在猴墩村建起了村街饮食店、旅馆，接待各村送茶的畲家茶农。他们还在九都南面人口较密集的八都集市置业经商，办起了多家杂货店，经销煤油、布匹、海产、山货等。

（三）半月里海洋贸易

半月里位于霞浦县溪南镇，至今保存多座完好的古宅。半月里村有雷世儒大厝、龙溪宫、雷氏祠堂等三组清代古建筑和大量畲族文物，古代建筑共有 3000 平方米。修建于道光年间的雷世儒大厝，历时 3 年，耗费银圆 80 担，大小房间 38 间，柱子 126 根，占地 1300 平方米。青砖青瓦的畲族古民宅和嵌入畲族文化内涵的牌匾、楹联、雕梁画栋，把建筑、绘画、雕刻、诗文等多种艺术融为一体，宅、祠、宫内文物甚多。历史上，霞浦的古官道横贯白露坑半月里自然村，经东吾洋、官井洋水路通往宁德、罗源、连江和福州等地。东吾洋、官井洋是太平洋沿岸少有的大陆内海，是著名的大黄鱼天然繁殖地，水产资源极为丰富，素有"海上明珠"之称。一度便捷的交通，使白露坑成为商贾必经之地，给当地带来了繁荣。半月里畲民历来以农耕为主业，但由于村子距离海边比较近，翻过一座山即到位于海滨的厚首村，畲族村民有到海边捕捞海货的习惯，用以丰富饮食内容。畲族最擅长的是钓滩涂上的跳跳鱼。

半月里龙溪宫始建于清雍正八年（1730），背靠弥勒山，面向玉兔山，东依燕鼎山，建筑面积 508 平方米，硬山顶抬梁、穿斗木结构，自南而北依次为大门、戏台、众厅、神厅、神龛等，独具畲族建筑特色。龙溪宫神厅正中祭祀的神祇是薛元帅（唐代将领薛仁贵）、陈元帅（唐五代武将陈九郎，亦称"九仙"）。龙溪宫神厅右边的神龛，供奉平水明王和雷万春元帅。平水明王的原型是宋朝大将杨从仪。龙溪宫神厅的左边神座敬奉的是天后妈祖和临水夫人陈靖姑。半月里畲民对妈祖的崇拜，与雷氏海洋贸易的一段历史有关。清道光年间，村中出了个武举人雷世儒，他武艺高强又善于经商。雷世儒父子带领许多村民经商，生意通达福建、广东、台湾等地。他们将当地的茶叶等产品通过海运销往福州，在福州购得丝织品、布料等销往台湾，再将台湾的大米、糖等运回霞浦销售，从而积累了雄厚的资金，曾经拥有田产480亩。因长期的海上往来运输、经商，雷世儒和一起经商的村民接触并接受了妈祖信仰，因此在龙溪宫中尊奉妈祖神像。

三、明清畲民的家族社会

清中期以后，畲族杂居在闽浙交界的汉族地区，新的畲族群落形成。畲族村寨多以血缘相近的同姓人聚合而居，这些同村同姓者一般均为同宗，即都隶属于村寨肇基祖的后代。单一家庭裂变为若干家庭，而若干家庭遂组合成统一家族，整个村寨便以单纯的家族血缘纽带维系着。这一历史阶段的畲族社会已经与汉族社会形成交融的局面，汉文化思想渗透进畲族社区，宗族成为畲族社会组织的支柱，传统的婚姻家庭观念受到汉文化的影响逐渐加深，以蓝、雷、钟三大畲族姓氏为核心的大宗族概念形成。

（一）"社"与"会"

畲族社区的社会组织主要是公益性团体。清末民初的畲村出现"社"的组织，"社"由村民自发成立，职能为：防盗、防赌、防火，维持治安；防旱、防涝、防虫，维护生产。福建宁德狮猴（猴增）、新楼、半山、大坪、南岗等18个畲村均有"社"的群众组织。18个"社"联合为"总社"，八都狮猴村雷姓任总社长，逢每月农历十五的诸社聚会，互通村情，农历十二月十五聚会庆丰收，并商讨次年所执行的事项。与此相类的公益性团体还有"会"，如"路会""桥会""谷会""禁山会""狮灯会"等。这些村民组织行动目标单纯，即针对某一项目负责组织、捐资、互助和管理等事宜。如"谷会"，是互助性组织，由8位会友组成，推一人为会首，8年内各人按所得谷物的先后排列，既承担义务，又聚集到谷物。

（二）商贸"畲家阵"

猴墩茶市虽然规模不大，但却能始终如一、长盛不衰。究其原因，在于猴墩茶市全靠方圆数十里的畲族乡村支撑。这个与众不同的茶市运营模式，是在畲民家族伦理的支配之下推进的，法律的真空由本家族的"同心"和本民族的"协力"来填补。

雷志波是猴墩村诸位茶商中最有名气与威望者，也是猴墩茶市的创始人与主导者。他具有超乎常人的智慧、抱负、远见、胆识和魄力。在同治十三年

（1874），他把自家住屋辟为茶庄，起名"雷震昌号"，筹措资金，主动与驻福州的古田茶庄联系，将猴墩村作为茶叶经销点，做起茶叶买卖。他与地处福州府的闽中知县候选雷铭勋交往甚笃。雷铭勋在雷志波与夫人双寿时，赠送的"婺星焕彩"牌匾，至今还悬挂在祖屋厅堂上。猴墩茶市方兴，茶叶贸易并不顺畅，雷铭勋直接干预，打赢了官司，确保了猴墩茶叶运输之路的畅通，优化了茶叶市场的社会环境，增强了猴墩茶市的竞争力。雷志波凭借自身的政治影响力、经济实力和个人魅力，既任猴墩村雷氏家族的族长，又任九都茶叶商会会长。他扶持堂兄弟雷志满办起了第二家茶庄——"雷泰盛号"，又带动了其族亲雷成学办起了第三家"雷成学号"茶庄。随着茶叶市场的拓展，雷志波的"雷震昌号"茶庄扩展为"灿记""庆记"茶庄，雷志满的"雷泰盛号"茶庄扩展为"满记""祥记"茶庄。受猴墩茶人的影响，一些畲村也办起茶庄，如潦头畲村办起了"雷伏保"茶庄、中前畲村办起了"雷德庚"茶庄。同时，外地汉族茶商也来到八都，兴办了"吴兴记""鲍乾""顺德""经永"等多家茶庄。民国《福建之茶》记载，宁德县共有 6 个茶叶初级市场，其中九都、八都两个初级市场即泛指以上的畲汉茶庄。猴墩茶市的主体是由畲族茶商与畲村茶农构成的，这个特殊的农商结合经济群体，在宁德县九都茶叶初级市场中，以家族文化的壁垒，杜绝了商场上的失信、瞒骗和讹诈等弊病，并以极端传统的社会诚信与贸易取予的基本规则，与福州中心市场的有关茶栈缔结了稳定的经济联盟。这种独树一帜的市场优势是清末民初其他茶叶市场无法达到的。

（三）畲族"山民会馆"

清光绪二十五年（1899）于福宁府（今霞浦县）西门外教场头设立"山民会馆"，为闽东、浙南畲族民间公益团体和多职能的公共活动场所。民国初年"山民会馆"又改为"三明会馆"，1919 年 8 月迁址于北门里旗下街。

三明会馆内设董事会，闽、浙各县均设一名董事，浙江云和县毕业于浙江法政学校的蓝文蔚为董事律师。他长年住馆，以代写文书等酌收"红包钱"。其他董事不定期轮流住馆，义务服务。服务项目，包括族内调解纠纷、族外维护权益、为畲民做主、代写诉状、代打官司。当时福鼎桐城乡浮柳村畲汉山村纠纷和霞浦南乡畲汉海埕纠纷，因有会馆从中斡旋，均得到妥善解决。三明会馆作为接待处，解决族人往来的膳宿问题，来客按规矩，免费住宿，自办伙食。会馆中设有厨房，备有炊具。三明会馆还作为联谊会，诸县往来畲民可在此沟通信息、商议事务，诸如兴学、建祠、架桥、铺路、赈灾等。馆内经费充裕时还适当救济遇天灾人祸的族人。祭祖是三明会馆的要事，每年清明、中秋多有举祭，而春节必有大祭。如 1920 年，三明会馆迁入新址的第一个春节祭祖，霞浦西乡、南乡、东乡、附城区，以及福安、宁德、福鼎、寿宁、罗源、连江、闽侯、泰顺、平阳、云和、景宁等县均派人参加。祭礼活动连日分批举行，由各县董事和各处族长轮流主持，延续十余日。三明会馆的鼎盛时期达 30 多年，1927 年后中断活动。至 1946 年由畲家宗人协商重兴会馆，经民国霞浦县政府呈报，福建省政府核准在案，三明会馆成为官方注册认定的"苗夷民族"之"公益团体组织"。三明会馆于民国时期在闽、浙两省畲民中有广泛深远的影响。

受海洋文化的影响，明清时期的畲族出现了重要的历史转折。他们告别千年游耕生活开启定居农业新形态，部分畲民加入海洋经济浪潮中。明清畲族经济生活方式的转型，促进畲汉民族交往交流进一步加深，畲族社区进入社会文化发展的快车道。

（作者系福建社会科学院历史所所长）

霞浦：心中那片海

——海洋城市品牌的构建与路径

陈　健

形象已经成为当今社会的核心概念之一。人们对于形象的依赖已经成为一种生存状态。现代人类所具有的最基本的心理和行为特征就是形象消费方式与形象导向思维，消费者越来越依靠主观感觉认知来购买产品。

当今时代，城市之间的竞争，已经从初期的粗放式、同质化竞争，逐步演进为城市品牌的竞争。把城市作为一种资产来经营，以塑造城市品牌为内核，提升城市竞争力，具有至关重要的实践意义。

基于这种对现实背景的理性认识，本文以"霞浦·心中的那片海"城市品牌的初步构想回答"霞浦是什么"的命题。

一、提出背景

霞浦县，清雍正十二年（1734）置县，属福宁府，今隶宁德市，地处福建省东北部，曾是闽东的政治、经济、文化中心，素有"闽浙要冲""鱼米之乡""海滨邹鲁"的美誉。其地处沿海，呈半岛型区域。全县陆地面积1716平方千米，海域面积2.9万平方千米，大小岛屿400多个，海岸线长505000米，占全省的八分之一，居全省首位。绵长的海岸线和众多的岛屿、港湾构成霞浦地理特色。霞浦是"中国海带之乡""中国紫菜之乡""中国南方海参之乡"。

2007年，霞浦县与中国摄影家协会、《中国摄影》、《大众摄影》联合主办"霞浦·我心中的那片海"全国摄影大赛，至今已历14年。全力打响"霞浦·心中那片海"城市品牌，对于霞浦在科学把握新发展阶段、深入贯彻新发展理念、积极融入新发展格局上，在省、市湾区经济发展格局进行再审视、再调整、再优化的背景中，在赋予霞浦加快功能布局调整和经济结构升级的使命下，利用优越区位条件，发挥区域产业基础优势和蓝色生态优势，打好海洋牌、生态牌、文化牌，走好差异化、特色化发展之路，锚定新定位，迸发新能量，彰显新作为，具有重要的现实意义。

二、主要内涵

（一）海之光：着力打造国际光影之城

通过神异滩涂摄影破题，推向神奇海岸、神秘海岛，不断提升摄影活动的品质；从精耕滩涂文化到深耕海洋文化，以更高的视点、更宽广的格局让人们领略到霞浦之美。与《中国摄影》杂志社、福建省摄影家协会联合主办中国（霞浦）国际海洋文化摄影周，力争把国际海洋文化摄影周打造成有持续性的国际品牌，着力打造国际光影之城。

以国际海洋文化摄影周这一具有国际影响力的摄影类综合文化活动为载体，通过举办开幕活动、摄影学术研讨会、系列海洋摄影作品展览、海洋星空放映会、影像专家见面会、摄影名家大讲堂、"网红打卡霞浦"、"快拍"霞浦（民宿、人文、景观）摄影作品征集等一系列摄影类文化活动，以摄影链接全球，汇聚世界影像，推动霞浦国际影响力提升，促进海上霞浦的整体繁荣发展。

（二）海之宿：着力打造海湾民宿之城

民宿，被称为有温度的住宿、有灵魂的生活。近年来，霞浦县依托自身的山海生态优势，开拓创新，多措并举，打造生态乡村民宿旅游项目，培育和扶持具有地方风情和特色的乡村民宿示范点，"拾间海""半城里"民宿入选 2019 年度福建民宿品牌。"拾间海"民宿获"中国最具个性品牌民宿"称号，"花沁石"成为花园式民宿的典范。品牌的拉动效应，更是催生了"云缦观海""榆村半舍""漫奇沙""壹栖一宿""逅海""左邻右舍"等新一批民宿建设热潮。每个精品民宿，都是一台宣传引擎。

霞浦县早在 2018 年就制定出台了《关于促进乡村民宿规范发展的实施意见》《霞浦县乡村民宿办理流程规定》，民宿管理着眼规范化、精细化、品牌化，成为宁德市首个制定民宿业规范管理的县。2021 年 3 月，又重新修订出台《霞浦县民宿管理暂行规定》，对备案的旅游民宿，正常营业一年后，将参照等级评定细则评定霞浦县星级旅游民宿，推动海湾景观民宿高质量发展，逐步打造国际摄影民俗村。

同时，学习借鉴台湾、浙江温州等地将非遗传承融入"伴手礼"开发，打造城市独有的文化"伴手礼"，使其成为霞浦的城市名片和旅游的重要记忆载体，引发人们的共鸣。积极推动"一乡镇一特产"规划，致力推广专属于霞浦的独特

"伴手礼"，让全县各地的风土人情能透过旅游的方式传播。在现有"哈铺"公共品牌开发的基础上，大力推出特色"伴手礼"。

（三）海之味：着力打造千鲜美食之城

绵长的海岸线和众多的岛屿、港湾成了霞浦地理特色，成就了1000多种海鲜，素有"八闽海鲜出霞浦"的美誉。霞浦菜，是福宁古老大地味蕾上，一个沉醉千年的食味之梦。5000多年前的霞浦菜即活在黄瓜山贝丘遗址的海鲜标本中。清知府李拔《福宁郡赋》称："尔等物产，则上备山珍，下兼海错。"

当前突出"黄鱼宴"霞浦十大特色菜：金线鱼卷、太平鱼面、原鸡鲍鱼、一品生蚝、红烧海参、东吾三绝（剑蛏、锅贝拼海蛎枣）、七都鲟饭、焖龙头鱼、高汤海带苗、什锦酸辣汤。霞浦十大经典小吃：阿达元宵、阿七糊汤、沙江蛎包、东关鱼圆、福宁鱼饺、地瓜杯、长春米饺、畲家管粽、葛粉丸、紫菜饺。三沙十大特色小吃：三沙鱼圆、三沙鱼饺、三沙肉燕、三沙鱼面、三沙闽南糊、三沙鸡卷、三沙肉粽、三沙粿仔、三沙九层糕、三沙咸饼。同时，推行"蒸爱霞浦"品牌系列，倡导少油低钠烹饪方式，形成霞浦独特菜系，让国人吃到"蒸正"的海鲜。

（四）海之魂：着力打造海洋文化之城

（1）打造千里诗歌海岸

霞浦历史悠久，具有深厚的诗歌传统。在漫长的历史中，霞浦涌现出许多杰出的诗人和优秀的诗歌。历代诗人寄情山水忧国感时，名篇佳作千古流传，各领风骚，影响深远。唐有"闽中之全才"林嵩工诗善赋，诗入《全唐诗》《全唐文》。宋有著名爱国诗人谢翱，其名篇《西台哭所思》载入中国文学史。清有畲族歌王钟学吉，畲族小学说歌列入国家级非物质文化遗产名录。2018年，汤养宗以诗集《去人间》荣获第七届鲁迅文学奖诗歌奖，成为第一个获此殊荣的福建诗人。霞浦是"福建省诗歌创作吟诵基地"，是福建省文联第一批文艺示范基地。2001年由"丑石"诗社组织发起成立的霞浦县诗歌朗诵协会，是福建省第一家诗歌朗诵协会。

打造霞浦海洋诗歌品牌具有得天独厚的历史积淀、现实基础和活动经验。一是举办中国（霞浦）海洋诗会。在2020年成功举办诗刊社第36届青春诗会的基础上，每年或每两年举办一次中国（霞浦）海洋诗会，设立"中国（霞浦）海洋诗歌杰出成就奖"，通过邀请著名诗人、诗评家开展诗歌评奖活动、论坛活动、诗歌采风活动，挖掘霞浦深厚的海洋文化，推动新时代海洋诗歌繁荣发展，打造霞浦海洋诗歌文化品牌，诗意构建习近平总书记在宁德工作时提出并倡导的"闽东之光"。二是编辑出版《诗霞浦》古今诗歌系列丛书。诗话霞浦，让地理的海岸与诗歌的海岸交相辉映。三是选择有条件的村庄打造"诗村"（长沙村）、"诗岛"（竹江岛），邀请著名诗人驻村驻岛、深入生活，创作体验。通过组织一系列有影响力的诗歌活动，充分展示霞浦诗群的创作实力和霞浦诗歌的品牌力量。

（2）打造海滩音乐基地

音乐是一种灵动的语言，一种向上的力量，能够打破地域阻隔，产生磅礴的艺术感染力。音乐作为物质文化消费品，可以反映市场风向、受众需求；作为精神文化消费品，可以反映受众的心理状态、文化现象。霞浦籍著名作曲家章绍同是中国第一个三次获得中国电影"金鸡奖"最佳音乐奖的作曲家。祖籍霞浦的福建省歌舞剧院院长孙砾曾获得央视青年歌手大奖赛一等奖，是国内一流的男中音歌唱家，音乐剧、歌剧演员。

一是举办音乐节或音乐季活动。通过举办海滩音乐节，既可丰富霞浦旅游文化内涵、拓展年轻旅游群体，亦可助推文化建设与文化消费。通过扶持音乐原创作品、打造特色音乐品牌、培育市场主体、延伸产业链、创新文化服务模式，推动音乐、影视、旅游跨界融合发展，丰富人民群众精神生活。

二是以章绍同音乐工作室为依托，组建乡村少儿合唱团，建设"乡村音乐厅"，举办乡村音乐节、乡村交响音乐专场，建设"音乐小村"，推行音乐家驻村创作，让音乐为乡村振兴的大背景谱动人心弦的乐章。

三是以海参节、农民丰收节为依托，把地域经济与音乐文化相融合，把地域元素融入音乐节之中。

（3）打造基因库展示平台

2017年"中国海洋文化基因库"已写入《福建省优秀传统文化传承发展工程实施方案》。抓紧建设基因库展示馆，涵养十大人文景观展示集群。

展示馆的表现形式，包括开放、互动文物资料、实际地点景观，手工体验馆实际参与实践，VR虚拟展示，AR虚拟互动，电影，图片等，全方位展现霞浦海洋文化的博大精深。

三、路径选择

（一）在推进主体上，实行政府主导与社会、市场运作相统一

坚持政府推动与市场主导相结合。坚持政府宏观调控、社会力量广泛参与，

更好地发挥市场在资源配置中的决定性作用。政府对城市品牌建设进行总体策划和部署，总结差异化卖点，甄选权威媒体平台进行广告投放。举办面向长三角，甚至全国、全球的大型营销活动，传播城市品牌。同时，要用市场的眼光、经营的思路动员社会机构和有影响力的企业参与，激发城市活力，提高城市的区域平台价值。

（二）在发展方式上，实行产业发展和城市建设相融合

在促进产业集聚、加快产业发展的同时，按照产城融合发展的理念，加快产业园区从偏重产业发展的生产型园区向产业和城市融合的城市综合功能区转变，在规划布局、产业发展、公共服务、生态保护等方面相互融合、共同发展。聚焦发展休闲旅游、文化创意产业，加快产能提升和动能转换，全面推动产城融合、创新发展。

（三）在特色营造上，实行滨海城市与历史文化相协调

强化滨海城市特色，打好"海洋牌""生态牌""文化牌"，推进城市更新和生态治理，建设水清岸绿、林茂花香、公共服务健全、历史文化浓郁的绿色生态之城、幸福人文之城，增强综合实力和核心竞争力，全面提高生态滨海工贸旅游城市知名度、美誉度。

（四）在动力构建上，实行承接宁德市区辐射和对接"福州都市圈"相统筹

一方面发挥湾区优势，承接中心城区产业扩散、交通连接、资源外溢等方面的辐射；另一方面强化"一湾两半岛"特点，加快创新要素资源集聚辐射，提升集散功能和节点地位。

（五）在工作步骤上，实行短期目标和中长期目标相贯通

要立足长远、超前谋划，通过5年的努力，使"霞浦·心中的那片海"城市品牌在全国，乃至全球产生影响力，实现品牌营造的终极目标。同时，要制年度行动计划，在品牌营造上坚持"内强实力、外扩影响"的方略，建设"霞浦·心中的那片海"的路径选择。画好一张"结构图"，在打响"霞浦·心中的那片海"城市品牌的过程中，建立"1457"的城市品牌推进结构体系。

1——即打响"霞浦·心中的那片海"城市品牌；

4——即以"霞浦·心中的那片海"城市品牌重新定位城市发展、园区布局、产业导向和企业招引，从而聚力夯实"霞浦·心中的那片海"城市品牌的支撑体系；

5——即在此基础上，科学引进和培育与"霞浦·心中的那片海"相匹配的

"平台、项目、空间、IP 和公共服务"等五大载体，从而加快推动霞浦在平台赋能、项目招引、人气集聚、品牌影响和政府服务等方面得到提升与突破；

7——即在具体推进中，围绕"霞浦·心中的那片海"城市品牌，打响一个品牌口号，形成一个独特性的主导产业，招引一批有号召力的龙头企业，建设一批集聚人气的区域空间，开展一批有吸引力的 IP 营销，并打造一批有产品力和带动力的服务平台。

（作者系霞浦县人大常委会主任）

清代册封琉球闽东地区相关人员行迹考述

赖正维

明清时期的琉球是位于中国东南太平洋中的一个岛国，因其"地界万涛，蜿蜒若虬浮水中，固名流虬，后转谓琉球"①。洪武五年（1372）正月，明太祖派遣行人杨载出使琉球，致送国书，通知即位建元。同年十二月，琉球国"中山王察度遣弟泰期等随载入朝，贡方物"②。自此，中国与琉球正式建立了藩属关系。

琉球西隔东海与福建相望，福建在中琉交往史上的重要作用，是与其特殊的地理位置分不开的。福建市舶司于北宋元祐三年（1087）设于泉州。明成化八年（1472），福建市舶司由泉州移置福州，于是福州遂成为与琉球的通商口岸。特殊的地理位置使得福建在中琉长达500多年的友好关系中扮演了极其重要的窗口与桥梁作用。明初，凡外商入贡者皆设市舶司以领之，"在福建者专为琉球而设"③。清袭明制，福建仍是中国与琉球交往的唯一口岸。地缘关系使得闽人在中琉交往中发挥了无可替代的重要作用，其中也包括闽东地区民众的参与。

一、道光十八年（1838）册封宣诏官陈九苞

每位琉球"国王嗣立，皆请命册封"④，历届册封使臣在京领命后都必须到福建筹备建造册封舟，招募兵丁及其他随封人员，待一切准备就绪后才能启程。

明清两朝共册封琉球23次，正副册封使臣前往琉球共计43人，其中闽籍册封使臣就达8人。按明清规定，册封琉球使除率领官方规定的职司员役外，还可以随带部分由自己选择的从客，包括文人、高僧、道士、医生、天文生、书画

---

① 茅瑞征. 皇明象序录·卷一·琉球. 台北：华文书局：80.
② 张廷玉. 明史·卷三二三·列传二一一·外国四. 北京：中华书局，1974：8361.
③ 郑若曾，撰. 李致忠，点校. 筹海图编·卷十二下·经略四·开互市. 北京：中华书局，2007：850.
④ 李东阳. 明会典·卷五十七（四库全书本）：1750.

家、琴师等各方面的专家、能工巧匠，其中不乏闽人。例如，万历七年（1579）萧崇业任册封使时，使团成员中，"取福州者，自医画、书办、门皂、行匠以凡六十余人"①。因此册封使团实际上就是一个庞大的闽人文化代表团。由于册封使团返程须"候北风而可归，非可以人力胜者"②，因而册封使团在琉球除按规定完成册封等各种典礼后，还有足够的时间与琉球各界人士进行多方面的文化沟通，其交流内容遍及艺术、医学、手工技艺、生产技术等各个方面。如康熙五十八年（1719）海宝使团在琉球那霸时，琉球"国王遣那霸官毛光弼于从客福州陈利州处学琴，三月、四月习数曲，并请留琴一具：从之"③。当使团离开那霸返国之际，毛光弼特作诗一首，题为《从天使幕从客陈君学琴成声报谢》，诗文如下："古乐入天末，七弦转南熏。广陵遗调在，拂轸一思君。"④ 闽籍册封使还为琉球带去了中国的书法艺术，清道光十八年（1838）册封使林鸿年、福州人士，在那霸游览瑞泉时，题了"源远流长"四字，赠予琉球国王尚育。琉球国王把它刻在石碑上，现今成为两国人民友好交往历史悠久的见证。

道光十八年（1838），清朝派正使林鸿年、副使高人鉴册封琉球。学界对于此次出使的研究，主要集中在对于林鸿年、高人鉴及其著述的研究，迄今还未关注与林鸿年一同去琉球的闽籍宣诏官陈九苞。

（一）生平事迹

陈九苞（1782—1859），字奕全，号筠崖。清乾隆四十七年（1782）生于福鼎桐山。其先祖本居福州长乐，后徙嵛山岛；宋祥兴元年（1278）从嵛山迁入店下关盘，后又迁阮洋村；清乾隆三十八年（1773）又从阮洋迁入县城南门石壁洋崇儒里（俗称阮洋陈，今茶厂小区前）。⑤ 嘉庆己巳年（1809）考取福鼎府学第十五名，以二等第二名补增生。

道光十六年（1836）八月，琉球世子尚育上疏道光皇帝请封王爵，并出示具

① 萧崇业. 使琉球录//台湾文献丛刊·第287种. 台北：台湾银行经济研究室，1970：99.

② 陈侃. 使琉球录//台湾文献丛刊第287种. 台北：台湾银行经济研究室. 1970：17.

③ 徐葆光. 中山传信录//台湾文献丛刊第287种. 台北：台湾银行经济研究室. 1970：235.

④ 徐葆光. 中山传信录//台湾文献丛刊第287种. 台北：台湾银行经济研究室. 1970：306.

⑤ 白荣敏. 福鼎史话. 北京：商务印书馆，2014：233.

结状。① 翌年，道光皇帝令林鸿年、高人鉴为册封琉球正副使。两人从京城出发，前往福州，渡海行册封之事。道光十八年（1838）五月初四，正副使林鸿年、高人鉴，宣诏官陈九苞，护封参将陈显生，及其他随从分乘 2 艘封舟从闽江口的五虎门出发，五月初九，抵达琉球。林鸿年一行使事顺利，事竣返国。

陈九苞返国后，婉拒林鸿年等人的荐举，辞官不做，依然以作画、授徒为生，并长期流寓于广州、福州等地。在广东，他与"二苏"——顺德人苏六朋、苏仁山和"二居"——番禺人居巢、居廉等画家结为艺友。其中居廉乃岭南画派之开创者高剑父、陈树人等的启蒙老师，其画开岭南之先声。陈九苞画风与居廉十分接近，二人皆工花卉、人物、山水，具有清新活泼、用笔简洁、形神兼备、文秀抒情之意趣。

咸丰九年（1859），陈九苞病卒，享年 77。100 多年来，在陈九苞的故乡福鼎，还流传着"陈九苞过琉球"的佳话。陈九苞事迹在 20 世纪 50 年代末被陈子奋收入《福建画人传》。其代表作《春夏秋冬山水四屏》珍藏于福鼎市博物馆。

（二）著作存佚

陈九苞较为著名的画作，包括《太姥图》，以及出使琉球所绘《球阳八景》。

道光二十九年（1849）二月，福建学政彭蕴章莅临福鼎视察学务。福鼎学官洪广文赠《太姥图》一幅，彭蕴章得知此图是洪广文的学生陈九苞所作，大为惊叹。他在《太姥图》跋文中写道：

余闻太姥之胜，按试至福宁，距二百里，未获游也。福鼎洪广文出《太姥图》相赠，则其学陈生九苞所画。披图览之，始知有所谓传声石、罗汉岩、滴水洞、棋盘石、九鲤石、象石、雷轰石、玉笋、摘星峰、鸿雪洞、马龙冈者。其最高为摩霄峰，其旁两峰插天，其中曰天门，其下即滨临大海，洵天下奇境也。虽不能至其地，得此图以当卧游亦差快意矣！陈生世修儒行，早践黉门。翰墨之缘，特其余事。夫自古文人皆须佐以阅历史迁，西至空同，北过涿鹿，东渐于海，南浮江淮，所历江山，有以开拓心胸，故其文章独绝，千古画家亦然。陈生尝游关中，览太华、终南之胜，又随林殿撰鸿年至琉球。岛屿千重，洪波万顷，倜傥奇怪，皆入毫端，宜其画法苍秀，不落恒蹊也。余既爱斯图，又慕陈生曾乘长风破万里浪，其胸襟磊落有足多者。因题其后。②

陈九苞在琉球勤奋作画相送琉球各阶层人士，且绘有《球阳八景》画幅带

① 冲绳教育委员会. 历代宝案校订本·第 12 册·卷一六三. 那霸：冲绳县教育委员会：67－68.

② 彭蕴章. 太姥山图跋//松风阁诗钞（清同治刻彭文敬公全集本）：710.

回，"见者如亲历其境"。册封正使林鸿年特作《陈君筠崖先生行述》。文中写道：

> 东洋一役余之藉力为多。其《球阳八景》诗与点窜洋人之呈诗者均风华锦丽，间作一画，精致曲折，辄出人意表。知渊源宏富中具有丘壑，庸手弗能及也！余同役友钱塘高螺舟御史雅爱重之。凡有唱和或摹范山水花卉必及筠崖，亦相与友善。以故洋人紫金大夫及法司耳目等官多执贽门下求画者，以弗获为不快，转免余为关说焉。余在东洋起居食息与筠崖俱。盘桓六阅月，恨得之晚而实知之深，省垣人以善画目之浅矣！①

自此以后，九苞作画凡得意之作，均钤署一白文朱印——"曾经沧海"②，以纪念琉球之行，所以后世的鉴赏家多据此以鉴定其作品的真伪。

陈九苞的《龟峰讲学图》描绘了宋代朱熹到福鼎讲学传道一事。图中有一览轩草堂及朱熹、高松等人。宋代时福鼎名门望族高家在双髻山旁的龟峰最高处建有一览轩。高国楹，名高松，宋绍熙元年（1190）进士，授临海主簿青田尉，后到台州任教授。其父高融是宋乾道乙丑年（1169）进士，官至宝谟阁学士。高家居住在桐山西门，称"西门高"，为福鼎当年最有名望的官宦人家。宋庆元年间，朱熹被罢官，庆元二年（1196）朱熹理学被斥为"伪学"，他回到建阳考亭。庆元三年（1193），朱熹应他学生福鼎冷城杨揖之邀来到福鼎，先在冷城石湖书院讲学，后又到桐山高家建的一览轩草堂讲学传道。清道光版《高氏族谱》记载："元晦游永嘉，取道桐山，公（高国楹）留元晦数日，邀同登双髻山，讲学于龟峰一览轩。"此图保存在福鼎《高氏族谱》中。

二、嘉庆十三年（1808）册封武官陈玉龙

明清册封使团阵容庞大，由官员、船员、从役和军士组成，其中许多人员就在闽省当地招募，船员也大多招募福建人充任。为防患海盗、倭寇袭扰与劫财，历届册封使团招募兵丁前往。此外，使团所携枪械也由闽省配备。例如，同治五年（1866），清廷委派詹事府右赞善赵新、内阁中书于光甲充任正副使，前往琉球册封世子尚泰为新国王，朝廷"照历届成例，将一应事宜督饬该管厅县妥为预备"。福建布政使周开锡等即"亲赴南台海口督同府、厅、县挑选雇备福宝玉、金振茂商船两号，验明船身坚固合式，复加修整，堪以涉历大洋"；同时还"饬营备齐枪枝器械，按船分配，以资防御。并照例制备旗帜、仪仗以崇体制"；护

---

① 白荣敏.福鼎史话.商务印书馆国际有限公司，2014：235.
② 福鼎县地方志编纂委员会.福鼎县志·第32篇.中国统计出版社，1995：983.

送官兵则由闽浙总督左宗棠委任金门右营游击水提后背游击谢国忠等"照例选带兵丁二百名配齐军装盔甲以备随铅分配护送，另委文员候补从九品胡颐龄随船弹压"。待一切准备工作就绪，正副册封使臣由京抵闽时，福建"文武各官出郊跪接敕书入城，恭请圣安"，册封使臣"即暂驻省城静候风汛"，择日登舟乘讯启行。闽省官员还下令"沿海镇将带领舟师在洋小心探护"，以确保册封使顺利成行。① 总之，历届册封使臣顺利成行，包含无数福建官员及广大民众的辛勤与努力。

迄今，学界对于闽籍册封琉球使研究成果颇丰富，包括齐鲲、赵新等等。研究的范围除个人生平事迹考述，也包括对于历届册封使诗文、著作等进行研究。在这过程中，我们发现了福建福安籍的陈玉龙也曾于嘉靖十三年（1808）同齐鲲、费锡章前往琉球。

2016年9月，我们前往福建福安市对陈玉龙相关祠堂、家谱、方志、后人等情况进行了一系列的调查。

（一）生平事迹

陈玉龙，（1765~?），原名逢笏，字天宝，号云台，乾隆三十年（1765）生于福安县上杭。

乾隆五十六年（1791），安南盗艇入闽，进扰三澎海域，偷袭兵舰，拦劫商船，海防吃紧。时李长庚任澎湖协副将，陈玉龙随其剿盗，此后，战功卓越，擢为千总，驻守澎湖和浙江定海等地。

嘉庆五年（1800），李长庚升任福建水师提督，提拔陈玉龙为金门镇守备。嘉庆六年（1801），长庚、玉龙等率水师于岐头、东霍等洋击败蔡牵，俘其船只。此后，陈玉龙又陆续率霆船协助得禄围歼蔡牵，蔡牵率部逃避，清廷擢其为闽安镇右营都司。

嘉庆十二年（1807）七月，翰林院编修齐鲲、工科给事中费锡章受命往封琉球国。这是清朝第六次册封琉球，齐鲲是清代第一位闽籍琉球册封使。嘉庆十三年（1808），齐鲲以翰林院编修身份充册封琉球正使，与副使费锡章出使琉球，册封琉球王尚灏。

封使齐鲲等到闽由阿林保等

奏

五月二十一日

---

① 中国第一历史档案馆. 清代中琉关系档案选编. 北京：中华书局，1993：1048－1049.

闽浙总督臣阿林保

福建巡抚臣张师诚　　跪

　　奏为册封琉球使臣到闽，现在配船号风放洋恭，折奏闽承。窃照琉球国王世孙尚灏遣使请封仰蒙，钦派编修齐鲲、给事中费锡章充正、副使前往。兹该使臣等于五月初二日行抚闽省。臣等当即会同福州将军臣赛冲阿、副都统臣札拉，兹率领本省文武官员，出郊跪接敕书入球□叩读□安校正、副使齐鲲等传宣面，奏谕旨令臣等安兵朔渡海船只，多派护送官兵等。因臣荐查此次册使远涉琉球业未，三月向先夺奏报陈照，召册使到闽日，□臣等谨恭折奏闻。伏乞皇上当鉴再正副使齐鲲等交到奏折一，封鉴呈，御览令称陈照谨奏。

嘉庆十三年五月二十一日初六

朱批知道了钦此

五月初六①

　　早在册封使齐鲲等到达福州前，嘉庆十三年（1808）三月，闽浙总督阿林保、福建巡抚张师诚"于水师各将领中详加选择，查有水师提标中营参将陈照、闽安右营都司陈玉龙，该二员均属勇往明干，屡次在洋剿贼，获犯多名，且熟悉洋面沙线，堪以委令护送册使前往琉球"。②

　　奏疏如下：

奏

三月二十一日

闽浙总督臣阿林保

福建巡抚臣张师诚跪

　　奏为道□□时韩熟悉之水师将领护送册使前往琉球，并预备船只一切事宜恭折覆，奏仰祈圣鉴事窃臣等钦恭。

　　上谕本年册查琉球国王，已派编修齐鲲给及中费锡章充正、副使前往。现在蔡、朱二逆氛未靖，谨传谕阿林保等此次选派将领务撵水师中，时干勇往□孺剿贼臣负，并熟谙洋面沙线，□□□以力并兵，妥为护送册使到国，淡须过冬至，回帆彼时经由闽、浙二省洋面。该□当早为□负迎复道闽省，□□向经得车各旌白螺前，赛冲阿清穿渡台，如已内渡。并兹就谨移乘船以就圣佑等。因钦此仰见圣主垂席使臣格外体恤之至意。臣等伏思册使远涉琉球重洋，往返自应，如意防

---

　　①　中国第一历史档案馆. 清代中琉关系档案选编. 中华书局, 1993: 378-380.
　　②　中国第一历史档案馆. 清代中琉关系档案选编. 中华书局, 1993: 377-378.

25

护上庙盏，籍五年封册使往封□□委考习一负。守备一负常兵二百名，陆□正、副使臣已坐商船二只□，夏玉前□洋□次更□□加□重玉等。钦遣谕旨在于水师各将领中详加选择，查有水师提标中营参将陈照、闽安右营都司陈玉龙，该二员均属勇往明干，屡次在洋剿贼，获犯多名，且熟悉洋面沙线，堪以委令护送册使前往琉球。查上届护送船□兵二百名，今臣等□议和□六十名□□、精壮□□兵丁二百六十名储备枪炮箭。□添□韩并授意分□二百交忝□陈照等统领□遣使□到□百防护□□，其经□内洋□□海擅镇总兵孙大刚，常领兵航□□送出竿慷大洋□绞再行将回，但于冬玉以前光□□派温□铣提兵李景曾在于浙江之三盘洋面□，心迎渡匆□归虞玉前次赛冲阿渡，参仔由内□□须，白螺号车前往浙省、闽省□□白螺县。何侍车次王等自当道□□，东册使舟中以浙□佑仲往返，益臻顺利。再使臣乘坐船只六面紧要。臣等先已饶至陈句景赴面□海口□同历□□□，船身坚固，驾驶便捷商船二只一切杠具场名□，全臣等复视□，查论算词之屡次出洋。杨修苟全称现雇商船□为全式隙□，为船舱内外整理隙净，并□例警备旗帜。仪伏以壮观瞻不致临期□费周□所有□，当道旨修办，一切缘由谨先恭折覆奕伏乞皇上赏谨黄亲。

嘉庆十三年三月二十二日□

碌批知道了钦此

三月初一日

齐鲲使团完成谕祭、册封典礼后，回国复旨。此后，陈玉龙担任金门中军左营游击①，署闽安协副将，并受封御匾“海甸干城”。

我们在陈氏《华房家谱》中找到了陈玉龙的名字。陈玉龙的父亲为陈起璞，嘉庆元年（1799）因陈玉龙任武职，诰封武略骑尉，黄氏诰赠安人和诰赠淑人，享年71，葬北郊院后。家谱中记载：“陈玉龙，原名逢笏，字天宝，行播七，号云台。由外委，历任把总、千总，拔补金门镇守备。嘉庆九年（1807），升补闽安镇都司。十三年（1813），升授金门镇中军游击管带战船赴琉球国册封国王。配城山罗氏生子二，侧室台湾南路杨氏。”家谱后面也有附录了两封敕文，一封是给陈玉龙父母，一封是给陈玉龙祖父母。因为之前陈玉龙的战功卓著，而获得朝廷嘉奖，嘉庆皇帝颁发圣旨封其父陈起璞、祖父陈祖怿为“武略骑尉”一职，为正六品武官，其母黄氏、祖母吴氏被授予“安人”称号。

家谱原文如下：

---

① 1. 林焜熿. 金门志. 台湾文献丛刊第80种. 台湾银行经济研究室，1960：146.

貤赠祖怿公暨配吴氏敕文

奉天承运，皇帝制曰：策动疆围昭大父之恩，勤锡赍缥纶被皇朝之沛泽。尔陈祖怿乃福建罗源营千总陈玉龙之祖父，敬以持躬，忠能咨后，威宣阃外家传韬略之书，泽沛天边国有旗常之典，兹以覃恩貤赠尔为武略骑尉。锡之锡命于戏我武维扬，特起孙枝之秀赏，延于世益征遗绪之长。制曰：树丰功于行阵，棠文孙锡介福于庭闱恩推大母。尔吴氏乃福建罗源千总陈玉龙之祖母，壸仪足式令闻攸昭表剑佩之家，声辉流奕世播缥论之国典庆衍再传，兹以覃恩貤赠尔为安人。于戏翟莆用光，膺宏休于天阙龙章载焕披大惠于重泉。

敕命

嘉庆元年正月初一日

之宝

诰封起璞公暨配黄氏敕文

奉天承运，皇帝制曰：宠绥国爵式嘉，阀阅之劳蔚起，门风用表庭闱之训。尔陈起璞乃福建罗源千总陈玉龙之父，义方启后縠似光前，积善枉躬树良型于弓，冶克家有子，拓令绪于韬铃，兹以覃恩封尔为武略骑尉。锡之敕命于戏锡策府之徽章，洊承恩泽荷天家之麻命永耀门闾。制曰：怙恃同恩人子，勤思于将母，赳桓著绩王朝锡类以荣亲。尔黄氏乃福建罗源千总陈玉龙之母，七诫娴明，三迁勤笃，令仪不二，早流珩璜之声，慈教有成，果见千城之器，兹以覃恩赠为安人于戏锡。龙论而焕采，用答劬劳被象服，以承麻永光泉壤。

敕命

嘉庆元年正月初一日

之宝

据《钦定大清会典》载："职官恭遇覃恩得膺封典，均如其品秩给以诰敕，并推恩于其先，五品以上授诰命，六品以下授敕命。一品封赠及三代（存者曰'封'，殁者曰'赠'），二品、三品及两代，四品至七品一代，八九品止封本身，不封父母。"[①] 也就是说清朝封赠官员，五品以上用皇帝之诰命授予，称为"诰封"，六品以下用皇帝之敕命授予，称为"敕封"，一般在有庆典时颁发。封典给官员本身的称为"授"，若给予其祖先和妻室的，尚在世者称为"封"，已故者称为"赠"。官员因品级不同封典也不同，一品封典给予曾祖父母以下，二、三品给予祖父母以下，四品至七品封其父母以下，八、九品封其本人。以此来看，诰

---

① 纪晓岚. 钦定大清会典·卷七·吏部//钦定四库全书荟要.

命中用"赠尔（陈玉龙之祖父）为武略骑尉"，"赠尔（陈玉龙之祖母）为安人"，说明陈玉龙的祖父母已经去世。

（二）遗存调查

上杭陈氏宗祠，坐落于福安市虎井弄 3 号，初建于南宋绍兴二十六年（1156），总建筑面积 1800 平方米，分壁照、牌坊、二门（仪门）、享堂、寝殿 3 座，为四进三路祠堂，清乾隆二十年（1760）、五十一年（1786）曾 2 次重修，1986 年再度整修。

一进前木牌坊（俗称太子亭）始建于清康熙十年（1671）秋，1991 年被批准为文物保护单位。二进为祠堂大门，其左右两侧是仪门。穿过仪门即为庑廊，两旁各有庑廊。两庑廊阶前临天井池处均有雕刻精美的石雕栏板。甬道尽头为露台（陛）。登露台进入第三进大厅，大厅即享堂，悬有嘉庆皇帝赐予陈玉龙的"海甸干城"四字。

陈氏宗祠分别于农历三月初七至十月二十五举行 6 次封谱仪式，具体按八房一支顺序进行。据统计包括总祠共修编族谱 38 本，装置谱箱 22 个，记载人口达 36000 人，其中华房 12 本，谱箱 8 个，人口 10853 人；兰房 14 本，谱箱 6 个，人口 12273 人；均不包括下属分支机构。

综上所述，明清册封琉球使团在福州造船、招募使团人员。福州是中国册封琉球使团启航和返航的地点，琉球来华进贡使团也在福州上岸，进京人员均由福州官方派人护送，其余使团人员在福建从事贸易、文化交流活动。琉球政府曾派遣大批留学生在福州学习各种生产技术和文化艺术。福建东南沿海民众闽人三十六姓移居琉球。由此可见，福建民众在中琉两国政治交往、文化交流、贸易交通等方面发挥了十分重要的作用，这其中也包括闽东百姓的贡献。

（作者系福建师范大学社会历史学院教授、博士生导师）

闽东宁德地区古碑刻遗存调查

刘传标

中国 5000 年文明史，给我们留下了丰富的社会治理的文化遗产。2014 年 10 月 13 日，习近平同志在主持中央政治局学习时指出："历史是最好的老师。在漫长的历史进程中，中华民族创造了独树一帜的灿烂文化，积累了丰富的治国理政经验，其中既包括升平之世社会发展进步的成功经验，也有衰乱之世社会动荡的深刻教训。这些都能给人们以重要启示。""治理国家和社会，今天遇到的很多事情都可以在历史上找到影子，历史上发生过的很多事情也都可以作为今天的镜鉴。中国的今天是从中国的昨天和前天发展而来的。要治理好今天的中国，需要对我国历史和传统文化有深入了解，也需要对我国古代治国理政的探索和智慧进行积极总结。"① 党的十八大以来，以习近平同志为核心的党中央，高度重视文化遗产的历史意义与作用，将其作为新时期治国理政新理念、新思想、新战略的组成部分。

福建的闽东宁德地区地僻海隅，处于相对隔绝状态，唐宋以降成了北方汉人避乱的乐园。由于境内层峦叠嶂，丘陵起伏，河谷与盆地错落，北方移民于不同时期迁入闽东，定居于不同区域，彼此往来不多，形成一个又一个相对独立和闭塞的系统，在不同区域形成特色鲜明的区域次文化，成为中国历史文化遗存最丰富的地区之一。古碑刻是古代乡村社会官府和地方士绅治理的历史一个侧面记录，具有重要的历史价值。

一、闽东宁德地区渔业管理碑刻遗存

古人渔业管理实践中，和渔具、渔法相关的文字记载亦颇为丰富。《尔雅》

---

① 习近平在中共中央政治局第十八次集体学习时强调，牢记历史经验历史教训历史警示，为国家治理能力现代化提供有益借鉴. 人民日报，2014-10-14（1）.

中载古时的渔网类型有网、九罛（百袋网）、罛（大拉网）、罾、汕（抄网）、钓、笱、罶、罩、筌、梁、潜（槮）等10多种渔具。《淮南子》中亦有"钓者静之、罛者舟之、罩者抑之、罾者举之，为之异，得鱼一也"的记载，可见古代渔具、渔法种类之多样。除了繁多的渔具类型之外，对于渔具以及渔法的管理也较为具体，《礼记·月令》亦载"毋竭川泽"，《吕氏春秋·义赏》载"竭泽而渔，岂不获得？而明年无鱼"，均明文规定严禁竭泽而渔。《管子·八观》则载有"江海虽广，池泽虽博，鱼鳖虽多，罔罟必有正，船网不可一财而成也"，捕捞渔业的网目尺寸必须符合国家规定。《孟子·梁惠王上》载"古者网罟必用四寸之目""数罟（密网）不入汙池，鱼鳖不可胜食也"，说明战国时期为了保护资源，禁止使用小于四寸的密网捕捞。此外，散见于帝王诏令中，有关渔具规制的记载亦十分丰富。例如，唐咸亨四年（673）高宗诏令："禁作篡捕鱼、营圈取兽者"；开元八年（720）玄宗敕令："诸州有广造篡沪取鱼，并宜禁断"，即禁止用竹木编成的断水捕鱼栏栅进行捕捞作业，以防竭泽而渔。除了渔具、渔法的管理之外，对于捕捞鱼种以及尺寸大小，古代管理实践中亦有所要求。

秦汉以降，各朝为了避免竭泽而渔，都禁止捕食幼鱼、鱼卵。《文子·上仁》载："鱼不长一尺不得取"；《孟子·梁惠王上》载"鱼不满尺，市不得粥，人不得食""鱼禁鲲（鱼子）鲕（小鱼）"；《淮南子·主术训》载："鱼不长尺不得取，彘不期年不得食"。古时渔业生产中实施的"时禁"制度，先秦时代"禹之禁"，"夏三月，川泽不网罟，以成鱼鳖之长。"①

包括渔业在内的资源可持续利用的思想影响深远。"以时禁发"合理安排渔业生产，严禁竭泽而渔，禁止绝户网，有效地养护了渔业资源，《秦律·田律》、汉代《四时月令五十条》、《唐律疏议》、《宋大诏令集》等封建法典均沿袭古制。

福建宁德地处中国东南海滨，山海相随，沿海居民以海为田，犁波耕海，海耕牧鱼。在古代，作业范围有限，主要在滩涂（退潮时裸露的地方）和近海作业。近海和江海港汊之滩涂是周边村民种养捕捞之场所，各港澳的渔民、船老大、掌盘艚和占有并出租渔船、渔网等捕鱼工具的船主或开办渔行的行头等争夺生存空间，时常引发诉讼乃至械斗。历代县府和当地士绅也就滩涂泥蛏埕和近海网位协商并订立规矩。现存的明清古碑刻多折射当时士绅在滨海渔村海域和滩涂治理方面的种种方式。闽东宁德地区现存的古碑刻中有12方的滩涂和近海纠纷"诉讼""调解"公告与各港澳乡绅订立的"规矩"。

---

① 全上古三代秦汉三国六朝文·禹禁.

从目前渔业资源危机的成因来看，主要源自超越资源生长规律的人类无度的索取行为。发展海洋经济，首先要保护渔业资源，改善渔业资源生态状况。保护渔业资源离不开严格将人类对自然的获取限制在自然生态系统的稳定、平衡所能容忍的限度内。从现存的港澳滩涂和近海管理的碑刻中，我们可以发现先人在资源利用领域的智慧，总结前人的渔业管理实践，为当今的渔业生产服务。古语云："执古之道，以御今之有。"

1. 宁德市霞浦县长春镇传胪城堡现存清乾隆四十七年（1782）立的《泥埕堂断碑》。

该碑为霞浦县传胪村养殖滩涂的官司裁决文书。碑文：

福宁府霞浦县正堂加五级纪录五次钱○，照得霞邑山多地瘠，百姓濒海而居者，十之八九。每乡籍海作生活计，如种蛏种蛤，其□也，大路一带珧山如磨，潮汐往来土地不能种作，尽为泥埕，亦有粮银完纳。乾隆三十七年（1772）六月间，五路有朱圣拯、朱若上、陈作然、陈□竣、林波然，经年互相控告，彼此争界。经前县勘讯立案，查朱景俸始则以编审田粮单内添注泥埕，如画蛇添足。且生迹不符，复后以田地移换海税并赋。昔澳杨季应争埕，经由前任朱景俸冒照抹销立碑定案，后朱圣拯复觊觎泥埕，图大泥港柄，改为处积港，冒抄朱景俸，另□摘移。同陈起朝等承揽控争海埕。经前府宪徐批饬，朱圣拯毫无执业照据，不准再管泥埕。其大泥埕港柄以北归公，并饬□详罚照影射罪由，在案。朱圣拯等抗遵宪断，复行强占归公官池，且越界占插。复经由前县勘明，大泥港柄实左上芦坑之左，斜指对面葛洪山鳅依陈飞远照内立界管业，自上芦坑直至杨朱界石，清出归公。因朱姓聚族种蛎，以资俯仰。恐其朱业，即令朱姓承租，每年纳租乙千文，转入养济院，并令朱圣拯名下追出花利钱二十千文交公，为冒占者戒。后朱圣拯、黄忽于遵依内添出□，照管业字据于四十年贿嘱，经承援例报，□寔节实同照，汇报编入田粮册内。其术已行，习风乃炽，浸溢于四十六年（1781），陈廷述等复行诉讼，经本县查案批饬，差保查覆并檄令杯混□司吴□勘明地界址，照会前县朱划分限立碑定界，而朱圣拯等胆敢暮夜抄灭，将碑拉抬沉匿五路桥下，业经亲提集讯，即朱圣言等。从前诡计多端，当堂断结亦府首无词。查核通案前后，其中前府宪徐○批详结，至公且明，可以讼根永绝，后因给租追利，朱圣拯等复汇绿请照，报匿弊多大开，遂至漫延至今案悬莫结。试问海水茫茫，至泥埕亦潮汐所经，如何弓及朱家，请照不过藉以为据，便作异日侵占地步，诈伪已可概见。本县因业经升报撤令照，佼立界，已属矜全格外乃，复牵党扛抄，情殊可恶，若据实申详，不恃朱圣言一伙人众，均□于结，即朱璋亦□□□□。

始念当堂实供，从宽免其深究，仍檄令杯涵司照，原定界址立碑，并即令陈廷述、林交烈等将此堂告刻于碑上，以垂久远，永杜争端。此判。乾隆四十七年（1782）三月二十二日。传胪澳奉钱○县主刻立。

2. 宁德市霞浦县沙江镇天后宫现存清道光二年（1822）立的《奉宪永禁碑》。碑文：

祖上俞、陈、盛、曾、汤、朋等于康熙二十九年（1690）间，在前州徐任内，请给东西两崎印照：东至大倪文岐，西至山仔火烧湾，南至青流三屿，北至沙洽横港中沁。其界内纲门土名"窑前土列""港东土列""角芦屿""自墓""南门'""砚稷"等处，共年纳官银八两四钱三分，判佃挂网采捕，租归该村天后宫作香灯之用……道光二年（1822）一月，俞□□、陈□□、盛□□、曾□□、汤□□、朋□□仝立。

3. 宁德市蕉城区漳湾镇五都蓝田村太尉宫现存清光绪二年（1876）立的《勒石禁碑》。碑文：

钦加同知衔署宁德县正堂加十级纪录十次陆○，为出示严禁事，本年十一月十三日，据说民人陈朝礼、吴克朱、陈永长、吴方仁、吴家干等呈称：绿礼等世居蓝田村，背山潮（朝）海，因以田园无级，须靠土埕谋生，原礼上祖公共有通业海埕，坐落本村面前，东至青甲店，西至米头港，南至大涂岗，北至泽圆头，四至明白，通村公管，按户收租，以供该埕看管范□所用。海水发生蛏蚬挖蛤，孙厉利的居民采取营销生，前于康熙年间曾蒙钱邑侯出示严禁，一向相安，历管迄今，数百余年无异。不想迩来世风不古，多有不法棍徒，偷取锄洗。继蒙何许彭三邑主叠示在案，嗣因右溪村棍陈招松等到埕窃取，绝获被抢，控蒙○同前主差获陈允康一名，限跟布脱。未蒙重究，以致命今又突出南门外陈开豪、刘樊、陈春瑞等串仝黄安等伪称埕主，以蓝家土名五胶塝蛏埕，影占礼等七条塝蛤埕，致相互控不休。蒙○仁主慈恩，讯结断。礼等出钱给付荦等以作工木退佃息争。明将承判，批字当堂圆销，着令五胶塝蛏埕断归黄姓管业，其七条塝蛤埕仍断还礼等村内居民采取挖蛤，永远度生，如前管业。当经三面允愿，各遵断究案，礼等但恐将来复有不肖棍徒希图贪利，恃强越占，抑或窃取盗洗各情，若不金恳○仁恩出示立碑以垂久远，村民待慈再难涉讼不已，再情金乞台前，俯察明情，○恩准出示严禁，以杜争端，以安公业。合村均感功德无量。顶祝切是等情，本县据此，除呈批示外合行出示严禁。为此示仰蓝田村人等知悉，嗣后七条塝出花蛤，准归该村民采取，如有棍徒占扫花蛤强洗，许该村民人指名呈控，赴县以凭拘究。该民等亦不得藉端越占，察出一律严挐惩治。自示之后，务各遵照毋违。

特示。遵命右布知悉。光绪二年（1822）十二月十五日给蓝色田村寔贴。

4. 宁德福安市下白石镇中心卫生院现存清光绪十八年（1892）立的港口船舶管理《告示碑》。

该碑高 149 厘米、宽 66 厘米、厚 10 厘米，是福安县正堂和福建省布政司联合发布的有关税务征收规定，严禁地方巧立名目索取各项税费和对进出港口船舶、货物收取税费的规定。碑文：

钦加同知衔补用在用直隶州、特授福安县正堂，加廿级纪录廿次，头品赏戴花翎顶戴福建等处承宣布政使司布政使加十级纪录廿次刘（玉璋），抄奉头品顶戴福建等省处分道布政使加廿级纪录廿次黄〇，为出示严禁事。通省税厘总局咨粮船，月金得利等事。白石一口进出要冲，海关厘局督收税厘文武汛澳事福〇。查诘自关□□传胪舟船漕无物不税，无税□□，除正数外，另设陋规而给费项，致令百货腾贵，民困商艰。虽经揩蒙禁革，而舟船抗遵，且挟讼嫌变本加厉，所以局以乡船租，蒙定巡界汛上□，不设□□陋规，另单粘审，叩乞饬令文武汛口，裁革陋规，仍由局将应革条款，明晰示禁，并饬白石分局永远禁革，严禁乡租。蒙白石口□传胪商团□粘□等情到局处，此余所控关书相□□索取陋规，合□□，饬该船户自赴海关呈察外查征收各项厘税，向有一定章，税□同海关，白石分局江哨有察验海船、渔船、水船，究及有挑零星杂物□□□□列缺，出示禁止，永远革除。如果该丁哨等置若罔闻，复有勒索，干水转例验□加补公□□例，有何粉例□□，咎泊日历，在验究指原局索引，□□向有年起，充该局书办亟应由局列单出示，严行禁毕，并饬白石分局查关船……诉□文武汛口及官□局……永禁以乡□□等困难，此查抽收厘金关税，向有一定章，关文武汛口专司稽查事务……局皆据船户金得剥□□□□，白石关局文武口岸涂□□□□□贻害商旅，亟应列单示禁，务须□□除祸害再仍前苛索……汛兵澳保提□接引事……□□四分饬□外合亟出示□□□□□，仰四分汛……人等知悉，敢不遵之后则有船只进出口岸，务须……行索……名目……民，一经发觉，众乡提省行究，□□□□言出□□，切勿以……例船进出口，严禁……旧章出无例费，□□船，出口挂号船照拾文，有货入口，□船礼□百伍拾文，□□□□则任后出口，除挂号……须钱一千伍百伍拾文……限一日者，据说此例，外要加补此例壹千捌佰伍拾文……此勒补例钱壹千伍百伍拾文，多至□□千肆百文，其弊与海关众口……

5. 宁德市霞浦县沙江镇竹江村现存清光绪三十三年（1907）立的《海鯭乡禁》。

沙江镇竹江村是福建著名渔村，发明了流刺网捕捞马鲛鱼的生产技术。这项先进的捕捞技术，在福建沿海至今尚无人能出其右。在竹江村至今还保存着"种蛏割鲶""排罾网鱼""打塔捕鱼""蟹舍囚蟳""滩涂溜板""锄挖章鱼""滩涂钓鱼"等等古老而传统的渔耕劳作场景。碑文：

海蛏乡禁：为严禁私篱以杜争端事，吾乡孤屿以海为生，海埕产蛤，原示大公而养众命，奈乡人往往预篱。据为己私强者多得，弱者向隅致酿争端，利反成害兹公议严禁，永无私篱，即有力栽种其蛤，种当在南泥沙胶五桥外等处，割取篱产蛤之地五丈外始许栽种自禁之后，如敢故违定当将蛤充众，一面公议重罚，决不徇情。光绪三十三年（1907）六月，阖乡公禁铸立。

6. 宁德市霞浦县三沙镇东澳村天后宫现存清代立的《福建海难救护告示碑》。

该碑高170厘米、宽40厘米，为清代地方政府文告，乃福建巡抚衙门与闽浙总督衙门关于救护海难船只的联合通告，由霞浦县知县将其镌刻立碑。碑身虽有部分缺损，但碑文主体基本保留。这些碑对于研究霞浦县有关航海历史和对台、对外通行交往以及妈祖文化的传播具有不可多得的历史价值。碑文：

阖邑军民人等知悉，嗣后如有船户贩台米进港，听其随时粜卖，不得扰累阻挠。

7. 宁德市蕉城区漳湾镇五都蓝田村太尉宫现存民国十七年（1928）立《陈季良判决海埕碑》。

该碑又称《奉宪碑》。1926年12月10日海军第一舰队司令兼闽厦海军警备司令陈季良，率领驻泊福州马尾等地的海军第一舰队，易帜归附国民革命军。11月1日，南京国民政府任命杨树庄为国民革命军海军总司令（兼福建省主席），陈季良为国民革命军海军第一舰队司令，率领第一舰队驻泊福建的厦门、马尾和宁德的三都等地。民国十七年（1928），宁德县蓝田村与县城月爿坪黄承箕（字星野，碑记误作"星墅"）、黄承志（字笃夫）兄弟因海埕划分问题发生纠纷，双方各不相让，最后上告省府。时陈季良[①]任海军第一舰队司令兼闽厦海军警备司令部司令，驻守福建。蓝田士绅通过吴重妹的关系，找到了陈季良。陈季良通过调查事件经过，合理判决，使双方心服口服。为此，黄氏兄弟往福州陈季良府邸致谢。同年十一月三十日，陈季良以兼闽厦海军警备司令部司令的名义，下了一道公函，确定了蓝田所辖滩涂面积，委托宁德县县长邵焯发布施行，加以保

① 陈季良（1883—1945），原名世英，字季良（庙街事件后改名为陈季良）。福建省侯官县（今福州市）三坊七巷文儒坊人。毕业于江南水师学堂第四届驾驶班。1925年2月6日，升任海军第一舰队司令兼"闽江海军警备司令"司令。1926年12月10日，率领驻泊福州马尾等地的海军第一舰队，易帜归附国民革命军。

护，并刻碑为记。这块石碑至今仍完好保存在蓝田太尉宫。碑文：

宁德县政府为出示晓谕旨宪奉：国民革命军宁福海军警备司令部明开：据蓝田村乡长绅耆陈瑞恩等呈称：窃恩等，陈吴姓自唐代前后迁居宁德县东门外蓝田村，计有五百余，丁口达三千余人，生寡食众，恒有不给之虑。幸乡前海面海底产有鱼虾蛏蛤蜻蜖等物，数千人生活仍有所托，故乡间前辈为慎重商权起见，历经呈请宁德县出示保护前清光绪二年（1822），又经宁德县陆县长出示严禁，内列明四至。东至青甲店，西至米头港，南至大土岗，北至泽圊头，四至以内所有海面海底生产物利均归恩等采取，历管无异，奈近来人心不古，盗风滋炽，益以土豪劣绅狼狈相倚，明取阴占，防不胜防，窃念沿海居民均赖钧部保护，明沥前情伏叩察恤，恩等数千人生活准即出示保护，严禁盗占等情到部，除批示外，相应函请会同驻防陆队出示保护，以杜争端而安公业等因，正核办间，复据蓝田乡陈瑞恩、吴作金、陈大秀、吴熙金等呈称：窃恩等蓝田村面前有内外海埕，内埕上至溪，下至金蛇背面崎跤，左至矮坪港，右至天饶横港台；外埕东至青甲店，西至水里港，南至大土岗，北至泽圊头，合乡陈吴等姓计百余家达三千余人，自宋以来，皆藉两埕以供衣食，前清康熙间有匪徒希图觊觎，曾蒙钱邑侯出示严禁，继蒙何许彭三邑主叠示在案，光绪二年（1822）又蒙陆邑侯出示立碑。本年突有黄星墅遣人到恩等外埕界内取蛤，声称有契五纸。恩等问彼既已有契，前此何不管业，且阅其契：无向，地名中有不符，或占恩等界内，或跨恩等界边，咸思其契非预设混税瞒粮，即影射移宁伪造等情，恩等仍恐乡众忿斗，遂议起诉，乃有公亲出劝，以乡众与闻两造如有受伤案入刑庭，必有罪者；若提民诉案，在民庭久缠不休，费时失业，靡特耗费难堪，不如出大洋一千二百元，送与黄家，而黄家立约并将所执五纸契取出，三面标照，无论何处地方，所有出蛤，永远归蓝田乡采取。惟光绪三年黄家买得何慕孙水涨鱼埕，系在恩等内埕水面，黄家只能照契管理水涨鱼埕，水底物与黄家无干。据契，时误载蛏□蜻、蚶、□蜖与蓝田无干，然此据原无产蛏、□蜻蚶、□蜖，亦应声明，以免含混。此后仍恐有人到恩等界内侵占蹧跶以害蛤苗，谨将约字呈请盖印，至内埕外埕两埕四至，恳请分注明明白，合并出示，以保物权等情。据此，除将批示抄粘约字之后骑缝加盖县印，发还收执，以资遵守外，合行示仰合邑人等一体知照，所有蓝田村内外海埕。内埕上至溪，下至金蛇背面崎跤，左至矮坪港，右至天镜横港；外埕东至青甲店，西至米应港，南至大土岗，北至泽圊头，以上界内出蛤均归蓝田乡永远采取，外人不得侵占蹧跶，倘若敢故违，定即严行拘办其，各懔遵，切切特示。中华民国十七年（1928）十一月三十日发，县长邵焊。

二、闽东宁德地区商业管理碑刻遗存

闽东地狭人稠，自唐宋以来，走南洋闽北洋，经商贸易。商业发展，仰赖于商业活动的规范。官府通过订立发布商贸"法规"，商帮也通过订立自律的"行规"，维持商贸秩序，防止官吏勒索商户和恶意竞争与欺诈行为等。为求垂永远，多通过立碑。

目前闽东各地留存有 10 多方官方及商会、商帮保护商贸环境的古碑刻。

宁德市霞浦县博物馆现存清道光十一年（1831）立的《国泰民安碑》。

道光十一年霞浦遭受严重自然灾害，米粮奇缺，需要外来船运米接济饥民，但是外来粮船进港后屡受衙役、营兵借口查验敲诈勒索，米商不堪其扰，不敢进港。"米商无至者，民间嗷嗷。"福宁府李姓学员见状极为愤怒，自费独往省城，呈辞力陈弊端，终获"宫保总督部堂孙批本司等会详议覆"，责令霞浦严令禁止不法行为，霞浦县即勒石示谕。

碑高 218 厘米、宽 72 厘米、厚 9 厘米，共 17 行、500 字，记载了霞浦与台湾自古就有经贸往来和政治、军事联系。碑文是为保护当时贩运台湾大米等进入霞浦贸易的客商。碑文：

署霞浦县正堂加十级纪录十次记功九次陈○。为……事……全赖台米接济……米商无至者，民间嗷嗷……知悉，嗣后如有船户收□□进港……取定即严为究治，决不姑宽，各宜禀遵毋违，特示。道光十一年（1831）岁次辛卯二月○日立。

三、闽东宁德地区社会管理古碑刻遗存

福建地处东南一隅，1000 余年来，聚族而居，地狭而人稠，各姓氏为争生存空间，矛盾冲突不断，无论县府，还是士绅，都着力于建构乡村的治理体系，留下许多社会治理的碑刻遗存。

据福建省闽东宁德地区各县的金石志和田野调查遗存，不完全统计，现存有 30 多方社会管理类的碑刻。

1. 宁德市蕉城区霍童镇古道邑岭段的邑岭垭口现存宋代题刻《准仪制令碑》。

该石刻坐西南向东北，花岗岩质地，呈长方形，高 157 厘米，宽 37 厘米，厚 10 厘米。碑刻纵书 3 行，共 16 字，均为阴刻楷书。碑刻风化严重，部分字迹已经模糊不可辨识，但 16 个文字应准确无误。碑刻没有落款年号，刻字粗糙，应为民间所立，据考证应为南宋年间的碑刻。碑文正面"准仪制令"，字形硕大，

右下方刻"贱避贵，少避老"，左下方刻"轻避重，去避来"。

2. 宁德市蕉城区城隍庙明万历五年（1577）《宁德县奏豁陷海虚粮杂差记》。

碑长约 210 厘米，宽 90 厘米，中部厚 10 厘米，头部弧形厚 15 厘米。碑文整体刻字工整，但刻字较浅，辨认不易。其碑文内容主要与西陂塘宋代围垦之后，复崩陷为海，征收虚粮杂差这一历史事件有关。

事由宋元祐四年（1089），骊屿（骊屿林氏始祖）林圭与圣泉寺（寺址在现今漳湾斗门头）僧养誉，纠集百余家，筑堤作堰，设两个石陡门，垦田"四十亩八分，载米二千六百七十九石"。后堤坝被大潮冲毁，复崩陷成海，但额粮一万八十之数仍存，递年亏赔虚粮四千余石，均摊一都至十三都，以及二十一都至二十五都的居民户赔纳。宁德人民受此科赋之累，苦不堪言。从明弘治元年（1488）开始，宁德士民几番上奏朝廷，乞求蠲豁，终皆未果。明隆庆五年（1571），时任大兴左卫经历的陈言与时任北京军前卫经历的邑人崔廷复，为宁德邑民请命，诣阙力奏，辞极恳切，但龙颜大怒，"以小臣不当言事"，挨了廷杖，还下监狱。但敕旨下所司查勘，州县具覆确实，但只免去驿站银七百余两。再加上频繁的倭寇侵犯，宁德人民"困苦万状，居无完庐，仓无储粟，复加赔粮，民命不堪"。几经申报，朝廷虽然杂差相应减免，但正赋并无蠲除。直至隆庆六年（1572），即万历元年，任内阁首辅的张居正，根据当时的社会情况，实行了一系列改革措施。万历六年（1578），张居正以福建为试点，清丈田地，结果"闽人以为便"，并在此基础上重绘鱼鳞图册，此后颁布《清丈条例》对全国田地进行了认真的清丈，还推行了赋、役，皆以银缴著名的"一条鞭法"。正是有了张居正全国丈田亩、清虚粮政策的实施，这才结束了西陂塘围垦陷海后架在宁德人民头上长达三四百年的沉重的虚粮杂赋负担。由此，宁德士民感恩戴德，修建遗爱祠，立碑纪念西陂塘陷海虚粮杂差事件之始末，以及历代为此事奔走努力有功绩者。该碑全文见于乾隆版《宁德县志》中，碑文与载县志的《遗爱祠碑文》内容大都相符，经过认真核对，只有极小部分字句有些出入。遗爱祠，据《宁德县志》记载，又称报德祠，在北门城隍庙左。据黄澍先生回忆，遗爱祠在城隍庙与城墙之间，面阔三扇，中有天井，整座建筑，红墙灰瓦，格外醒目。可见"宁德县奏豁陷海虚粮杂差记"碑，原先立于遗爱祠内，与今日出土地点都极相近，有可能是 1939 年拆宁德城墙时，此碑被埋进北门的环城路基之下。

该碑文由南京礼部尚书三山林庭机（福州林浦林氏在明朝一季，共有 8 位进士，其中有 5 位官至尚书，史称"三代五尚书，七科八进士"）撰文，广州府通判福宁吴堡（号莲阳）书丹，进士邑人陈勖（时任浙江余姚知县）篆额，时任宁德知县韩绍（状元韩敬之父）偕县学生员等立碑。该石碑的出土发现，对研究宁德历史，特别是明朝历史，有很大的实物价值。碑文：

宁德县六都赤鉴湖，即名西陂塘。又为濂村、天成二塘。始宋元祐间，士民林圭、僧养誉，率一都至十三都、廿二都至廿五都居民、合赀为之，凡田五百顷四十亩八分，载米二千六百七十九石奇。后巨潮辄决，西陂陷而田复为海。嗟夫！岂相度失宜，鳘筑未巩，贻此后忧耶，抑缮修弛耶？迨宣和七年（1125），县令储惇叙修之弗就，元因之。明杨司农经界，洒西陂粮一千七百石奇于各筑户赔纳。后濂村天成二塘潮啮亦陷为海，明兴林礼、彭孔真、黄淑英、龚廷豪、吴桔诸人、代有奏告，当道辄以额粮为辞，持重秉牒不敢议。弗果蠲。然二百年来，内无大寇，外无横夷，犹得勉强输赔。比岛夷作不靖，从吴浙蹂我闽，巢穴漳湾横屿诸澳间，闻宁德县城破田荒者七八年，甫还定，南亩往往与侨寓无耕织，向徒偿租□黎喘息仅如缕，即赔实粮且难之，况虚粮乎？时推乡缙绅陈君言任大兴左卫经历，崔君廷复任府军前卫经历，毅然诣阙，力奏蠲之，事下所司议。知县韩侯绍议曰："昔以堤海升科，今以陷海免税，事信非诞，第版籍藏天府，正额关上供，未敢轻议蠲者。必不得已，姑蠲其额外杂差，以为苏息计。"知福宁州陆侯万垓申议曰："自闽苦倭患，海滨田大半长荆榛，宁德尤惨。甚者食弗充、裙弗完多远徙，樵佣以给生。"奈何岁责其陷海田之赋而嗔其负也，民剥肤极矣！乞请如韩令议，俾稍得更生。牒上当道，竟以府站银七百一十一两奇，移派之他郡，其诸民壮捕盗饷悉蠲之。盖国课虚粮虽未蠲，然事有绪而力寖宽，行将次第举矣。邑士民陈辚辈求予言以风来者。庭机伏睹恩诏，凡军民田虚粮赔纳，勘明具奏者，该部即与除蠲。夫以宁德县地不过邾莒，力不及江黄，而赔海田之税，岁二千六百有奇，平时犹弗堪，况当丧乱之后，宽一分则受赐一分，倒悬可望渐解矣。贤哉二守令，能救时也！往予闽先达林庄敏公奏坑课，民至今无横征。陈、崔二君之奏，其视庄敏疏，讵径庭耶？而达其情于院道，实赖州县仁守令，时微林侯倡减徭纲于前，韩侯议免杂差于后，邝侯息混免于终，则巡按御史胡公陈公，何以知民情之悉，裁免虚粮之杂差耶。士民建祠崇祀，勒功纪绩，其亦感恩图报无尽之意也。夫陆侯，平湖人，隆庆戊辰进士。韩侯，归山人，辛未进士。军门都御史殷公从俭、涂公泽民、巡按御史白公贲、白公维新、陈公万言，粮道参政周公贤宣、提学副使宋公豫卿、分守参议黄公希宪、徐公时可，分巡佥事黄公可大、知县林公时芳、邝公彭龄，其于始末成是议皆与有绩云。大明龙飞万历丁丑年（1577）孟春吉。赐进士第南京礼部尚书□□进阶资德大夫正治上卿前礼部右侍郎南京国子监祭酒兼翰林院检讨会典三山林庭机撰，承德郎广州府通判福宁莲阳吴重书，赐进士文林郎知余姚县事邑人陈勋篆盖额，万历五年（1577）宁德县士民同立。生员薛□龚纲，总督祠碑事儒官陈晏，龚民林文定陈□。

3. 宁德福安市龟湖山天后宫现存清乾隆二十二年（1757）立的《天后宫祀典田亩碑记》。

该碑叙述了天后宫祀产确立的过程，彰显了知县黄彬协调归回天后宫祀产的功德。碑文：

……福邑宫殿众商鼎建于龟湖山巅……复捐银生息以为春秋享祀、神诞庆祝之需。弟恐积铢锱，权子母，殊非经久之计。适有慈云寺僧人将本寺田贰顷叁拾肆亩零贸与薛某。遵照奉文设法募赎之议，请将天后宫生息公银赎回本田，以资祀典。经首事陈维屏、郑殿膺等给银陆百两全僧赎明。事在乾隆十九年三月，夏侯（瑚）任内，具禀立案。因调任会城，未经分管判承。豪强奸佃，乘机争夺。幸逢黄侯（知县黄彬）临位，励精可务，废坠咸修。念事神治民，厥政维均。矧天后祀典在定国勤民、御灾捍患之列，尤不可一日缺者，岂容不法之徒兼并吞？爰属督捕方少尹将赎产按亩清厘丈量，除归慈云寺焚修，以壹顷伍拾肆亩贰分陆厘捌毛四忽，缮册用印，给天后宫管业。即以庙器立粮干召良佃耕作，择诚实董事递季公储，变价输课之余，用勷祀典。洵历久不敝之良法！自此黍稷升香，烝尝勿替，灵栖神格，永讬湖山。而我黄侯此举，所关诚非浅鲜，其功德亦与之并垂不朽矣！……本宫首事仝勒石。

4. 宁德市霞浦县现存清乾隆三十九年（1774）立的《福宁府石碑文》。

清光绪三十二年（1906）福安县田螺园《冯翌雷氏宗谱》载清乾隆三十九年（1774）福宁府福鼎县正堂的告示。认为"畲民散居穷谷，人迹罕至，实属深山五谷，素沐皇仁，得沾雨化，历免差徭，由来已久。现各县俱有石碑仍存，惟霞邑（即霞浦）石碑被毁。近因村都乡保，勿论奉公，滥派差务，即属无事，不时索贴乡民，扰累乡愚，确有实情，所以具禀，另请畲保长宁固地方……仰恳天台，一体同仁，皇准照旧勒石复碑，以杜滥派，豁免差徭，百年千秋……"闽东畲民家族中普遍认为，以上两个石碑就分别立于福宁府衙和福鼎县衙。碑文：

福宁府霞浦县正堂加五级纪录五次曹○，为呈请立碑等事。乾隆三十九年（1774）六月二十一日，据畲民钟允成等具陈前事，词称：成等始祖乃高辛皇帝敕居山巅，自食其力，不派差徭，历代相沿，由来已久。迭蒙历朝各宪布化宣仁，案炳日月。迨康熙四十一年（1702），又蒙董州主赐立石碑，永禁各都乡保滥派畲民差徭。各县石碑现存可考。惟州前，即今府前石碑被毁，各都保遂有滥派、索贴之弊。成等呈恳府宪徐〇，蒙批候檄饬严禁，毋许各都保滥派尔等差徭，并索贴差务，俾其各安生业可也。合请金恳伏恩准立碑，永彰鸿案，衔结不朽等情。据此，为查畲民钟允成等，前蒙本府宪徐〇，檄行出示严禁在案，兹据前情，除核案批示外，合再示禁。为此，示仰各都保人等知悉：嗣后务遵照宪，毋得仍前滥派畲民差徭，借端索贴扰累，并索砍竹木等项，俾得各安生业。倘敢故违许准，受累畲民，指名直禀，以凭拿究。各宜禀遵毋违，特示。乾隆三十九年（1774）八月十二日给。

5. 宁德市霞浦县松山村现存清乾隆五十八年（1792）立的《靖海宫祀记》。

该碑又名"松山澳靖海宫田园桁租赐宫碑记"，为霞浦县松山村天后宫庙的香灯之需，主要由渔人家族供给。碑文中详叙了宫庙恒产。碑文：

……壬子（乾隆五十七）春澳民见神像庙宇亟宜重修，禀明旧管神业，蒙县主许，郡主甄恩为清查本宫田园山并南北两桁租息。谕令设簿勒石，转行署县主许立案，俾首事照额轮流接管，以垂永久……计开旧管田亩园山南北两桁各号地段亩数：一亩坐落二十五六都洋坑地方，土名"前丘"，受种一箩，又号土名"坑园拢"，受种六斗；一亩坐落二三都江边地方，土名"新门"，受种八斗；一亩坐落二三都赤岸地方，土名"坝尾"，受种七斗；一园坐落本澳地方，土名"宫后""宫门前""大坪园""大觅丘""水清园""宫仔后""大宫前""山后""后湾"，各一所；一旧管南桁海地，坐落长表泰子帽，土名"宫仔""叠石""瓦窑""圭爬"，各一所；一旧管北桁海地，坐落佛堂，土名"小门""高山北""钓鱼塈""马墓"，各一所；一旧管本澳网门，坐落火焰山，土名"崎兜"，共计六口……本宫首事全勒石。宫庙首事、董事：张□□、程□□、林□□、陈□□。

6. 宁德市罗源县蕉城区猴墩村嘉庆十六年（1811）立的《告示》。碑文：

特授宁德县正堂加三级随带加一级吴〇，为违例巡洋等事。本年十月十五日，据雷朝元、蓝奶弟、钟文乐等呈称：住居九都猿墩地方，安业田园。所有巡洋各人向在平洋查看，从无夜间至。元等山宅巡查，田园有被盗时，元等向投不理。凡遇收成，各到山宅额外索取，被盗无赔。迩来并杂粮又要索取。元等理论，反欺畲民山宅，摩拳擦掌，种种被陷。切思巡洋所以御盗，被盗投验赔偿，故得抽送。似此，夜巡不到，被盗投验不理，凡有所收，一切统要额外抽送，且被盗更多，为害不浅焉！用此巡洋为哉？元等合同公议，各人自种自看，不失守望相助之意，无滋抽费，以省事端。现在本年八月，元族与闽坑林姓互控，元等即行各人自看田园，并无被盗。但未蒙给示，苟延一时，恐将来仍蹈旧辙，争闹滋弊，畲民奚堪。无奈呈恳恩准给示，以杜后患等情到县。据此，除批示外，合行出示严禁。为此，示仰该处居民人等知悉：嗣后该处田园，以及杂粮等项，听雷朝元等自行防守，不许棍徒包揽巡洋，致滋事端。倘有前项匪棍仍前包揽，许即协保禀解赴县，以凭究治，毋得始勤终怠。亦不得藉端滋事干究。特示。嘉庆十六年（1811）十月廿一日给告示，发九都猴墩，实贴晓谕。

7. 宁德市屏南县熙岭乡前塘村甘湖柳祠堂边现存清道光二十年（1840）立的《植树捐银碑》。

碑高 189 厘米、宽 68 厘米，是一块倡议植树造林的碑。相传乾隆丁酉年（1777）冬，前塘山中虎患严重，夜间窜至村中觅食，牲畜惨遭劫掠，甚至出现恶虎伤人事件。村民为驱赶藏匿密林中老虎放火烧毁林木，由此造成严重的水土流失。族人林有桧提出植树造林，族人纷纷赞同，捐款造林，主要种植恩树（柳杉）等，并立碑于祠堂，以表旌彰。碑文：

皇清。林三才公派下乐捐公用置买，俗叫池尾，栽培恩树保护，玄窈前塘悠久，芳名载碑记：有桧、方健各捐银贰拾两，有众、有蓬各捐拾柒两伍钱（其下，最少的捐壹钱，有两户题园数丘、池尾田壹丘不等，细数之下，共计九十三人，捐银近二百两）……道光二十年（1840）庚子岁孟冬吉日。

8. 宁德市霞浦县白露坑村半月里畲族村龙溪宫前现存的清道光二十六年（1846）立的《遵示永禁丐碑》。

清朝道光年间，流丐出没于畲族乡村，村民深受侵扰之苦。碑文：

署霞浦县正堂加十次纪录……经乡老呈明……蒙（前县主）出示严禁……禁后颇得安业。谁料示久法弛，弊仍复生，尤前更胜……据武生雷光华、民人雷世锦等呈称……邻村聚集为非作歹之徒，日则借名强乞，夜则潜窃田园五谷，延及人家、村中。农家受其扰害，较恐酿祸，则忍则畅胆，情难聊生……经村民公谦，轮流巡查……地保、甲长务宜督率村民守望相助，日夜巡查盗贼并流乞，毋许呼朋强索，并喜事诈讨花彩、酒食等件……自示之后，如敢故违，许该处乡老、地保人等指名具禀。如村中五谷及神宫、灰楼，毋许流丐窝赌盗割，亦不许丐首勒索酒食。逮则呈县，以凭差拘究呈。本县言出法随，决不姑宽。各宜禀遵，毋违特示……岭头、半路两头子民同勒石。

9. 宁德市霞浦县岭头畲族村现存清道光二十七年（1847）立的《禁议示给禁丐碑》。

该碑身青石质地，高 128 厘米，宽 50 厘米。碑文：

调署霞浦县正堂加十级纪录十次记大功九次姚〇，出示严禁：据二十五都六岭头九境村民钟廷开等具呈称……贼匪、棍徒并恶丐、流乞潜入村户，日则强乞撒赖，夜则横行穿穴趴墙，盗牵牛猪牲畜、衣服，坐地分赃……每逢秋收之时，勾践呼群蜂拥，私登田园屋宅，恶化掏摸……村民遭害，苦不胜言。利比陷害，情实难堪……准给示，以除民害……地保、甲长务宜督率村民守望相助，日夜巡查……盗贼、恶丐、流乞毋许呼朋强索，并喜事诈讨花彩酒食等……地保、甲长人等，立即扭送赴县，以凭案律，严拏究治，断不姑宽……地保、村民等亦不妄拏无辜……各宜禀遵毋违，特示。道光二十七年（1847）十月二十九日。

10. 宁德市霞浦县松港街道岭头畲村现存清道光二十七年（1847）立的《禁议示给碑》。碑文：

二十五六都岭头九境村民钟廷开等具呈词。远近有贼匪棍徒并恶丐流乞潜入村户，日则强乞撒赖，夜则横行穿穴，趴墙盗牵牛猪、牲畜、衣服，坐地分赃，外及田禾、穗稻、园蔬、地瓜、杂粮等件……更有棍徒恶丐强乞，名曰"喽啰"。每逢秋收之时，呼群蜂拥，私登田园、屋宅，恶化掏摸，更敢……逞强索勒，多稍不遂意，即推残疾者，赖诈逞凶夺取。更外来棍徒恶乞流入村户，妄作胡为窃取……村民遭害，苦不胜言，利比陷害，情实难堪。

11. 宁德市霞浦县崇儒乡上水畲村现存清同治三年（1864）立的《给示议禁碑》。碑文：

远近恶丐流乞、不肖棍徒藏匿都内，偷窃村民等家中物件、田园五谷黍，妄作胡为窃取……强逞凶难容，以及开场赌卜、盗砍山林，松、杉、桐、楠、竹木、杂树、茶园、羊只，众多草木被扰不堪。

12. 宁德市蕉城区飞鸾镇新岩村长园村现存光绪三年（1877）立的《奉县告照碑》。碑文：

地保傅成贤、傅其成、武生雷光华、耆民蓝涌波、康起风……最惨者稻麦、地瓜尚未成熟，农民不忍动手，而盗贼忍心盗割、盗掘，半遭偷窃，半遭踩蹦，触目伤心，痛恨奚极。至于桐、杉、竹木等件，稍长选择盗砍，值此茶季盗摘不绝，农民遭扰苦莫言状……据此，除呈批外，合行出示严禁区。为此，示仰二都长园附近人等知悉：尔等村内凡有田园、山场，地瓜、竹木、茶叶，各宜派丁轮流看守，勿得始勤终怠。如有匪徒窃取滋扰，尔等协保拿获送县，以凭讯究，毋许徇庇隐匿，亦不得挟恨、妄拿无辜，致于并究。其各禀遵毋违，特示。

13. 宁德市霞浦县半岭观音亭现存清光绪四年（1878）立的《奉宪勒碑》。碑文：

钦加知府衔尽先补用分府摄理霞浦县正堂加十级纪录十次钟○，为给示勒碑永禁事。光绪三年（1877）十二月二十三日据说半岭亭住持僧慧呈称：切活辖六铺……岭岗有观音亭，上系崇拜山峻岭，下有巨壑。清渊峰峦显曲，林木参美，临界异常，南北官绅……前僧截有三间租于村民，约排□心一□行人一助香灯起见相沿已久□，自同治五年（1866）……充该亭住持彼时民情无异梵罕洁净，迩来竟有无众……点心之外加午膳夜宿……聚赌博喧哗，店主日继难□，污秽亵写亵渎，神明无遇于此，尤恐匪类有可……阻。谁料牢不可破，更有贪婪，未知何乡人氏胆敢，该阁下滥毒溪流鱼，尤为有伤天地……恩准出示勒碑严禁，整顿地方佛门有……光绪四年（1878）正月十六日给，贴半岭……

14. 宁德市霞浦县崇儒乡磨石坑畲村现存清光绪十七年（1881）立的《出示严禁碑》。碑文：

因多其间怠惰农事、游手好闲、不务正业之徒，亦复不少贪图渔利者，不畏法勾引外徒，夜集于磨石坑村，日夜开设赌场，猜压花会铜宝局，无知子弟聚赌阄输，殃害良民。赌坊一旺，而四方奸匪潜入村内，良莠莫辨。叠年以来，常有窃贼，连夜偷盗掘地瓜、偷割五谷并田园蔬菜、麦杂粮苙，登山盗砍坟荫竹木、桐、榆，盗牵牛羊等物，坐赃分肥陷害，农民有种无收。村民累见失盗，百无一获。甚至外来恶丐，呼群引赖强乞，多勒索，不顺遂即串引残疾病丐坐家，呼哧剻□，怀毒死赖。

15. 宁德市蕉城区海潮山畲村现存光绪二十年（1894）立的《奉县告照》。碑文：

宁德县正堂，为出示严禁恶丐强乞，以静地方事。本年八月十九日，据八都等处乡民蓝聚春等公仝呈：切民等地处山僻，务农为生，终年勤苦，往往恶丐结党成群横行乞食。每至收成之时，丐等聚伙身怀利刃，环集田园强讨，要稻谷钱物。不遂其欲，甚至持刀吓诈，拦阻打稻，不容收获。稍与计较，则装伤倒诬，鸠集多人拼命记赖，不服理谕。山村家数既稀，来城控告路途又远，惟以无事为安，遂至任其诉索。即非收获之时，每到各家勒乞，不如其意，则鸡豚、农具皆敢窃取。若不公诸严禁恶风，乡民何能平静度日等情到厅。处此，除批示，责成丐首严加管束，合行示禁。为此，求谕该乡民蓝聚春等知悉：自示之后，如有恶丐到村强乞，任意逞刁。倘敢再犯前情，准该乡民等会同地保拨送赴县，恐有流丐到村，人命毒赖，地保消理，严以凭律究惩办，俱各禀遵毋违，特示。右仰知悉。光绪二十年（1894）九月初三日给示。

16. 宁德市蕉城区七都镇三屿村海潮山村现存清光绪二十年（1894）立的《奉县告照碑》。碑文：

特授宁德县右堂加五级纪录五次李○，为出示严禁恶丐强乞以静地方事。本年八月二十九日，据八都等处乡民蓝聚春等公仝呈。地处山僻，务农为生，终年勤苦，往往恶丐结党成群，横行乞食。每至收成之时，丐等聚伙，身怀利刃，环集田园强讨……不遂其欲，甚至持刀吓诈，拦阻打稻，不容收获。稍与计较，则装伤倒诬，鸠集多人，拼命讹赖，不服理谕。山村家数既稀，来城控告路途又远，惟以无事为安，遂至任其诉索。即非收获之时，每到各家勒乞，不如其意，则鸡豚、农具皆敢窃取……自示之后，如有恶丐到村强乞，任意逞刁，倘敢再犯前情，准该乡民等会同地保援送赴县。恐有流丐到村，人命毒赖，地保消理，严以凭律究惩办，其各禀遵毋违，特示。光绪二十年（1894）玖月初三日给。

17. 宁德市蕉城区霍童镇东岭村半岭自然村村道旁现存光绪二十一年（1895）立的《恶丐强乞告示碑》。

碑高160厘米（含底座，其中底座高34厘米），宽51厘米，厚9厘米，玄武岩材质。碑额刻有"告示"二字，碑文为楷书。该碑记述了清光绪二十一年（1895）一些地痞无赖在地僻人稀的畲族村落敲诈勒索，欺压当地群众的社会现状。碑文：

钦加六品衔特授宁德县霍童分司加五级记录五次王○，为出示谕知事。照得本年七月间，据十三都乡老雷云金、钟圣木、兰得明、谢芳树等佥禀，恳准详请给照出示严禁强盗恶丐以靖地方事。缘民世居十三都小石、半岭、白井、东岗界内，各乡耕山为业，所留松杉竹木屡遭强盗砍伐，又有恶丐强讨，并及鸭仔放田糟蹋产业，甚至滋事多端害良不小等情到厅，请究饬差查明除详，请给照处理，合出示严禁。为此，示仰该乡各色人等知悉，向后仍有棍徒盗砍、恶丐强讨，以及畜生任意擅放田园残害物产，准该乡董协同地保指名具禀擒送赴厅，讯究照例详办，该乡董亦须秉公据实毋得徇私。本厅言出法随决不轻恕，各其禀遵毋违，特示，限期初二、十六。光绪二十一年（1895）八月○日发十三都小石地方。

18. 宁德市现存清光绪二十五年（1899）立的《福宁府文告》。

光绪二十五年（1899）钟大焜在畲族乡村，"见有一种山民，纳粮考试，与百姓无异，惟装束不同，群呼为'畲'。山民不服，时起争端。"钟大焜"向山民劝改装束与众一律，便可免此称谓，无不踊跃乐从"。钟大焜考虑"山民散处甚多"特呈请福建按察使司发布文告，令畲民改装，并要求"百姓亦屏除畛域，等类齐观，勿仍以畲民相诟病"。文告：

……本署司查，薄海苍生，莫非天朝赤子。即闽粤之蛋户，江浙之惰民，雍正年间，曾奉谕旨，准其一体编入民籍。况此种山民完粮纳赋，与考服官，一切与齐民相同，并非身操贱业者比。在国家有包含编覆之仁，在百姓岂可存尔诈我虞之见，但其装束诡异，未免动人惊疑。且因僻处山陬，罔知体制，于仪节亦多僭越。自非剀切晓谕，则陋俗相沿不革，即群疑亦解释无由。除禀批示并通饬外，合亟示谕为此示，仰合省军民、诸色人等知悉。古来盘瓠之说，本属不经，当今中外一家，何可于同乡共井之人，而故别其族类。自示之后，该山民男妇人等，务将服式改从民俗，不得稍涉奇裳，所有冠丧婚嫁应遵通礼，及朱子家礼为法，均勿稍有僭逾，授人口实。百姓亦屏除畛珍域，等类齐观，勿仍以畲民相诟病。喁喁向化，耦俱无猜，以成大同之治。本署司有厚望焉，其各禀遵毋违，特示！光绪二十五年（1899）四月。

19. 宁德市霞浦县崇儒乡樟坑村大厝路口拐弯处现存清光绪二十六年（1900）立的《给示严禁碑》。

光绪年间流氓盗贼扰乱霞浦县崇儒乡樟坑畲村人的正常生活，蓝氏联系邻村村民呈文，霞浦县正堂立碑示禁。碑文：

本年十一月十九日据耆民蓝涌波、康起凤、雷朝勤等禀称……兹缘本村近年恶丐甚多，三五成群，登门借端，强乞打扰，不遂其欲，异常吵扰，怀毒撒赖，即移尸图诈。凡过有婚嫁好事，立即结党成群，登门滋闹，强讨酒肉，乘机诈索，骚扰乡民。种种恶习，难□枚举。屡受荼毒，惨莫胜言……居住辖下卅六、七都樟坑、蜀亭、家楼、蔡坑等，在地方各务农业无异……为首：李朝禄、阙启清、蓝春风、蓝桂兴，康启淑、陈瑞炎、黄瑞锦。

20. 宁德市蕉城区赤溪镇岑田村现存光绪三十年（1904）立的《奉县告照》。碑文：

宁德县正堂○，为出示严禁事。本年七月二十八日，据十一都岑田村畲民蓝先寿、洋成、同先、春顺、伏成、雷朝子、钟兰邦、清顺，地保傅咸贤、其成等呈补录：寿等岑田上下村、宫后门、肥垅村，有二十多家，筑寮散处一隅，均为农业。近因恶丐群居附村，聚赌饮鸦。寿（蓝先寿）等田园锥扑蹭蹬，固已难堪。丐且欺凌地僻，男妇日出耕作，家仅女子幼孩。丐则三五成群勒讨饭米钱文。如遇登场收获，丐则勒索田粟。若非随索随给，敢则入寮吵扰。遇便鸡只、农具，以及屋前蔬菜、柴薪，晒曝粗衫、短裤任意搜取。如值耕农归来，撞见，阻则藉端敲诈，继则引众残疾病丐扛伤，变态多方，困苦难言。况岑田地属辟处，从前那有一二流丐到门告乞，寿等给其饭米只钱，丐则欣然而去。近来农景愈歉，丐则愈增。在寿等贫民为作，尚难自给，在游手之无赖之□辄群党，何侨济为□。寿等山乡僻处，非比城市，何堪强丐勒索。如前，惟有恳恩出示严禁，俾恶丐畏法，不至强讨无厌。庶民业得安，地方安靖。为此，俱情佥叩乞台前，思怜前情，示禁施行，合乡感戴，颂德千秋。切里等情到县。据此，查恶丐强乞，藉端诋扰，实为闾闫之害。据呈前情，除批示外，合行示禁。为此，示该处诸色人等知悉：嗣后遇流丐到门告乞，如实系贫无聊生者，尔等乃勿吝撮米只钱，随时施给。倘有成如结队，多方强索，甚或乘便搜取物件，及以残疾丐类抬赖滋扰，则是瞽不畏法，断难稍事姑容。准尔等协同乡保获住，捆送赴县，以凭究办。但不得得擅行殴打，滋生事端，致于并究，切切毋违，特示。右仰知悉。光绪三十年（1904）八月〇日给示。

21. 宁德市蕉城区八都镇猴墩村现存清光绪年间立的《官禁乞丐告示碑》。碑文：

丐辄强乞，苛勒钱文，多方刁难。若见屋中无人，径入室内，威哧妇孺，或攫取家属。数千户委曲忍隐，莫可如何……金议：以按月定于初二、十六为期，准丐告乞，大家讯究，以口间阎……为此，俱情叩乞台前，恩赐给示严禁，合乡感德，定期施给，亟应示禁，以杜滋扰。除呈批示外，合亟示禁。为此示：二、十六两日为定，听凭施给，不得争多论少，强乞诈赖窃扰，余不姑宽，丐首不为约束，一体究惩，其各宜禀遵毋违，特示。

四、闽东宁德地区林木保护碑刻遗存

我们的祖先早在先秦时期就重视人与自然生态的关系。据《国语·周语》记载，周灵王二十二年（前550），灵王之子晋劝阻其父雍塞谷水，云："晋闻古之长民者，不堕山，不崇薮，不防川，不窦泽。夫山，土之聚也；薮，物之归也；川，气之导也；泽，水之钟也。夫天地成而聚于高，归物于下；疏为川谷，以导其气；陂塘污庳，以钟其美。是故聚不陂崩，而物有所归；气不沉滞，而亦不散越。是以民生有财用，而死有所葬。然则无夭、昏、札、瘥之忧，而无饥、寒、乏、匮之患，故上下能相固，以待不虞，古之圣王惟此之慎。"[1] 按照周太子晋的理解，执政者要力求"不毁高山、不填沼泽、不堵江河、不决湖泊"，实现人与自然和谐相处。

福建省位于地处亚热带，林木生长的自然条件十分优越。晋代以后，由于中原人民开始迁入福建，土地开发与自然生态保护的矛盾突出。随着社会对土地和木料需求越来越大，乱砍滥伐现象加剧。因砍伐林木引发的诉讼不绝于书。历朝历代均有有识之士呼吁并立碑告示保护林木和生态。唐天宝七年（748），唐玄宗

---

① 左丘明. 国语.

派遣登仕郎颜行之至武夷山，封武夷山为名山大川，"全山禁樵采"。南唐保大二年（1122），朝廷放令在武夷山的武夷宫旁方圆里地内"禁樵采张捕"。

宁德地区现存有关生态保护的古碑刻有 10 多方，包含官府的判例、公告和民间的宗族、乡村自行订立下乡规民约。挖掘与整理先民在生态保护方面的历史遗存，对扎实推进福建省生态文明建设具有积极的现实意义。

1. 福鼎市桐城街道玉塘村现存清道光七年（1827）双松碑记。

福鼎市桐城街道玉塘村有 2 棵罗汉松，栽种于清朝道光元年（1821）。树旁有一块石碑。石碑是在罗汉松成长了 7 年之后，由种树人夏观涛特地树立的。碑文：

道光元年（1821）春王正月，涛栽两松于此，历今七载，已具盘挐挺拔之概。当其时，松大如决，固未知其能若是也。夫桑梓敬恭，况宗庙中物乎，自兹以德人垂宗庙者，并垂庙中之物，滋培而灌溉之。则后之视今亦犹今之视昔，未知松之势又将何如也。爰助诸石，俾将来见夫松，日新月异，而岁不同者曰，是即某年某月某人所植云尔。时道光七年（1827），岁次丁亥桂月中浣，第十五世孙观涛撰并书。

2. 宁德市蕉城区南际山白鹤岭古道旁现存清同治七年（1868）立的《林木保护碑》。碑文：

邑岭丫连岭一带，自康熙年间栽种树木以阴水，叠蒙官禁在案，兹因营兵林朝元即宜郎等误砍被获，经公议罚并立保字，嗣后如敢再犯，弉即送究，倘有别人盗砍，独匿不报坐罪如之，兹统计旧存大小禁树四百二十九株，丫门左边应陆拾肆，右边壹佰玖拾四。岭旁左右共应壹佰柒拾株，新种不算。同治七年十一月□日闽邑公立。

3. 宁德市福安市蟾溪村吴氏祠堂现存清同治十年（1871）立的《茶碑》。

蟾溪一带是福安大白茶的产地。清朝时，村里制茶产业达到鼎盛，几乎家家户户都制作白云山高山茶。为了保护茶山，发展茶业，吴姓和杨姓族人在村口立起了《茶碑》，杨、吴二姓各一通。碑文：

茶碑：

本村所有茶树递年立禁，防守窃采及放牧牛羊等，各户捐钱文置买田亩，以为长久计，亦盛事也。今将各捐户开名于后：

左面：

杨。首事：开椿、大盛、日兹、维凌各五千文。大干、际春各一千八百文，大文一千六百文，朝祥、顺元、瑞灿各一千二百文，瑞禄、日开、大惟、日富、光裕、淑庶各一千二百文，大孝、大余、允茂、光盛各一千一百文，日觉、詹民、淑仁、淑礼、河凌各一千一百文，顺兴、秀官、坤即、大春、大富各一千文，廷富、开兵、江凌、日旺、日秀、日金、日祥、开富、文成、景禄，各一千文。

右面：

吴。首事：世丰、进兴，各五千文；阮久林，一千八百文；连兴，一千六百文；明树、发树、达树、新树、开树、光森、尚献、尚贡、尚员、桂祥、学如，各一千二百文；瑞长、连其、光升、光达、光文、光住、光官、福官、翁树、海官，各一千一百文；尚兵、明海、赖瑞林、陈明奎、学龙、（学）元、（学）林、（学）端、（学）德、（学）寿，各一千一百文，日寿、江瑞、（江）森、（江）贤、彭仁贵，各一千一百文；芳树、德树、光茂、尚赠、光兰，各一千文；景铨、尚林、许景奎、李学明、顺义、（顺）华、（顺）灿、（顺）明、（顺）富、（顺）福，各一千文。同治十年（1871）七月吉日立。

4. 宁德市霞浦县博物馆现存民国三十六年（1947）立的《护林碑》。碑文：

是为福宁府廨前旗杆之址，清季杆墩有人植双榕于其处，今则蟠然大树矣，属展辟市街，众以树下可增风景，荫涂人园，而保存之固有异乎，视阃之当门也。诗咏甘棠，盖重召伯之德政，窃亦有冀斯树为他年棠荫之思云尔。里人邱峻谨识。中华民国三十六年（1947）十二月吉旦。

（作者系福建社会科学院历史所研究员）

霞浦史前海洋文化的特色价值

吴 卫

霞浦县地理位置为北纬 26°25′～27°9′，东经 119°46′～120°26′，东濒东海，西接福安市，北邻福鼎市和柘荣县，西南与蕉城区、罗源县和连江县隔海相望，整体呈背山面海的态势。全县海岸线长 480 千米，海岸线曲折率达 1：10，居福建省各沿海县（市）的首位，因此沿海天然港湾众多，素有"两洋三湾四港"之说。"两洋"分别是东吾洋和官井洋，"三湾"即三沙湾、福宁湾和牙城湾，"四港"则指三沙港、东冲港、吕峡港和盐田港。此外沿海大小岛屿 196 个，亦为福建全境之首。

县境属于中亚热带季风湿润气候区，年平均气温 16℃－19℃。全年以东南风为主导风向，沿海地区以东北风、西南风为主，有明显的季风特点。全县地形整体上西北高、东南低，大致呈三级阶梯走势，低山、丘陵、河谷、盆地、平原、岛屿等地形地貌俱全，为新石器时代人类的繁衍生息提供了多样的环境选择。

一、霞浦史前考古的历程回顾

霞浦县史前考古工作起步于 20 世纪 50 年代末，在几代考古工作者的辛勤努力下，目前已初步探索出新石器时代末期至青铜时代本地区史前文化的面貌、内涵及年代框架、演变序列。

1953 年"一五"计划开始后，全国各行各业都掀起生产的高潮。在农业生产建设上，由于挖渠、修坝、开荒、筑路、平整土地等活动，令地上、地下文物被破坏的现象屡有发生。为了令地方各级既不影响生产，又使文物能够得到保护，国务院于 1956 年颁布了《关于在农业生产建设中保护文物的通知》，首次提出文物普查，建立文物保护单位的制度，并由此发起了第一次全国文物普查。这次文物普查历时 3 年多，于 1959 年结束。在此期间为争取提前完成福建全省的

***霞光盈浦丝路帆** ——*海洋文化研讨会（中国·霞浦）论文集*

普查任务，1958年，经当时的福建省文化局和福安专署研究后决定抽调各县文教工作者联合组成"闽东文物普查工作队"，对包括霞浦县在内的闽东地区进行了历时2个月的调查，并在霞浦县境内首次发现了2处遗址，分别是"牙城乡后山村浮山头遗址"和"溪边江西岭头龙山"。[①] 通过这次考古调查，参与者们也注意到闽东地区的彩陶遗址为省内最多这一特殊现象。

第一次全国文物普查工作结束后，包括霞浦在内的全省绝大部分地区的史前考古工作都进入了一个基本停滞的时期，这一局面一直持续到70年代末。

进入20世纪80年代后，霞浦县的史前考古工作快速复苏并进入一个新的发展阶段。1982年国家文物局在全国文物（文化）局长会议上布置开展文物普查和文物志编写工作。第二次全国文物普查旋即在各省陆续开展，并于1989年基本结束。这一阶段霞浦县又新发现了28处遗址点，充实了对区域内史前文化研究的资料线索。其中最重要的是黄瓜山遗址的发现以及随之开展的考古发掘。

黄瓜山遗址位于霞浦县沙江镇小马村西面，是一座平面近似马鞍形的孤立山冈，海拔约50米。1987年首次发现时，在接近山顶的东南、西和北三面坡地上，可见成层的贝壳堆积。调查中采集了较多的石器、陶器标本。黄瓜山遗址为闽东地区当时发现的唯一的一处贝丘遗址。[②] 为进一步了解该遗址的文化内涵，在报经国家文物局批准后，福建省博物馆文物考古研究所于1989年秋至1990年春对黄瓜山遗址进行了第一次考古发掘，这也是闽东地区的第一次考古发掘，也是迄今为止当地规模最大的一次史前考古发掘活动。这次考古发掘除了出土大量陶器、石器和骨器外，还发现了若干灰坑、灶坑和干栏式建筑的柱洞等遗迹。通过对这些材料的研究，考古研究者们明确了黄瓜山遗址遗存的文化内涵和特征，在由林恭务先生执笔的发掘报告中，首次提出将这一类新石器时代末期的遗存统一称为"黄瓜山类型"或"黄瓜山文化"[③]。"黄瓜山文化"的提法很快为学界所接受，闽东地区的第一个考古学文化也由此诞生。

进入21世纪以来，福建的史前考古研究进入了一个新的发展阶段。一方面，科技考古的技术、理念和方法被引进并得到较快速的应用，如浮选法、植硅体分析法、碳氮同位素分析法、区域调查法等。另一方面研究的视野大大扩展，不仅建立起海峡两岸的研究交流渠道，而且还加入国际学术界对南岛语族起源与扩散的研究中。在这样的背景下，于2001年产生了福建省第一个国际合作的考古研

① 曾凡，黄炳元. 闽东新石器时代遗址调查简报. 考古. 1959（1）.
② 范雪春. 霞浦黄瓜山遗址调查简报. 福建文博. 1989（1—2）.
③ 福建省博物馆. 福建霞浦黄瓜山遗址发掘报告. 福建文博. 1994（1）.

究项目——"航海术、新石器时代台湾海峡的交流与南岛语族的起源",合作方分别为福建博物院和美国哈佛大学人类学系、夏威夷大学人类学系。该项目分别选取了代表福建沿海新石器时代早期阶段的平潭壳丘头遗址、中期阶段的东山大帽山遗址以及晚期阶段的霞浦黄瓜山遗址,这三处最具史前海洋文化特色,文化内涵保存也最完整的遗址,进行小规模的考古发掘,目的是为研究上述遗址较为准确的年代范围、生业经济形态和跨海峡区域交流等问题而提取各类科学测试样品和标本。2002 年 5 月至 6 月,双方联合对黄瓜山遗址进行了第二次考古发掘。这次考古发掘一方面仍严格遵照国内常用的田野操作规程进行,另一方面则积极尝试西方考古学的一些新方法,例如对重点地层和遗迹单位的土壤进行了浮选,在各层采集碳样用于碳十四年代测定,在各层提取土样进行孢粉、植硅石的分析与测试,以及对出土的部分陶片和石器标本进行地球化学成分分析等。相同的尝试也应用在壳丘头遗址和大帽山遗址的考古发掘中。毫不夸张地说,这三处遗址的发掘实为开福建科技考古的先河,其采用的方法在之后全省各地的史前遗址考古发掘中都得到不同程度的应用,尤其在几次重大考古发现中都发挥了关键的作用。就黄瓜山遗址及黄瓜山文化研究而言,2002 年的考古发掘首先解决了黄瓜山文化的年代框架问题。借助碳十四测年技术确定了黄瓜山文化的年代为距今约4300—3500 年,是福建沿海新石器时代最晚期的考古学文化。其年代下限与昙石山文化的年代上限衔接良好,符合早前关于两者存在一定传承关系的推测,从而完成了福建沿海新石器时代文化序列的关键一环。其次,中美学者基于年代框架得到确定,以及台湾西海岸同时期的芝山岩文化、牛稠子文化以及凤鼻头文化中也发现与黄瓜山文化十分相似的彩陶等证据,认为海峡两岸在距今 4300—3500 年间仍保持着较密切的联系。[①]

在黄瓜山文化之后,同属福建东部沿海地区的闽江下游流域进入了青铜时代,但闽东地区继黄瓜山文化之后的青铜时代文化是如何演变发展的,却一直缺乏较完整的考古学证据。直到 2016 年屏风山遗址的发掘,才为解决这个问题提供了一线曙光。碳十四测年数据表明,屏风山遗址的主体部分,即第 3 层至第 5 层遗存距今约 3700—3500 年,[②] 而且出土陶器的特征也与黄瓜山遗址上层遗存基本一致,由此印证了早前关于黄瓜山文化晚期向青铜时代过渡,并演变为区域内的青铜时代文化的推测。这为闽东地区考古学文化序列的建立提供了重要的资料

---

① 福建博物院. 福建霞浦黄瓜山遗址第二次发掘. 福建文博. 2004 (3).

② 在发掘报告中提及在第 2 层、第 3 层均出土了原始瓷,表明该遗址还分布着晚至西周时期的青铜时代遗存。

和线索。

2016 年，福建省昙石山遗址博物馆在福建省文物局的支持下启动了"福建沿海史前遗址考古调查与研究（试点）"项目，霞浦县作为三个试点之一率先开始。由笔者担任领队并联合霞浦县博物馆对全县境内展开考古调查。至 2018 年调查结束，新发现新石器时代至青铜时代遗址 32 处。其中对沿海岛屿的调查尚属首次，新发现遗址达 12 处，填补了长期以来对霞浦境内史前遗址分布情况认识的一个重要空白。

二、霞浦史前海洋文化的特色价值

从 20 世纪 90 年代至今，通过对黄瓜山遗址和屏风山遗址的考古发掘，以及近年在全县境内开展专题性遗址考古调查积累了十分丰富的资料和线索。围绕这些资料和线索持续开展的科学研究也不断取得进展，令霞浦县成了解闽东地区史前海洋文化最重要的窗口。这种重要性，抑或是特色价值，至少在三个方面得到显著体现：

首先，霞浦是探索福建史前海洋文化起源的关键区域之一。闽江下游流域的壳丘头文化（距今约 6500—5500）是福建沿海最早的新石器时代文化之一。早前已有研究者指出，壳丘头文化中含有若干河姆渡文化的因素。[①] 2017 年在闽江下游流域的闽侯县大坪顶遗址首次发现了距今约 7500 年的陶器和碳化稻谷遗存，也可能是经由沿海自浙江传播到闽江下游流域。[②] 这些观点或推测的论证遇到的一大障碍就是在位于浙江和闽江下游流域之间的闽东沿海地区一直没有发现早于黄瓜山文化的新石器时代遗存。2012 年，在马祖列岛的亮岛发现了以岛尾 I 和岛尾 II 命名的两处新石器时代早期遗址，除了出土石器、骨器、陶器外，还发现了距今约 8300 年的"亮岛人"遗骸。[③] 这一发现也为我们在闽东沿海寻找新石器时代早期的遗址提供了信心。而拥有最多岛屿的霞浦县无疑是最具潜在可能的区域。

其次，霞浦是黄瓜山文化的海洋文化特色内涵展现得最为丰富的地区，并且为了解闽东沿海新石器时代向青铜时代转变提供了重要的线索。黄瓜山文化在闽东沿海各县市的分布最为密集，其中在霞浦县境内就已发现 20 多处。而霞浦境

---

① 福建博物院. 2004 年平潭壳丘头遗址发掘报告. 福建文博. 2009（1）.

② 吴卫. 新石器时代稻作农业在中国东南沿海传播路径的新思考. 农业考古. 2018（4）.

③ 陈仲玉，邱鸿霖，游桂香，等. 马祖亮岛岛尾遗址群发掘及"亮岛人"修复计划. 2013：184.

内丰富多样的地貌也为我们展现了黄瓜山文化极强的环境适应能力，从内陆的山地、河谷，到沿海的平原、滩涂，再到星罗棋布的岛屿，都有黄瓜山文化留下的遗迹。这是目前福建沿海其他区域所不具备的文化景观。这种环境适应能力又令黄瓜山文化先民在塑造福建史前海洋文化内涵过程中，发挥了重要的作用。以史前农业传播为例，在传统渔猎采集的生业经济基础上，黄瓜山文化的种植农业也得到长足的进步，种植的作物除了水稻、小米外，近年来还发现了大麦和小麦的种植证据，这是中国东南沿海目前已知最早的种植麦子的证据。黄瓜山文化先民可能是通过沿海岸线的近海交通与域外文化接触，引进了上述农作物，同时又通过自身的航海活动，将这些作物在台湾海峡两岸传播。

再次，霞浦是研究台湾海峡史前航海活动，以及探索南岛语族起源与扩散问题的关键区域之一。黄瓜山文化时期堪称福建海洋史上的第一个"大航海时代"。此时黄瓜山文化在台湾海峡两岸的扩散十分活跃，不论从规模还是文化影响都超过了此前的壳丘头文化时期和昙石山—大帽山文化时期。不仅闽东沿海大陆与岛屿都有多处该时期遗址被发现，台湾岛的西海岸也发现了若干处，并呈自北向南分布。根据我们在霞浦沿海岛屿考古调查的情况来看，这一时期的扩散路线也不再是早期点对点式，而是多点齐发，表现为闽东沿海→台湾岛北部→中南部。这都印证了黄瓜山文化的航海技术已经达到了相当成熟的水平。

南岛语族是指现今广泛分布于印度洋至南太平洋岛屿上的人类族群。关于南岛语族的起源研究始于 20 世纪 30 年代。20 世纪 80 年代，著名考古学家张光直先生首次提出中国大陆东南沿海"闽江口至韩江口的福建与广东东端的海岸"是南岛语族的起源地的观点。[1] 这一观点已得到学界的普遍认同，并认为距今7000—5000 年左右，居住在中国大陆东南沿海的原南岛语族开始跨过台湾海峡向南太平洋扩散。[2] 由于福建沿海地区与我国台湾岛的距离最近，两地史前文化之间存在千丝万缕的联系，因此福建沿海地区成为南岛语族起源与扩散研究的关键区域之一。

近年来在南太平洋地区的考古证据显示，距今 4000—3500 年，南岛语族中的一部分人群从台湾岛出发前往菲律宾群岛和马里亚纳群岛，从而开始其绵延数

---

①　张光直. 中国东南海岸考古与南岛语族起源问题. 南方民族考古（第 1 辑），四川大学出版社，1987.

②　原南岛语族扩散的路线除了跨过台湾海峡经台湾岛这一线外，也有学者提出还存在一条从珠江三角洲向西，经广西南部和海南岛进入中南半岛的越南沿海的路线。（臧振华. 再论南岛语族的起源和扩散. 南岛研究学报·第 3 卷（1），2012.）

千年向广袤的南太平洋扩散的漫长历程。① 这个时期恰好是黄瓜山文化在台湾海峡最活跃的时期，在南岛语族向太平洋扩散的过程中，黄瓜山文化肯定有参与其中，而且发挥了重要的影响。其具体过程是怎样的，目前尚不清楚，这也成为当前南岛语族起源扩散研究的一个关键问题。福建沿海考古的种种线索显示，解答这个问题的钥匙，很可能就埋藏在霞浦境内的这些已知和未知的遗址中。

（作者系福建工程学院教师）

---

① Hsiao－chun Hung，Mike T. Carson，Peter Bellwood，etc. The first settlement of Remote Oceania：the Philippines to the Marianas. Antiquity，2015，85（329）：909－926.

从福建北大门到省城福州

——仙霞古道与闽江航道漫笔

许维勤

仙霞岭古道号称福建"北大门",是福建早期通向中国东南行政中心会稽郡的便捷通道。因交通的便利,浦城成为福建最早得到开发地方之一。在漫长的古代历史中,仙霞道发挥着中原入闽的重要驿道的功能。该驿道陆路在浦城与南浦溪水道衔接,通过建溪、闽江与福州直接相通。天长日久,在浦城与福州之间,建立起紧密的政治、经济、文化和社会生活联系,并成为"海上丝绸之路"的重要内陆延伸线。浦城与福州两座古城,有极其丰富的历史故事值得挖掘。

一、水陆古道话沧桑

福建古属扬州,秦立闽中郡,汉封闽越国。汉武帝灭闽越,迁其民而虚其地,后复设冶县,属会稽郡。展开中国地形图,由会稽入闽,崇山重阻,唯有仙霞岭与武夷山之间的山界地带便于交通。绕过仙霞岭西南的山谷,进入闽地后,遇到的第一片平浦之地,就是浦城。正是这么一个重要的地理位置,成就了浦城的发达。据史料记载,闽越国与汉朝对峙时,东越王余善曾在闽北筑六城以拒汉。其中汉阳、临浦、临江三城均在浦城,浦城县城基址,实为越王行宫。当时东越王辖境及于浙江江山,仙霞岭应已有间道可通,而浦城一带,无论是经济力,还是战略位置,均有非同寻常的地位。

由于闽越国的覆亡,福建历史曾出现数百年的沉寂,其后在漫长的恢复过程中,人口逐渐增多,其中不乏汉人南下。汉人入闽的路径,除了仙霞岭,还可由龙泉翻越柘岭而入,当然,武夷山分水关、杉关以及武夷山脉南端的闽西,也都有通道,但仙霞岭古道,应该是福建人进入江浙、北上中原的捷径。唐朝中期的泉州人欧阳詹进京赴试,就写有《题梨岭诗》:"南北风烟即异方,连峰危嶂倚苍苍。哀猿咽水偏高处,谁不沾衣望故乡。"梨岭为仙霞六岭之一,则欧阳詹走的是仙霞岭无疑。

仙霞岭通道地位的进一步提高，与唐末黄巢军入闽密切相关。

《新唐书》记载，黄巢军游击各地，曾从浙东"刊山开道七百里"入闽，这条史料后来被广为引用，《资治通鉴》直接表述为"开山路七百里"。如今浙江仙霞关展览馆的《前言》中，也写着黄巢"首辟仙霞古道"。这实际上有误解。仙霞岭古道既没有七百里之长，也不是黄巢军队首开。黄巢军所为，关键在"刊"。刊字有除多余而留有用之意。仙霞岭本有路，只是因人烟稀少而荒芜，狭小崎岖，不便大军行动，必须砍斫树丛、削填土石，使原路显出并加以拓宽，方可行得随军辎重、家眷车马。至于七百里之说，应是泛指，不限于仙霞岭，因为到达仙霞岭之前，浙江境内就要走很长山路，而进入闽北后，所走仍多是山路。

黄巢军过仙霞岭，无意中给福建刊开了一条出入大道，此后流民、商旅、官差、文人、游客多以走此路为便。唐末以后，入闽汉族移民络绎不绝，大大促进了福建的开发。到了宋代，福建经济文化勃兴，行政建置的"八闽"格局形成，仙霞岭从此成为福建北上的重要"官道"。乾道八年（1172），南宋名宦、浙江人史浩被派任福州知府，过仙霞岭，"募夫以石甃路凡二十里"，上岭磴道凡三百六十级，历二十四曲，使仙霞岭路"旧时险厄，稍就宽平"。后世又陆续或民募、或官修，沿途镌削拓路、铺砌石基，使之成为闽浙交通要道和京福官马南路主干道。清顺治年间，衢州曾为闽浙总督驻地。此前还有一条入闽驿道，由常山进江西玉山、铅山从崇安分水关入闽，比较平坦但比较绕。闽浙总督将原设常山的广济渡水马驿迁置于江山县清湖，仙霞道更成为主官道了。经凡自浙江入闽者，多从衢州水道经江山至清湖渡，舍舟登陆，取仙霞道至浦城，复舍陆登舟，沿南浦溪入建溪，进闽江，直达福州。

仙霞诸关，闽浙交界为枫岭关。站在雄浑斑驳的关口，苍茫山川尽收眼底，岭下古道宽畅而荒凉，依稀可见不同时代拓宽的痕迹；而浦城境内，至今尚存诸多断断续续的古桥、古渡、古驿站，诉说着千年沧桑，走在古老的石砌路基上，令人对悠悠岁月遐想联翩。

二、东南锁钥仙霞关

北出福建的关口，原有大、小关之分，"大关"指崇安分水关，"小关"即为仙霞岭。从明末清初开始，小关逐渐成为主要官道。之所以有此转换，与仙霞岭的战略地位有密切关系。由分水关出闽，便于入鄱阳湖平原，利于商贩；而由仙霞岭出闽，取道衢州直通江浙要地，比绕道分水关要近200余里，军事意义更重要得多，所以历来关防偏重仙霞岭。

明弘治《衢州府志》："元江山军营在江山县仙霞关。"这是仙霞岭设"关"的正式记载。明代在仙霞关设东山巡检司。顾祖禹《读史方舆纪要》记，仙霞岭为江浙往来之间道，地势险要，可与函谷、剑阁比拟，"诚天设之雄关也"。清代汪浩《仙霞关记》也说："域中有两戒，而两戒之内，北有居庸，西有剑门，西南有辰笼，其雄居于东南者，关之有仙霞是也。"可见，经明清两代经营，仙霞关已经成为军事要塞、天下名关。

明朝覆亡，清军南下时，驻跸衢州的明唐王朱聿键经仙霞岭入闽，在福州称帝，建号"隆武"。隆武小朝廷的武力支柱是福建总兵郑芝龙部。郑芝龙把重兵部署于仙霞岭、分水岭一带，一时阻挡了清军南下步伐。郑芝龙带着儿子郑成功觐见隆武帝，年轻气盛的郑成功上陈"据险控扼，拣将进取，航船合攻，通洋裕国"战略，其中所谓"据险控扼"，主要就是指严守包括仙霞关在内的闽北诸关要塞。这一见解得到隆武帝高度赏识，封郑成功忠孝伯，赐尚方宝剑，命其前往仙霞岭督守。郑成功发现郑芝龙有二心，屡与其父抗辩，一再申明凭关据海，堪与清军相周旋的道理。但郑芝龙经不住清朝诱惑，最终还是选择了投降，严命郑成功撤军，并断其粮饷供应，大军只好撤回沿海。清军登上仙霞岭古道时，200里天险，已无一兵一卒把守。仙霞关一失，清军长驱直入，福州南明小朝廷立即土崩瓦解。

仙霞岭北段主要处于浙江境内。如今江山县修复的仙霞关，巍峨雄浑，颇有一夫当关万夫莫开的气势。古时沿途还有很多关口，号称"仙霞八关"，入境福建之后是枫岭关、梨岭关。枫岭关在清顺治年间曾设浙闽枫岭营，屯兵千余，至今兵营旧址及石砌关墙、关门犹存。梨岭关则号称"全闽锁钥""越闽砥柱"。整条仙霞岭古道则号称"东南锁钥""入闽咽喉"。

这些名号，听起来威武雄壮，但考诸历史，仙霞岭上似乎并没有发生多么悲壮的大规模战事，大抵因为史上历次大规模的军事南略，到了东南一隅，都已是秋风扫落叶，闽北大山从来都不足以阻挡北来大军的碾压。包括仙霞关在内的闽北诸关的军事意义，都只是地域性的，对全国意义不大，在特定时期与和平年代，可以起到镇守一方、保境安民的震慑作用，一到改朝换代，至此都已属收拾残局之战，固守价值不大。而闽北一失，全闽便无险可守，所谓"铁邵武，铜南平，纸糊的福州"，说的就是这层意思。

冷兵器时代如此，热兵器时代更是如此。解放战争时期，南京、上海失守后，国民党军向东南逃窜，蒋介石也曾经设想固守福建，在福州集结大军亲自部署说："台湾好比是头颅，福建就是手足，没有福建即无以确保台湾……所以为了大局，福州是必须死守的。"但此时闽北的仙霞关、分水关一捅就破，解放军二野第四兵团一口气拿下闽北 13 座县城，随即由三野十兵团负责解放全福建。据女兵孙文娜大妈回忆，她随先头部队入闽，从嘉兴乘列车到江山，徒步翻越仙霞岭，经建阳城，一路走到福州。（《海峡都市报》2019 年 2 月 22 日 A9）整个闽江上下游实际上并无大战，仙霞岭官道只是解放军直下福州城的便捷通道。

三、厚重的文化纽带

浦城有广袤的平浦沃土，自古富庶，哺育出一方繁华。南北朝时期著名文学家江淹曾贬谪浦城县令，生花妙笔写山水，给浦城留下第一笔风流。五代以降，当地文风聿兴，名贤辈出，据统计，浦城县历代登进士者 172 人，官至宰辅 8 人、尚书 20 人、侍郎 21 人，是闽北文化积淀最深厚的县之一。

崇文重教之风，显然与其作为出入福建重要集散地的交通枢纽地位密切相关。大抵外来之人，历尽千辛万苦入境浦城后，就算到了闽地，感慨必多，而出闽之人，过了浦城就算背井离乡，伤感陡生，两者多在此驻留并寄情诗文。在仙霞道留下诗文的，可以列出相当豪华的名单，张九龄、蔡襄、王安石、陆游、辛弃疾、朱熹、刘克庄、刘伯温、徐霞客、袁牧，等等。酬唱者中，有一支很重要的过路人，就是莘莘学子。闽人进京赶考，多取道仙霞岭北上。福州、莆田、泉州一带的考生，或从闽东入浙江往北，但回程必走仙霞岭到浦城，从南浦溪登船顺水直下福州。天长日久，在浦城与省城之间，不期然踏出一条厚重的文化纽带。

这条文化纽带，在清代尤显热络。福州鳌峰书院是清代东南最高学府，书院生员膏火的最重要提供者，赫然来自浦城富绅祝缔封。他不但提供了最大一笔现银 5000 两捐赠，还将浦城大片良田每年的佃租收入，尽数捐给书院，共计 200 多户佃租粮，使得鳌峰书院办学经费非常充裕。当时浦城也有一所著名书院，叫南浦书院，规模质量与鳌峰书院相当，两者堪称福建教育的双子星座。浦城科举考试的成绩居建宁府七县之首，中试者十有七八为南浦门生。鳌峰书院门生福州长乐人梁章钜，考中进士后，仕宦之余曾接受浦城人祖之望邀请，于嘉庆间两度出任南浦书院主讲，并在这里协修《新修浦城县志》和著书立说。梁章钜为鳌峰诸生时，深受浦城祝氏所捐书院膏火之泽，对祝家无比景仰，与祝缔封之子祝昌泰交厚，经常在祝家藏书楼查阅文献，后来还与祝昌泰结为儿女亲家。与梁章钜同科进士的鳌峰门生闽县人林春溥，也在道光年间出任南浦书院主讲，后回鳌峰书院主讲达 19 年。鳌峰书院与南浦书院之间，有一脉相通的学缘关系，学宗朱子理学，注重实践能力，共同为清代闽学复兴和学风转变做出重要贡献。

浦城祝氏不但是当地富豪望族，还是书香门第，尤以传承琴学蜚声天下。"浦城派"古琴代表人物祝凤喈，自幼饱读诗书，以琴会友，博采众长，名噪一时，为琴坛领袖。他家藏数十张古代名琴，建有"十二琴楼"，清幽风雅，为官宦琴人、名流骚客常聚之所，为天下读书人所向往。鳌峰书院另一著名门生、福州人林则徐，就深深为其所吸引。

林则徐与梁章钜交谊深厚。他22岁中举后，被梁章钜书信所描绘浦城文化氛围所吸引，专程前往浦城拜访这位学长。梁章钜邀来一班墨客骚人，与林则徐聚会于仙楼山古琴台，"名士列坐，咏诗韵赋，一觞一咏，其乐融融"，成就了一段浦城人文历史的佳话。5年后，林则徐考中进士，进京履职时路过浦城，逗留6天，借寓三山会馆。此时梁章钜已回乡，但对梁章钜有知遇之恩的刑部尚书祖之望因母病正在乡侍奉，林则徐借机拜访了这位前辈，还拜访了梁章钜的亲家祝昌泰。祝昌泰对林则徐的到来非常重视，邀集祖之望及在浦福州名流小聚于仙楼山麓的"二有堂"，尽兴而散。当时福州的官员或文人南来北往取道浦城，多半都会盘桓数日，引朋访友，领略浦城厚重的文化风采。古道风光绮丽，激发多少创作灵感，留下许多诗文，使古城文风斐然。

四、重要的商业轴线

在浦城大西门礅头街的西段，至今尚存一座雄伟的"三山会馆"古建筑面临南浦溪而立。那是由乾隆年间福州旅浦同乡鸠建的，计有门楼、戏台、拜亭、大殿、钟鼓楼、两厢看楼及馆舍、天井等组成，可作为商业、联谊活动中心及接待南来北往的福州乡亲歇脚驻足之所。从其宏敞的规制、精美的构件，可见当年福州商帮在浦城的雄厚财力，也见证着闽江流域水运商业的历史辉煌。据说，鼎盛时期城里原有明清以来所建会馆5座，分别是江西会馆、盱江会馆、全浙会馆、江南会馆、三山会馆。仅从这些会馆的设立，已可想见当年浦城与福州、江西、浙江乃至整个江南地区热络的商业联系，以及作为商贸中转地的繁荣景象。随着交通条件的变更，浦城才渐渐褪去繁华，如今除了三山会馆，其他会馆均已湮没。

在古代交通条件下，水路无疑是最快捷且低成本的天然运输通道。南浦溪是闽北水运的重要起点，建溪中段的建瓯是古代闽北的政治经济中心，南浦溪—建溪—闽江航道，曾在漫长的历史岁月中，昼夜不停地穿梭着大小船只、木筏、竹排，把沿海与腹地紧紧联系在一起。强大的航运承载能力衍生出强大的商业辐射力，浦城几乎与建瓯并驾齐驱，成为建溪流域重要的商品集散地，把水陆驿道紧紧衔接起来。江西、浙江、安徽等地的瓷器、丝绸等商品，通过仙霞岭古道，运到浦城顺水而下可达出海口；闽北本地的各种农林产品，沿江而下供给省城庞大的需求。而沿海的海产品，同样经过这条水陆道回溯，来到闽北和江浙内地。笔者曾经为读到元代亲历者记录在台湾见到许多处州（浙江丽水）瓷器在交换而惊讶，想必那些商品中不少是经过仙霞岭古道运输的。据浦城人生动的讲述，仅仅在数十年前，三山会馆周边依然经常聚集着一帮帮挑夫，歇脚时一字排列着宽大的扁担。这种景象，应该还曾出现在建瓯码头，出现在建溪流域许许多多水路交接处。漫漫"海丝"之路，悠悠万里茶道，无不洒满挑夫、船夫的汗水。

浦城有崇山峻岭，却也是闽北相对平展之地，水田很多，盛产大米。"浦城收一收，有米下福州。"明代周之夔《弃草集·文集》：福州"各处米，大约出之浦城、松溪、建阳等，居十之四"。沿建溪而下的闽北物产，直接维系着福州上下杭的兴盛。福州郊县闽清一带地少人多，许多人打造小巧轻便的"鼠船"深入闽北各溪流运货为生，最大宗的货物就是米。福州台江美打道一带是闽北米的卸货码头，"浦城米"在传统福州人眼里几乎就是"好米"的代名词，"吃不尽浦城米"的俗语，表达了福州民间对浦城的深厚情愫。而沿海的食盐、咸鱼、干海货等，也在台江上下杭货栈聚集，等待装船内运至"上府"，摆上闽北人的日常餐桌。许多福州人还在闽北各码头立号经商专营海货，如嘉庆年间浦城"三萨食盐"，就是福州人萨重三、萨三捷、萨重熙所经营，经销的食盐量占据浦城市场需求半数以上。浦城与福州，通过南浦溪—建溪—闽江航道，建立起息息相关的物质生活联系。从浦城三山会馆到福州台江美打道，隐现着多少两地之间的商业故事！

近代以后，随着福州的开埠，海外市场需求增加，洋货也陆续进入内地，闽江及其支流的航运就更加繁忙了。显著增加的一桩货物，就是茶叶。原先，闽北茶出口主要由晋商营运北路万里茶道，或从鄱阳湖南入赣江过大庾岭入珠江水系，从广州出洋。19世纪50年代后，这些商道受太平天国战争冲击而衰落，闽北茶就主要由福州出口，销量大增。鼎盛时期，福州港出口茶叶价值占全国四成左右，号称"中国乃至世界最大的茶叶港口"。建溪流域因此迎来新的发展格局，浦城也受益匪浅，临浦、观前等古镇商业更加发达。时至今日，人们犹可从南浦溪沿线许多精美的古村落、古民居、古街、古桥、古码头，细细领略其往日的繁华。

（作者系福建社会科学院社会学所研究员）

霞浦县崇儒乡濂溪村宋代窑址调查报告

吴春明

一、濂溪村基本情况

霞浦县崇儒乡濂溪村是省级扶贫开发重点村，地处崇儒乡西北角，距县城28000米，距崇儒乡政府所在地16千米，是老区基点村，辖8个自然村。全村222户720人，党员22名，劳动力360人，建档立卡精准扶贫户16户64人，主要经济产业为农业。全村土地面积10890亩，平均海拔650米，山势陡峭，村落分散，地理位置偏僻。全村耕地面积680亩，耕地大部分分布在山坡上，村居散落耕作不便。全村林地面积9800亩，年平均温度18℃，无霜期320天，年降水量1830毫米。2014年以来，该村主要实施了村组道路建设、造福工程、美丽乡村、人居环境改造、安全饮水和苗木种植等扶贫项目工程。

濂溪村历史悠久，根据本村濂溪《林氏宗谱》、溪西《林氏宗谱》和柏洋吴洋《吴氏宗谱》记载，早在宋代这里就有人居住。宋代这里名溪边村，并一直沿用到中华人民共和国成立后，80年代更名为濂溪村。历代宗谱大多记载家族世系，并无记载瓷器生产这方面的内容。然而世系所录的内容隐约中说明了林姓曾在这一带生产瓷器。在濂溪村范围内分布着丰富的高岭土和烧用木材，且距离九龙溪不到1千米。九龙溪下游是杯溪直通盐田港，水上交通便捷。从整体情况来看，濂溪村具备瓷器生产的有利条件。

早在20世纪60年代，村民在栏口开山造田过程中发现了窑址，并有大量的瓷器碎片。80年代后，霞浦县博物馆工作人员对其做过一些调查。近年来，为配合基础设施建设和文物普查，省、市专家多次到濂溪进行调查，福建省陶瓷研究所所长栗建安老师等到实地进行了考查，文物部门多次组织人员对濂溪古窑址进行调查和复查，采集了大量实物标本，并获得一批珍贵资料，从而进一步廓清了濂溪陶瓷生产面貌。这些窑址主要是碗窑窑址。现根据调查资料对上述古窑址逐一介绍，并初步探讨。

二、窑址的位置和环境

濂溪古窑群主要分布在村委会所在里厝村之西北部，最远的水竹溪窑址距离里厝村 2.3 千米，最近的栏口窑址距离里厝村 1.2 千米，栏口窑址和坑头厝窑址距离较近，不足 500 米，两窑址的中间是下楼村。其次是山头窑址和六蝉窑址相距 500 米，水竹溪窑址相对独立。5 处窑址海拔高度都在 400 米以上。换言之，可以说在方圆 1 千米的范围内集中了栏口、六蝉、山头、坑头厝 4 处窑址，这样的场景在县境内并不多见。各处窑址丛林茂密、人烟罕见，至今还保藏着大量的高岭土。其土质细腻，含沙极少，是制造瓷器的最好原料。其次，这里的水路交通方便，从九龙溪到盐田上村村（古代盐田港上游）不到 10 千米，溪流宽广水流平湍，是向外运输的最好通道。

三、窑址分布情况

在濂溪村的范围内，到目前为止，博物馆工作人员共发现了 5 处窑址，都是宋代时期的；从质地上分别年代，从北宋末年至南宋，时间跨度长；从堆积上分析，六蝉、山头、水竹溪、栏口、坑里厝年代基本相近。尽管至今尚未进行考古挖掘，但是栏口窑址丰富的瓷器种类，在整个闽东地区是具有很高代表性的。

（一）栏口窑址

栏口窑址位于后楼村后约 300 米的村后山北麓的山沟里，南面狭窄低平的水田是 20 世纪 60 年代初村民开垦的，地表覆盖杂乱草丛，器物依山势由北向南延伸堆积，坡度和缓，分布范围大约 30—50 米。窑址四周为小松林，窑址南、西部形成高达 2 米以上的瓷器碎片堆积坡面。中部小坑内集中发现壶、盒、杯、筒形匣钵、卷草梳篦纹青釉碗、网堕、孔明碗、象棋籽、香粉盒及其他小动物瓷塑，表明这些器物烧造与其他窑区不同。碎片大多出现于田埂护坡上，靠近山体部分目前没有找到窑址。据村民口述，山顶有半个窑址尚在。该窑大量产品的质量高于"官窑"。从造型、纹饰，特别是一部分青釉精瓷产品看，该窑与柏洋董墩北宋时期的东山窑址产品有所区别，个别产品质量甚至要比东山窑高。如窑址发现的大量壶盖，造型优美，胎壁极其轻薄，釉色滋润。从这些器盖上我们完全可以想见整器造型、釉色是何等的精良佳绝。至少到目前为止，我们还没有在其他地方看见过这样的产品。这里对外交通主要有河道与西面相距不远的坑头溪相通，直至九龙溪。

（二）六蝉窑址

六蝉窑址位于六蝉自然村西北部，窑址范围待定，主要以烧造青瓷为主，酱釉次之，还发现有黑釉。从碎片上看，瓷器胎体坚致厚重，呈灰色或暗灰色。青瓷有淡青釉及少量深色青釉，釉层清澈透亮，可见密集如鱼子状小气泡，也有呈冰裂开片纹；酱釉为乳浊状浅深釉；碗类施釉多不及底，常见垂釉及半釉现象；壶、盒、瓶等琢器于外壁、器口和内底挂釉；修胎欠工整，圈足内常有旋足后留下的放射状痕迹。器物以素面较为普遍，只在壶盒上装饰凸弦纹、瓜瓣形刻划痕，或在部分碗杯上刻划卷草梳箆纹、圆凸印痕。器型为碗、盘、碟、杯、壶、瓶、盒等，窑具有匣钵、垫柱及垫饼等。碗分素面碗和箆纹碗两类。素面碗数量多，分四式。Ⅰ式：宽带式唇沿，敞口，坦腹，宽浅圈足。Ⅱ式：侈口，深直腹，近底弧收，圈足较高，足端窄，内底一圈圆涡。Ⅲ式：敞口，斜直腹，小圈足，内底小圆。Ⅳ式：直口，内底平，浅圈足，内底一圈凹印。箆纹碗数量少，残存口沿及碗底，卷唇，直口，深腹，高圈足，足端窄，深青釉，碗内刻划纤细卷草纹、刷丝纹及简笔荷叶纹，外壁饰斜条状粗箆纹。盘敞口，浅腹，内底宽平，浅圈足，内底圆凹印。碟折沿，敞口，浅腹，矮圈足，内底一圈凹印。杯残存底部，分二式。Ⅰ式：喇叭形高圈足，外壁刻划竖条梳箆纹。Ⅱ式：垂腹，玉环式圈足，足内施釉。壶均残，喇叭口，长直颈，宽肩，弧腹，圈足厚实。颈肩附双股式曲把及长流，肩部堆塑对称圭形耳或圆环钮，前者饰纤细叶脉纹，颈肩有胎接痕，肩、腹饰凸棱纹及瓜瓣形直线纹。瓶残，口沿外翻，直颈，盒带盖，长舌子母口，直壁，近底微收，平底，半圆形盖，盖心下凹，塑一圆蒂，由此引出 6 条弦纹至器底，形成六瓣瓜棱状。窑具有匣钵、垫柱及垫饼等，粗泥质。匣钵分直筒形和漏斗形，大小规格多种。垫柱，束腰圆柱形，顶平或微下凹，中空，足外撇，高矮多种，外壁刻划直线。垫饼，扁圆形。

（三）坑头厝窑址

坑头厝窑址位于下楼村门嘴下的小溪边，窑址东边相距 250 米为坑底厝基遗址，山南面山腰，窑址范围待定。堆积层厚达约 1 米以上。南边相距 20 米山脚小路旁另有小范围瓷片堆积。坑头厝窑主要烧造青瓷，少量白瓷，青釉浅淡或泛灰，灰白黑釉。施釉薄而不均，外壁不及底，底足露胎。基本为素面器或器内一圆凹印痕或弦纹。器型有碗、碟、盏等。窑具有匣钵、垫柱、垫饼。碗数量多，分二式。Ⅰ式：宽带式唇沿，敞口，坦腹，浅圈足。Ⅱ式：直口，弧壁，圈足，底心小乳凸旋削成小平台，内底小圆涡。碟折沿，敞口，宽底，矮圈足，底心小乳凸，内器一周弦纹。盏分二式。Ⅰ式：侈口，小底，浅圈足，内底及壁各饰一周弦纹。Ⅱ式：直口，浅弧腹，小平底。窑具有漏斗形匣钵、束腰直筒形垫柱及圆形垫饼。该窑运输交通十分方便，窑址前面就是溪流直通九龙溪。

（四）山头窑址

山头窑址位于山头村后门山岗东南坡，距离村庄约 20 米，2017 年旧村复垦，村庄旧房被拆迁，窑址堆积被挖掘夷平。现存遗物分布 100 余平方米，平面暴露堆积。采集标本均为青瓷，胎骨灰白坚致，常见淡黄色、质地疏松的生烧现象。釉呈淡青、亮青或淡褐黄色，细小冰裂开片纹或较强的玻璃质感，施釉多不及底。修坯草率，器壁常留轮制旋坯痕，圈足足端平切。装饰少，器内多有一圈圆涡。窑炉终年受风雨侵袭、冲刷而保存状况极差。在胎釉、器型、装饰及烧造工艺等方面基本相同。以烧造青瓷为大宗，兼有少量黑釉、褐釉及酱釉瓷。胎质灰白，坚致细腻，或呈浅灰，体轻疏松。青釉泛灰、黄或淡青色，部分细开片亮青釉。采用蘸釉的施釉方法，釉多不及底或仅及口沿下，釉脚线不齐，圈足旋挖草率，足端平切，底心乳凸往往被旋削成小平台面。窑具有"M"形匣钵。

（五）水竹溪窑址

水竹溪窑址位于樊家山村东南部 1500 米的山坡上，距离九龙坑溪约 600 米，南面山背是水竹坑村。该山权属水竹溪村，海拔 503 米。水竹溪窑址分布在半山腰的森林里，四周为杂树林，西南面向九龙溪。北侧地下蕴藏丰富的高岭土资源。采集标本有香粉盒（残）、酒瓶（残）、杯、匣钵、Ⅴ式、Ⅰ式黑釉碗、式酱釉碗、Ⅲ式碟、Ⅰ式青釉碗、Ⅱ式碗、Ⅲ式碗、Ⅰ式盘、Ⅱ式盘、Ⅰ式碟、Ⅱ式碟、Ⅳ式青釉碗、Ⅰ式盏、Ⅱ式盏。经调查，水竹溪窑址遗物分布面积广，中部为房屋遗址，东南端由遗物堆就的坡面相对高度 15—20 米。窑址范围待定，尚需进一步清理，其他情况不得而知，大部分以青釉为主。窑址表面烧结，铺垫厚 5—8 厘米细砂，俗称"软底"。后室底部清理出大量碎砖、红烧土块、匣钵及未烧透器物残件，推测该窑可能于最后一次烧造过程中尚未烧成就废弃了。产品为青花瓷及少量酱釉瓷，胎灰致密，浅褐色疏松胎骨。釉层较厚，多开片纹。器型有碗、盘、碟等。圈足足墙外壁直，内侧斜削呈外撇状，底心常有小乳凸或旋削成小平面。盘碟圈足宽浅，外底及足端多有粘砂现象。青花装饰主要可分两类，一类是内底涩圈、内外口沿和腹底画兰圈的青花弦纹碗，另一类是器内满釉，内底绘花卉、鸟禽莲荷、排点等花纹，青花呈色有黑褐晦暗，也有青翠淡雅和紫艳明快者。碗数量最多，分二式。Ⅰ式：直口，浅弧腹或深折腹，小圈足。装饰分两种，一种为青花弦纹碗或外壁绘折枝、缠枝花卉等，另一种为青花花纹碗，规格大小略有差别。窑具有"M"形匣钵。

四、器物特点及年代

关于上述窑址均未见诸文献记载，以下根据器物及纹饰特征对窑址年代试作分析。碗窑器物釉色浅淡，装饰简洁，显得肃穆雅致。采用匣钵摞叠装烧，圆器使用漏斗形匣钵，杯盒以直筒形匣钵装纳，壶瓶等较大器物置于垫柱上裸烧。大口坦底、宽浅圈足唇口碗数量多，是五个窑的典型器。这种加厚唇沿防止口部变形的工艺源于唐代，宋代南方许多窑口加以仿效，福建闽北、闽东、闽南及广东等宋代窑址都可见到器型相似的青釉碗，属于当时流行的碗型之一。圭形耳执壶颇具特色，沿袭了唐越窑风格，曲柄长流。六瓣葵口碗，其用途当属装盛果品，在霞浦北宋至南宋初期遗址中曾出土。可以看出碗窑不同程度地受到浙江越窑及周边诸窑的影响，尤其与浙江龙窑关系密切。因此，其烧造年代应在北宋后期至南宋。栏口窑釉色、器型较为单一，采用漏斗形匣钵一匣一器摞叠装烧。由于各窑址相隔相近，产品较多共同之处，譬如都有唇口碗和折沿碟，灰白色胎质、灰青釉面也相同。但山头窑址不见梳篦纹深腹碗等，因此极有可能是一处受碗窑影响兴烧于南宋的窑址。五个窑产品九成以上为青瓷碗，采用"M"形匣钵叠烧。器物外底露胎、圈足足端平切、底心乳凸旋削成小平台、素面无纹饰及内底圆凹印痕等具有闽东地区南宋青瓷的一般特征，当为南宋窑址。五个窑址烧造时间不长，但规模不小，品种兼有青瓷、黑褐瓷、白瓷及酱釉瓷，这是福建宋代窑址较为普遍现象，明显是受到当时饮茶风气和建窑黑釉器盛烧的影响。器物工艺特征、装饰及器型方面与全省其他窑极为相近，如底足处理为无釉露胎、玉环式圈足、足端平切、底心小平面及器内压印圆圈凹痕等。卷草梳篦纹装饰是五个窑的特色，其刀法流畅，线条简练，富有节奏感和装饰性，无论手法及纹样都与其他窑址不同。窑产品同时也受到宋代龙泉窑影响，I式碟器型及纹饰与龙泉窑基本相同。虽然产品中的竹节把高足杯等具有元代作风，但器物装饰以器里单面刻花为主、纹饰布局趋于疏朗和器心圆凹印偏大等具有南宋青瓷风格分析。窑盛烧于南宋时期，从采集标本看，此窑采用"M"形匣钵一匣单件或一匣数件相迭装烧，通常最上一层是青花花纹碗，下面为青花弦纹碗。碗有直口、撇口之分，撇口碗外壁绘青花分栏莲荷纹，具有外销瓷风格，与霞浦宋代其他窑相同，多有国画写意效果的鸟禽莲荷纹。

五、陶瓷生产及发展的原因

考古调查表明，霞浦盛产瓷器由宋代开始，历经宋元，直至明清，不曾间断，前后历经 700 余年。迄今，霞浦地区发现的古窑址有 20 余处，其中濂溪村就占了 5 处。综观霞浦古代瓷器生产面貌，其时间之长、规模之大、分布之广，是与霞浦所处的地理位置和外销需求密切相关的。

霞浦地处福建省东部，面海背山，南临台湾海峡，与台湾隔海遥遥相对。霞浦所辖区域主要由港水域以西北的大陆部分组成，其中海域面积大于陆地面积，地势由北向南、大致呈三级阶梯状逐级倾斜，即由山区、丘陵、滨海滩涂组成。丘陵及滨海地区草木生长茂盛，地势和缓，溪流众多并通达海洋，瓷土资源丰富，这些因素为陶瓷生产提供了丰富的原材料、燃料及便利的运输条件，霞浦古窑址大部分分布于杯溪流域一带。盐田港海岸线曲折，是发展海上交通的天然深水良港。杯溪流域是古代霞浦山区一带通往海外地区交通运输动脉。因此，自古以来，盐田港不仅是霞浦地区内河水运与海洋航运的中转站，也是对外贸易的重要港口。

霞浦宋元陶瓷产品以日用陶瓷为主，除供当地使用外，作为贸易商品销往国外占很大比例。虽然霞浦陶瓷外销的历史有待考证，但是其产品"外销也是毋庸置疑的"。从栏口窑址发现的瓷网堕最具特色，作为海上生活用具和捕鱼工具适合沿海居民"以海为田"的生活习性。梭形网坠在澎湖群岛和印度尼西亚许多古代港口遗址都有出土，台湾学者认为它们"非当地生产"，这也印证了史书中关于外销南洋货物中包括"网坠"之物的记载（南宋赵汝适《诸蕃志》）。宋代长溪县管辖范围大，如今的宁德、福安、福鼎、柘荣等都属于长溪县。南宋时期距离临安（杭州）近，在文化方面受到了很大的影响。北宋后期至南宋时期，随着宋朝政府鼓励实行以陶瓷等货物进行物物交换的对外贸易方式，极大地刺激了霞浦及周围窑业的发展。此时，霞浦沿海一带已有外国商船来往，瓷器不仅作为外贸商品而且成为"海舶理想压舱物"大量销往海外。霞浦陶瓷生产在此情形下昌盛起来也就不足为奇了。霞浦宋元陶瓷大部分为刻划花箆点纹的箆纹青瓷和碗心压印圆涡的线环青瓷。由于其在当地宋代遗址中少有出土以及国内传世完整器很少，被认为"大部分制成品都用于外销"。目前，青瓷在国外已有大量发现，流转日本数量最多并被称誉为"珠光青瓷"。此外，朝鲜、菲律宾、印度尼西亚、马来西亚、泰国，以及南亚、西亚，甚至东非、地中海沿岸，都能见到濂溪窑青瓷的遗迹。碗窑古窑同外销有直接关系，产品中的瓜形粉盒和喇叭口瓜棱腹长流壶都是"宋代畅销海外的商品"。因此，在菲律宾发现的瓜形高式盒子有可能产自霞浦。长期以来，日本学者将日本国内 12—13 世纪遗址中常见的白釉"玉缘碗"（唇口碗）划归福建碗窑生产，虽然这类碗也见诸于福建其他窑口，但由于霞浦所处的便利地理位置，其为原产地的可能性最大。可以说，霞浦古代陶瓷的生产和发展，不仅得益于优越的自然地理条件，而且同当时的海外市场需求和外贸的发展相辅相成。同时，霞浦古代陶瓷手工业的发展也带动和促进了霞浦整个地区社会经济的进步。

六、建议

濂溪古窑群"身在青山人未识"，加大濂溪古窑群的考古挖掘力度，不仅对濂溪村的开发发展有着重要的意义，对研究霞浦的古陶瓷发展，填补中国陶瓷发展史上的空白都具有很大的意义。深入到遗址进行前期细致调查考古十分必要，为此建议：

1. 目前发现的 5 处窑址地表上植树覆盖茂密，要进行进一步的考证必需除去地表上的杂草、杂木。这部分需要前期资金投入，濂溪村是否申请要求政府拨款支持。根据初步预算，仅这项就需要投入资金 9.2 万元。

2. 发动群众继续寻找线索，在现有的基础上，开展山地寻找，看看是否还有未发现的窑址，从而实实在在的依据发现的情况来打造濂坑宋瓷文化，提高濂溪知名度。

3. 以宋瓷为主体，把濂溪村前石榴坑自然景观、名木名树、人文景观有机结合，成体系的开发濂溪旅游文化。

（作者系霞浦县博物馆馆长）

近代闽东茶叶贸易概述

潘　健

闽东地区位于福建省东北部，地处东经 118°32′～120°44′、北纬 26°18′～27°40′之间，三面环山，一面临海，东临东海与台湾隔海相望，西邻南平，南接省会福州，北与浙江交界。清雍正十二年（1734）之后，闽东（福宁府）辖霞浦（含今柘荣）、宁德（含今周宁）、福安、福鼎、寿宁五县，直至 1912 年府废，闽东辖区内的古田、屏南、霞浦、福鼎、宁德、福安、寿宁 7 县被划为东路道，1914 年改称闽海道。1934 年 7 月福建全省划为 10 个行政督察区，闽东被划入第二区。1935 年福建省政府为"增加行政效能，节省行政经费，平均管辖单位"，将全省行政督察区缩并为七区，闽东被肢解，分别划入第一区（霞浦、宁德、福安、福鼎）、第二区（古田、屏南）与第三区（寿宁）。抗战时期的 1943 年 9 月，鉴于第一行政督察区辖区过大，管理不便，将闽东的福安、宁德、霞浦、福鼎、寿宁、屏南、周墩（特种区，今周宁）、柘洋（特种区，今柘荣）划出，增设第八行政督察区。1947 年 4 月全省重新调整行政区，福安、霞浦、福鼎、宁德、寿宁、周宁、柘荣 7 县被划入一区，古田、屏南归到二区[①]。

一、近代闽东茶业兴盛的历史条件

（一）适于植茶的自然生态环境

茶树为常绿灌木，一般生长环境以亚热带与热带地区的气候，年降雨量在 1500～2500 毫米，温度在 20℃～25℃，海拔自数十米至 2000 米为宜，且因为是深根作物，根系庞大，因此要求土层深厚疏松为宜。茶树又是典型的喜酸性土壤的经济作物，因此"最宜生长于气候温暖和雨水充足的地方，尤其是云雾弥漫的高山，为其理想的生长地，至于土质，虽以土层深厚，肥份丰富和排水良好为适宜，但只要不过于黏重或过于疏松的土质，都无不可"[②]。

---

①　李少咏. 民国福建省行政督察专员制度初探. 福建史志，1987（6）.

②　高诚学. 福安茶业概况. 闽茶季刊，1940（创刊号）：19.

闽东地区属于中亚热带海洋性季风气候，年平均气温在 13.4℃～20.2℃之间，温暖湿润，且雨量充沛，年均降水量在 1400～2100 毫米。地貌以山地、丘陵为主（占总面积 91.2％）①，土壤以红壤、黄壤占主体（占总面积 88.86％）②，均是适于植茶的自然生态条件。

（二）清咸同年间因福建茶路的改变而大兴

福建"为我国六大主要产茶省份之一，其产量之丰、品质之佳、种类之多，为全国冠"③。民国时期福建全省共 60 余县，其中 33 个县均有产茶，而且"各县所产之茶，经制造后，除少数留供省内消费外，百分之八十皆输出省外或国外"④。而欧洲国家自 17 世纪中期开始风行饮茶之后，其茶叶"全赖华茶之供给，华茶占全世界消费额之百分之九十六"⑤，以致众多西方殖民者在发动侵华战争之前即在中国从事窥探收集情报活动。随着 1840 年英国在侵略中国的鸦片战争中的胜利，作为茶叶生产和供应中心的福建省自然成为殖民者垂涎的目标。福建省会福州既靠近闻名欧洲的华茶主产地之一的武夷山，又濒临东海，海上交通便利，因此成为西方国家要求开埠的五口之一。不过，由于开埠后清政府对茶叶仍然严格管控，武夷山茶叶不能沿闽江从福州出口，而是继续由陆路经江西运至广州出口，而福建产茶区与广州的距离超过 1000 英里（而与福州的距离不超过 300 英里），而且很大部分的路程中货物要由苦力肩挑；同时还有部分茶叶经江西、浙江运抵上海出口，走的依然是陆路。以致从 1844 年英国首任领事李泰国在福州设立领事馆之后，福州的对外贸易一直萎靡不振，"1850—1851 年间一个政府考虑到福州微不足道的商业位置，曾打算放弃福州或考虑起用其他的港口"，直至 1853 年福州商况萧条的情况才开始急剧改变。

1853 年，太平天国运动和上海小刀会起义同时切断了武夷山通往广州的旧茶路和通往上海的新茶路，福州成为武夷山茶区唯一能保持出口线路畅通的口岸。而且，茶叶从武夷山区沿闽江运到福州仅需 4—8 天，而到上海则需 24 天，到广州更是需要 60 天，况且沿途税关重重、治安不靖，都给茶商带来更高的经营成本。于是，武夷山区到福州的新茶路的开辟促使福州成了全国三大茶市（另外两个是九江、汉口）之一，全省各地的茶除了闽南地区之外，几乎都汇集到此

---

① 宁德地区地方志编纂委员会. 宁德地区志（上）. 方志出版社，1998：156、157.

② 宁德地区地方志编纂委员会. 宁德地区志（上）. 方志出版社，1998：192.

③ 庄晚芳. 闽茶战时之损失及目前之救济. 闽茶，1945（1）：2.

④ 唐永基，魏德端. 福建之茶（下）. 福建省政府统计处，1941：311.

⑤ 种茶法//孙燕京，张研. 民国史料丛刊续编 0573. 大象出版社，2009：397.

分运出口。每年茶季一到，国内外茶商纷纷到茶区采办新茶，再集中到福州分类包装出口。"各国船只驶运茶者，呈争先恐后状，福州由是逐渐成为驰名世界之茶叶集中地"。① 这种繁荣的景象在 19 世纪七八十年代达到了顶峰。

受福州茶叶贸易飞速发展辐射影响，与福州距离仅 100 多千米远，传统上被称为"北路"② 茶区的闽东地区凭借着与福州邻近的地理优势与历史上的产茶传统，大力发展茶业，成为福建省内最大的产茶区。正如史料记载："闽东福宁府诸县，起初产制绿茶供自饮，海禁开放后，在咸丰、同治年间始行采制红茶，各茶庄竞相采用，茶业乃大发展。"③ "茶业为本县农民普遍的副业，栽培历史，始自何时，无从稽考……考其兴盛时期，在海禁开通之后，最初纵有栽培，仅供本地人民的消耗。从前福安只制绿茶，自前清咸同年间，有建宁茶客到二区坦洋采办红茶，因之红茶制造日盛，出口亦增，销路益畅……"④ "清咸丰、同治年间，红茶制法从闽北建宁传入后，县内精制的'坦洋工夫'红茶大批量运销西欧各国，深受欢迎。每年茶季，毗邻的寿宁、周墩、柘洋、霞浦及浙江泰顺等地的茶叶或集中坦洋加工，或制成红茶运到坦洋出售，大批客商云集坦洋，开设茶行、茶庄，贩销茶叶，茶市极旺。"⑤ 宁德绿茶本已久负盛名，咸同年间福州茉莉花茶在华北、东北地区风行之后，也促进了闽东地区绿茶业的发展。到了 20 世纪初，因外国需求量锐减、与福州之间运费的增加，以及路途的损耗等诸多因素的影响，导致福建西路⑥茶叶产量逐年减少。"与此相反，北部产区随着三都澳的开港，茶叶输出量逐年增长，达到了如今茶叶产销两旺的盛况，致使福州茶的主要产地发生了变化"⑦，导致民国时期北路输送的茶占福州输出茶总量的 50％以上⑧。

---

① 班思德. 最近百年中国对外贸易史：221.
② 所谓北路者，指旧福宁府属的五县——福鼎、宁德、霞浦、福安、寿宁，五县以外罗源、古田、屏南等县微有产量，亦称北路。
③ 福建省茶叶学会. 福建名茶（第 2 辑）. 福建科学技术出版社，1986：54.
④ 高诚学. 福安茶业概况. 闽茶季刊，1940（创刊号）：17.
⑤ 福安市地方志编纂委员会. 福安市志. 方志出版社，1999：406.
⑥ 福建西路茶区包括崇安、建瓯、政和、建阳、建宁、邵武、沙县、永安、顺昌等县。
⑦ 日本东亚同文会，编纂. 李斗石，译. 中国省别全志·第十四卷福建省. 延边大学出版社，2015：249.
⑧ 日本东亚同文会，编纂. 李斗石，译. 中国省别全志·第十四卷福建省. 延边大学出版社，2015：248. 唐永基，魏德端. 福建之茶（下）. 福建省政府统计处，1941：321.

二、历史上闽东所产名茶

"福建产茶数量之最，以前福宁府属五县为最。"[①] 民国时期，"福宁府属产茶之地，除宁德之三都岛、福鼎之沙埕、霞浦之三沙，及濒海附近之山地岛屿，因海风关系，气候变动太速，云雾甚重，及土壤多含盐质，不适合于种植茶树外，其余虽穷乡僻壤，莫不见茶树之交错，产地之遍布，几于无处无之。"[②] 其中又以福安的坦洋、穆阳，福鼎的白琳，政和的铁山，寿宁的斜滩，周宁的东洋为重要茶区。

在唐代茶圣陆羽撰写的《茶经》中，曾引用隋代《永嘉图经》记载的"永嘉东三百里有白茶山"[③]，可见，至迟在隋代，闽东的福鼎已产有白茶。唐朝末年（约 907 年前后）相传宁德天山一带已种茶。[④] 福安产茶的历史也可追溯至唐代。到了宋代，宁德西乡"其地山陂，洎附近民居，旷地遍植茶树……计茶所收，有春夏二季，年获息不让桑麻"[⑤]。到明代，谢肇淛在《长溪琐语》中载："环长溪[⑥]百里诸山皆产茗，山丁僧俗半衣食焉。支提太姥无论。"[⑦] 清乾隆二十七年（1762）郡守李拔所纂的《福宁府志·物产》中记载："茶，郡治俱有。"[⑧] 至于闽东各县的县志中，对茶叶的记载更是比比皆是。如 1752 年修纂的《屏南县志》载有"（茶）各山皆有，或似武彝，或似松萝，惟产于岩头云雾中者佳"[⑨]。1781 年修纂的《宁德县志》载："茶：西路各乡多有，支提尤佳。"[⑩] 1783 年的《福安县志》有"茶：山园俱有"[⑪] 的记载。1806 年的《福鼎县志》则记录了"茗泽

---

① 福建省政府建设厅. 调查福建北路茶业报告//福建建设报告·第九册，1936：3.

② 福建省政府建设厅. 调查福建北路茶业报告//福建建设报告·第九册，1936：4.

③ 据安徽农业大学陈椽教授考证认为"永嘉东三百里"是大海，应是"永嘉南三百里"之误。"永嘉南三百里"就是今福建的福鼎，系白茶原产地。陈椽. 茶业通史. 农业出版社，1984：50.

④ 福建省茶叶学会. 福建名茶（第 2 辑）. 福建科学技术出版社，1986：15.

⑤ 卢建其，修. 张君宾，纂. 宁德县志. 宁德县志编纂办公室，1983：85.

⑥ 长溪现名交溪，是闽东地区最大的河流，由穆阳溪等 14 条较大的河流组成，流经闽北、闽东 11 个县（市、区）.

⑦ 谢肇淛. 长溪琐语//丛书集成续编·第 54 册·史部. 上海书店出版社，1994：5.

⑧ 李拔. 福宁府志. 宁德地区地方志编纂委员会，1990：307.

⑨ 沈钟，等. 屏南县志四种. 方志出版社，2014：137.

⑩ 卢建其，修. 张君宾，纂. 宁德县志. 宁德县志编纂办公室，1983：94.

⑪ 侯谨度，陈从潮. 福安县志//吴觉农. 中国地方志茶叶历史资料选辑. 农业出版社，1990：337.

山：绵亘数里，地多产茶，故名"。[①] 1929 年版《霞浦县志》载有"（霞浦）上东、中东、下西、上西、小南各区，皆有种茶"[②]。可见，到民国时期，闽东地区已是县县产茶，且产量冠于全省，计福鼎、宁德、福安、霞浦、寿宁五县共可产绿茶 10 万担（12 两为一斤，120 斤为一担）。福安、福鼎、寿宁、周宁、霞浦、柘荣等县是红茶的主要产区，年可产红茶 7 万箱（每箱 40 斤）[③]。不过，红、绿茶的产制并非固定，茶商往往需要根据市场的需求与市价的高低来决定或制红茶，或制绿茶。其中尤以福安产茶数量冠于福建各县，其植茶面积估计达 6 万亩，年产量约五六万担[④]。

近代闽东茶区不仅产量高，而且所产茶叶品类丰富，包括绿茶、红茶、花茶、白茶、黄茶等。宁德"为闽省绿茶之重要产地"[⑤]，福安、福鼎、霞浦、寿宁则是主要的红茶区，白茶、黄茶区主要在福鼎县。

在多种多样的茶叶中，天山绿茶、坦洋工夫、白毫银针与白琳工夫是闽东闻名遐迩的四大名茶。清代《福宁府志》就有记载："佳者福鼎白琳、福安松罗，以宁德支提为最。"[⑥]

宁德天山绿茶素以"香高、味浓、色翠、耐泡"的特点而久负盛名，同时，早在唐代，天山绿茶中的"蜡面茶"就已经是贡品，宋至清代其所产的"芽茶""茶叶"仍为常贡品。清中叶始，宁德绿茶就是我国北方绿茶市场主要来源地之一。天山绿茶又因具有很强的吸香能力而成为窨制花茶的高级原料。1915 年，宁德"一团春"茶庄运用天山绿茶为原料制作的"玉兰片花茶"在巴拿马博览会上荣获银奖[⑦]。历史上，天山绿茶的花色、标号名目繁多。按采制季节迟早分为"雷鸣""明前""清明""谷雨"茶等，按形状分为"雀舌"、"凤眉"（或"凤眼"）、"珍眉"、"秀眉"、"娥眉"等，按标号分为"岩茶"、"天上丁"、"一生春"、"七杯茶"（或"七碗茶"）等。其中"雷鸣""雀舌""珍眉""岩茶"等最为名贵[⑧]。

"坦洋工夫"的产区遍及福安、柘洋（今柘荣）、寿宁、周墩（今周宁）、霞

① 谭抡纂. 福鼎县志//吴觉农. 中国地方志茶叶历史资料选辑. 农业出版社，1990：338.
② 罗汝泽，等，修. 徐友梧，纂. 霞浦县志. 成文出版社，196：168.
③ 林荣向. 闽省北路茶叶状况及茶价运费之调查. 福建建设厅月刊，1929（8）：1.
④ 英华. 闽省福安茶业之调查. 中外经济情报，1936（9）：3.
⑤ 李文庆. 宁德茶业概况. 闽茶，1946（10）：45.
⑥ 李拔. 福宁府志. 福建省宁德地区地方志编纂委员会，1990：307，
⑦ 林承周. 宁德茶业与茉莉花发展史//宁德文史资料（第 4 辑）：175.
⑧ 福建省茶叶学会. 福建名茶. 福建科学技术出版社，1980：16.

浦等县。相传清咸丰、同治年间（1851—1874），福安县坦洋村有胡福四（又名胡进四）者，试制红茶成功，经广州运销西欧，很受欢迎。此后大批茶商接踵而来，入山求市，开设茶行，周围各县茶叶亦云集坦洋，加工后均以"坦洋工夫"品名运销国际市场，"坦洋工夫"的名声也就不胫而走[①]。在"坦洋工夫"鼎盛时期，大批茶商纷至沓来，在坦洋开设的茶行、茶庄即达 36 家之多[②]。据统计，自 1880—1936 年"坦洋工夫"每年出口达上万担，远销英、法、荷、日等国以及东南亚等地区。1915 年"坦洋工夫"获得了巴拿马博览会金奖。

福鼎"白毫银针"兴起的时间略晚于"坦洋工夫"，其兴起得益于制作这种茶叶的原料茶——白茶的发现。据说是福鼎浮柳乡过枧村一个茶农于 19 世纪七八十年代无意中发现的[③]。白茶因茶叶嫩芽遍被雪白晶莹的茸毛而得名，仅产于福鼎和政和两县，外国人无法植制，因此格外珍贵。外国人购买白毫是当作奢侈品的，除越南一部分侨胞和当地人以白毫当清解温凉药剂外，德、法两国人则在宴请客人时在其他茶叶中加入三四叶白毫以示名贵。

白茶以"白毫银针"为代表，其味清香，色白如银，毫光闪闪。"可以驱除心火，调理胎毒，不仅是茶中上品，也是治病良药，农村中就有'没有羚羊犀角，便用白毫心'之说"[④]。此外，白茶还可制作成红茶、绿茶等名茶。福鼎所产红茶为大名鼎鼎的"白琳工夫"，其兴起于 19 世纪 50 年代前后。当时闽、粤茶商在福鼎经营工夫红茶，以产茶最多的白琳镇为集散地设号收购茶叶，"白琳工夫"由此闻名于世。19 世纪后期制作"白琳工夫"的原料茶逐渐以白茶取代了原来的小叶种茶，使"白琳工夫"的品质有了显著的提高。其中"橘红"就是高品质的"白琳工夫"茶代表，因该茶泡水时水呈橘色，故名，是福鼎独产。其首制者是白琳"合茂智"茶号。试制时仅制作了 30 余箱，售价比普通红茶高，引起了各茶号的效仿。用白茶还可用来制作绿茶——白毛猴，只是这种白茶不是取嫩芽，而是取旗枪[⑤]底下稍粗的嫩叶。白毛猴是近代风行中国东北、华北地区的福州花香茶的原料茶。"'白毛猴'，在花香茶（绿茶）中也占很重要位置的，

---

①　福建省茶叶学会. 福建名茶. 福建科学技术出版社，1980：22.

②　福安市地方志编纂委员会. 福安市志. 方志出版社，1999：418.

③　李得光. 福鼎白茶——太姥白毫银针//福建文史资料（第 12 辑）：153.

④　李得光. 福鼎白茶——太姥白毫银针//福建文史资料（第 12 辑）：155.

⑤　旗枪：系指茶树每小枝上的当心抽芽及旁边最近芽的附叶，芽称为"枪"，叶谓之"旗"。游通儒. 介绍福建的特种茶叶——白毫. 闽茶季刊，1941（2）.

为了叶身上而特有白毛的缘故，福州花香茶栈年年都来福鼎购办多寡，和莲芯①一样，掺在普通茶叶里，以求眼观上好看。红茶里也很多利用它做'标面'剂，十余担茶中掺了白毛猴数十斤，就觉得都是嫩芽，很好看，和清明前摘的茶叶一样。"②

三、近代闽东茶叶对外贸易

（一）交易流程

茶叶作为一种经济作物，茶农植茶、茶商制茶是为了能够销售。但中国的茶叶交易手续极为繁复，从生产者到消费者，中间必须经过多重中介，每经过一次中介之手，就多一层盘剥（图1）。

图1　本省茶叶贩卖组织系统表

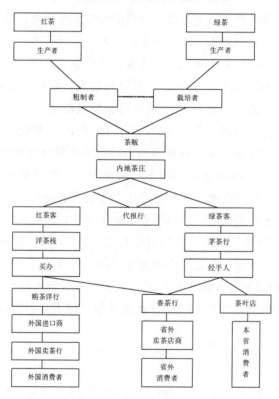

---

① 莲芯为头春草茶，一枪两旗的叶子，其细嫩如莲芯。周钟壑. 福鼎县茶业产销概况. 省行通讯，1940年第4卷第2期：48.

② 游通儒. 介绍福建的特种茶叶——白毫. 闽茶季刊，1941（2）；102.

茶叶的最初生产者称为"山户",从种植、采摘到粗制,都是山户负责。山户将粗制的毛茶售于茶贩,茶贩再将零星收买来的毛茶和成大堆后就近售于内地茶庄。内地茶庄除向茶贩收买毛茶外,也有自己派人到乡村收购,然后将收购来的茶叶由茶师分类加工精制,经过烘焙拣筛(绿茶茶庄则仅加工略加焙干而已)后装运到福州。茶庄因自身资本不足,一向需借贷于福州茶栈,因此茶叶运到福州后,茶庄不能自行出售给洋商,必须将自家所制的红茶(箱茶)投到茶栈,由茶栈出面与出口洋行的买办进行议价,从中收取中介费及其他不合理的收费,因此茶栈和买办均属于代客买卖的中介商。绿茶则投到茅茶行,由茅茶行代绿茶客介绍毛茶给花香茶行及茶叶店,从中收取 5% 的佣金。它们与洋茶栈一样,同样贷款给茶客,只是剥削程度较洋茶栈为轻。花香茶行属于制茶机构,在福州设场,雇用男女工拣选精制内地运来的毛茶,并配窨茉莉花、珠兰各花以运销华北各省。

(二)闽东"海上茶叶之路"

闽东所产茶叶"除少数福安绿茶由赛岐直运浙江瑞安而转入上海,及宁德茉莉花茶由三都直运天津牛庄及福鼎运往温州发售外,其余红绿各茶之贸易多集中福州"①。不过,闽东茶叶虽大多集中福州后再外运,且距离福州也仅百多千米路程,但从闽东到福州,一路山峦重叠,陆路交通极为不便,加以近代以来福建经济长期处于贫困状态,地方政府既无心也无力于交通建设,省内陆路运输长期处于肩挑背驮的落后状态。1899 年三都港开放之前,从宁德要运茶到省城,只能从宁德县城出发,攀越白鹤岭、朱溪岭,经罗源、连江才能到福州,快者 2 天内可达,正常的商队则需四五天的时间。1940 年三都港被日寇封锁后,闽东与福州之间的海路断绝,从闽东运往福州的茶叶又被迫从原来白鹤岭古道通过,或者从宁德西部的洋中出发(宁德西部山区盛产天山绿茶),经富贝(今溪富村)、梧洋、方家山、知府坪等村,翻越"三透天岭",出后溪村,抵达罗源的黄家墩、中房村,再过白塔村,第二天傍晚可到达连江的丹阳,路程要比从宁德县城出发快约 1 个时辰。

近代闽东陆路交通的落后,造成闽东各县茶叶外运只能依靠水路。茶叶产地在沿溪一带者,则依赖溪流,用小船装载至出口各地,而生产区在内地山僻之处、无舟楫可通者,均由山户肩挑,售于内地茶庄。茶庄为了便于商品外运,也往往多设在沿溪之处。茶庄在收买到一定数量的茶叶之后,沿溪运往出口港等待运出。在闽东,外运茶叶的海港主要有三都港、赛岐港与沙埕港。

---

① 福建省政府建设厅. 福建省建设报告//沈云龙. 近代中国史料丛刊·三编·第 47 辑. 文海出版社,1988:133.

三都港的"航道位于霞浦、罗源、宁德、福安四县濒海海岸之间……是个口小腹大的深水海湾"①，既是我国沿海岸线的中点，又位于太平洋西岸国际航线中心的边缘，是近代"广大茶区天然的航运中心。内河航道可以通达三个县，离福宁府城（霞浦）不到 10 千米，是中国最优良的港口之一"②。三都港距离宁德县城更近，约 9 千米即到。因此，1899 年 5 月三都澳的开港，进一步促进了闽东茶业的发展。"北部茶就直接从三都澳或沙埕经海路运送到福州。因为运输方便，北部茶压倒西部茶，在福州茶中占据绝对优势。"③ 据统计，"1899 年至 1949 年，从三都澳港出口的茶叶占福建省出口茶叶的 47％至 60％，占全国同类商品出口 6.42％至 30.19％，占三都澳港出口货物总值的 90％至 98％"④。闽东茶叶"大抵由三都运出者，主要为本省之福州，其余或运往温州、瑞安转上海，或直放天津、牛庄，咸以华北各地为主"⑤。抗战的爆发改变了由三都港运往福州再转口的状况，1939 年由于省会福州遭受日军的威胁，原由福州出口的茶叶转由三都港直接运往香港，该年三都港仅有 7.28％的茶叶运往外埠，其余 92.72％的茶叶均销往国外⑥。不过，1940 年以后日军对我国海口的封锁变本加厉，经由三都港的茶叶外运就此断绝。

福安地处旧福宁属五县的中心，境内水运发达，闽东的穆阳溪、长溪、茜洋溪在福安赛岐北部汇成赛江，形成闽东最大的河流，位于赛江之滨的赛岐港也随之成为闽东水陆交通枢纽。于是，"福安运输几全靠水运，各内地茶号将所制箱袋茶均用肩挑集中溪运起始地点——上白石、社口、穆阳、赛岐——以便出运"⑦，再从赛岐码头过驳大船，沿赛江南下，出白马门，经三沙湾，过东冲口，进入东海，然后沿海岸线驶往福州；或者出白马门后先从海路到宁德飞鸾码头登岸，然后改用肩挑，翻越飞鸾岭，循官道经罗源、连江到福州⑧。

1906 年之前福鼎的茶叶与闽东各县一样，都是通过三都港出口。1906 年春，福鼎沙埕向内河轮船开放，由帆船运至沙埕的福鼎白琳工夫以及白茶、绿茶就集中沙埕外运福州及温州、上海等地，分走了三都港的一部分贸易往来。此外，每

① 林校生. 闽商发展史·宁德卷. 厦门大学出版社，201：6.
② 福州海关. 近代福州及闽东地区社会经济概况. 华艺出版社，1992：543.
③ 日本东亚同文会，编纂. 李斗石，译. 中国省别全志·第十四卷·福建省. 延边大学出版社，2015：249.
④ 冯廷佺，周玉璠. 八闽茶香飘四海. 奥运经济·茶文化专刊，2006（9）：9.
⑤ 唐永基，魏德端. 福建之茶（下）. 福建省政府统计处，1941：328.
⑥ 唐永基，魏德端. 福建之茶（下）. 福建省政府统计处，1941：326－327.
⑦ 福建省农业改进处茶叶改良场. 三年来福安茶业的改良. 1939：64.
⑧ 李健民. 赛岐纪事. 海峡文艺出版社，2015：81－82 页.

年由闽浙交界处洋面漏税运往北方者亦有万件之谱①。

关于闽东茶叶输出线路，可见下列二图：

图 2　闽东茶叶输出线路略图一

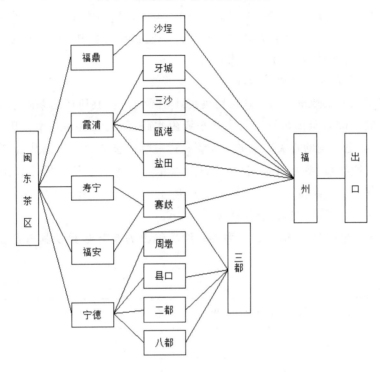

图 3　闽东茶叶输出线路略图二

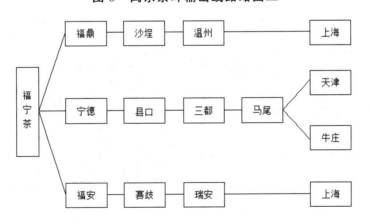

①　范和钧. 闽省茶业调查. 茶报，1937（2）：13.

近代闽东茶叶的销售市场，在国内，南销厦门、潮汕、广州一带，北销温州、上海、牛庄、天津以及东北地区，国外则销往欧美、东南亚，同时香港也中转不少。其中，红茶以销往俄国为大宗，占闽东外销红茶的 60％，其余英、德、法、美、荷共售 40％；绿茶 40％销往俄国、美国，10％销往琉球[①]，剩余的一半绿茶除集中福州熏香制成花香茶运销华北外，莲芯与白茶中的白毛猴专销于越南及南洋一带，白毫则多销于德、法等国[②]。

（三）近代闽东茶叶贸易状况

近代闽东产茶数量，向来缺乏精确统计，不过，各县所产之茶除宁德有小部分直接从陆路挑运至福州外，其余几乎皆由水路运出。1901 年《辛丑条约》规定，洋关 50 里以内的常关归税务司兼管，遂三都港包括沙埕（福鼎）、乌岐、三沙、后港（霞浦），赛岐（福安），三都、八都、飞鸾（宁德）等出口地，50 里外的常关仅剩下福鼎沙埕。因此根据三都港与沙埕历年输出的茶叶数量，就可大体看出闽东地区茶叶贸易的总体状况。

表一　1899—1937 年经由三都港、沙埕输出的茶叶数量及其占全省总输出的比例

（单位：担）

年别	三都港	占全省比例	沙埕	年别	三都港	占全省比例	沙埕
1900	30710	9		1920	95011	52	
1901	56834	19		1921	88533	44	26000
1902	69049	24		1922	104619	47	
1903	94755	31		1923	140829	47	32500
1904	110772	38		1924	134735	53	
1905	111180	44		1925	118965	51	
1906	109906	38		1926	119857	51	
1907	106715	38		1927	122322	54	30000

① 林荣向. 闽省北路茶叶状况及茶价运费之调查. 福建建设厅月刊，1929（8）：1—2.
② 唐永基，魏德端. 福建之茶（下）. 福建省政府统计处，1941：328.

年别	三都港	占全省比例	沙埕	年别	三都港	占全省比例	沙埕
1908	115596	45		1928	116692	34	
1909	108081	41		1929	112919	32	
1910	121501	46		1930	102485	34	
1911	120176	41		1931	111199	33	21000
1912	107238	47	29000	1932	85881	30	20500
1913	110936	42		1933	78720	26	25000
1914	112739	46		1934	93740	31	25000
1915	142586	52	37000	1935	43133	20	
1916	114571	39		1936	93257	31	
1917	108832	51		1937	84565	30	
1918	92359	48		1938	69031	24	
1919	111592	53	27000	1939	42954	39	

说明：沙埕表列数量系按茶额变动较烈的年份列入。

资料来源：三都港 1899—1933 年的资料来自福建省政府秘书处公报室. 福建历年对外贸易统计，1935：80. 1934—1939 年资料来自周浩，等. 二十八年来福建省海关贸易统计. 福建省政府统计处，1941：83. 沙埕资料来自福建省政府建设厅. 调查福建北路茶业报告//福建建设报告. 第九册，1936：12—13.

从上表可以看出，闽东茶叶输出以 1915 年与 1923 年为最盛期，年均超过 17 万担；但 1931 年"九一八事变"日本占领东北，并在华北地区不断挑衅，加上 1929 年爆发的世界性经济危机的波及，1932 年之后闽东茶叶的输出骤跌，由上年的 13.2 万担跌至该年的 10.6 万担，随后 3 年仍然持续在 12 万担以下。到了抗战时期，闽东的茶业愈加衰落。抗战开始后，为阻止中国进口石油等战略物资[①]，日军军舰、飞机对三都澳频频进行轰炸。1939 后整个港口被封锁。1940

---

① 当时三都澳进口的石油占中国市场供应的一半。宁德市蕉城区茶业协会. 宁川茶脉. 中国农业出版社，2015：88.

年7月三都澳所有的港口建筑物均被日军毁灭，三都澳成为"死港"。闽东所产茶叶因运销困难，除极少数供作内销之用外，其余均无法销售，茶农被迫将茶树悉数砍掘，改种其他农作物。战后由于内战很快爆发，东北、华北地区成为战区，尚未复苏的闽东茶业再次遭受重创，以致1936年全区尚有茶园面积294754亩，茶叶产量164000担，占福建全省茶叶总产量的66%，到了1949年全区茶园面积减至192794亩，茶叶产量降至51467担，仅及战前的31%①。

（作者系福建社会科学院历史所副研究员）

---

① 福建省福安专署茶业局，福建省福安专区茶业科学研究所. 闽东茶树栽培技术. 福建人民出版社，1960：4.

清末民初粤闽侨资铁路比较研究

黄洁琼

19世纪末20世纪初，海外华侨纷纷投入祖国"实业救国"的热潮，其中潮汕、新宁和漳厦铁路正是其中"侨资"铁路的重要代表。作为近代中国民族资本投资铁路较为成功的案例，这三条"侨资"铁路在中国铁路发展史及近代经济史上都具有重要的意义。它们兴建的时代背景相同，主要资金都是来源于华侨，它们的结局一致，都在日寇入侵后化为乌有。但在具体建设过程中，这几条铁路又同中有异，在主持人员、资金筹集方式、运营管理、社会效益等方面都存在一定的差异，从而导致产生的社会效益不同。

一、粤闽侨资铁路兴办的时代背景

19世纪末20世纪初，中国经历了甲午战败和八国联军侵华，帝国主义列强加快了瓜分中国的步伐，竞相在中国攫取各项利权，铁路敷设和矿藏开采成为争夺的焦点，中国的主权受到严重侵犯。在空前的民族危机面前，社会各阶层对路矿各项权益丧失产生的后果已经有了一定的认识。"所有各路用人行政，我皆不能过问，采矿设警，行使钞币，无不听其自主。"① 为了抵制列强对中国利权的疯狂掠夺，人们纷纷奋起图谋自救。从1903年起，全国各地爆发了争回路权的运动。清廷也有了要举行新政，应当以铁路为大宗的意识。1903年9月，清政府为振兴商务，发展实业，专门设立商部统管全国农、工、商业，机器制造、铁路、街道、轮船、开采矿务等皆在其管辖之内，开始对铁路修建采取积极的态度。然而，铁路事业虽必不可缓，当时的清政府却囊中羞涩、财政拮据，根本无力筹办铁路，故而于同年11月颁布《铁路简明章程》，将铁路修筑权向民间开

① 谢彬. 中国铁道史. 上海：中华书局，1929：13. // 詹冠群. 陈宝琛与漳厦铁路的筹建. 福建师范大学学报（哲学社会科学版），1999（2）：96.

放，鼓励和支持、规范绅商参与中国铁路的投资与建设。根据此章程，华洋官商均可自筹股本，"禀请开办铁路"①。该章程的颁布在全国范围内掀起了一股建设民营铁路的浪潮，各省都提出了自办铁路的主张。1903—1906 年，全国先后创设了 14 个省级商办铁路公司②，筹办各省境内的铁路。在清政府商办铁路政策出台和国内收回利权运动的背景下，原本就对祖国内忧外患形势忧心忡忡的爱国华侨纷纷响应，加入营建铁路的行列中，以期实现"实业救国"之理想。

近代以来，粤闽两省地处我国东南沿海，因拥有众多优良的港湾及丰富的矿藏资源而成为列强觊觎的重要目标。鸦片战争后，闽粤两省的福州、厦门、广州、汕头和江门等沿海港口城市先后被辟为通商口岸，成为侵略者眼中在中国掠夺原材料和倾销商品的理想地，这些地方的路权对列强而言也显得更为重要。在广东，早在 1888 年，英商怡和洋行便向清政府提出承建潮汕铁路的要求；1896 年，英国太古洋行又禀请两广总督开办潮汕铁路，均未获准。③ 在福建，日本在甲午战争后强迫清政府承认福建为其势力范围，反复提出要独占福建铁路的承办权。法国与美国也跃跃欲试，企图染指福建的路权。④ 但已经觉醒的中国人坚决反对路权落入列强之手，闽粤民间开始寻找自办铁路之路，其中以华侨出力最巨。广东与福建是全国著名的侨乡，晚清时期已出现了张弼士、张榕轩、胡国廉等一批实力雄厚的华侨资本家，他们比国内官商更早领略西方国家工业化的先进成果。心怀桑梓的侨商巨富，在多种因素的共同作用下，纷纷投资国内新式工业。潮汕、新宁、漳厦这三条侨资铁路正是在这一时刻登上历史舞台的。

表 1⑤

所属铁路公司名称及创设时间	潮汕铁路公司（1903.12）	新宁铁路公司（1904.10）	福建全省铁路有限公司（1905.8）
主持人	张榕轩（1851—1911）	陈宜禧（1844—1929）	陈宝琛（1848—1939）

---

① 宓汝成. 中国近代铁路史资料 1863—1911. 北京：中华书局，1963：926.

② 宓汝成. 中国近代铁路发展史上民间创业活动. 中国经济史研究，1994（1）：74.

③ 饶宗颐. 潮州志·交通志·陆运//中国地方志集成·广东府县志辑：198.

④ 王民，刘剑敏. 闽省首条铁路的兴建与夭折. 福建学刊，1995（2）：69.

⑤ 宓汝成. 中国近代铁路发展史上民间创业活动. 中国经济史研究，1994（1）：74、87. 颜清湟. 张煜南和潮汕铁路（1904—1908）. 南洋资料译丛，1986 年（3）. 黄绮文. 华侨张榕轩、张耀轩与潮汕铁路. 汕头大学学报（人文科学版），1989（1）. 王民，刘剑敏. 闽省首条铁路的兴建与夭折. 福建学刊，1995（2）. 黄小坚. 对张煜南及潮汕铁路的再认识//黄浪华. 华侨之光. 北京：中国华侨出版社，2011：202.

续表

开工时间	1904.8	1906.5	1907.7
营运时间	1906.10—1939.6	1909.6—1938.10	1911.5—1930
全线竣工时间	1908	1920	1911
线路总长（千米）	42.1	137	28
起讫站点	潮州（西门）—汕头（厦岭）	江门（北街）—台山（斗山）	漳州（江东桥）—厦门（嵩屿）

二、主要责任人的身份差异

潮汕和新宁铁路的主理人分别为南洋华侨张榕轩兄弟和美国华侨陈宜禧。张榕轩（1851—1911）、张耀轩（1861—1921）兄弟祖籍广东梅县，是南洋巨富、实业家，涉足垦殖、地产、金融等多个行业，资本雄厚。他们不仅对印度尼西亚棉兰有开埠之功，还为维护华侨的利益尽心竭力，因而在当地华侨中有很高的声望。印度尼西亚政府对他们十分重视，授予他们"雷珍兰""甲必丹"之职，后又升为"玛腰"。[①] 张榕轩与清廷的关系相当密切。早在1895年，张榕轩就由黄遵宪推荐，受清政府任命为驻槟榔屿副领事，成为清廷官员；1902年又授予四品候补京堂头衔。1903年，张榕轩受到慈禧太后的召见，这在张榕轩眼中成为终生难忘的莫大荣誉。汕头港自开埠以来，海运贸易日益兴盛，成为潮州地区的交通要隘。但潮汕之间水运不畅，旅客无不视为畏途。张榕轩每每回乡，亦深受交通不便之苦。在张弼士的劝说和激励下，张榕轩下定决心回国创办潮汕铁路。与朝廷的良好关系使张榕轩上奏商部请办潮汕铁路相当顺利，可谓一路绿灯。商部认为张榕轩之倡办铁路，是华商承办铁路之嚆矢，如果外埠华商以及内地富商接踵而起，就可以自办国内各省路矿，此等"兴商便民之举"自当保护，故而饬令该处地方官出示晓谕居民，"所有该绅办理勘路、购地、运料、兴工一切事宜，妥为照料。毋得稍存漠视"[②]。

陈宜禧（1844—1929），广东新宁（今台山）人。1864年因家贫随族兄赴美

---

① 饶淦中.印度尼西亚张榕轩先贤逝世一百周年纪念文集.香港日月星出版社，2011：104.

② （清）朱寿朋，编.张静庐，等，校点.光绪朝东华录·光绪二十九年十月·126.中华书局，1984：5112.

国西雅图谋生。起初，陈宜禧在一位美国铁路工程师家中帮佣，因为人勤奋好学、忠厚老实而得到工程师夫妇的赏识，并指导他学习英文和铁路技术，推荐其在路局工作。1865 年，美国修筑太平洋铁路，陈宜禧被招为筑路工，2 年后被提拔为该工程师的助手。积蓄日增后，陈宜禧在西雅图定居，从事商业和劳工经纪业务；1889 年，组建广德公司，包工承建北太平洋铁路工程。19 世纪末，西雅图发生多次排华事件，严重侵害了华人权益，陈宜禧对此十分愤慨，毅然站出来力争数年，花费美金数千元用于诉讼，最终获美政府赔款，他却分文未取，从而赢得了当地华侨的敬仰与爱戴。① 陈宜禧在美国从事铁路建设达 40 年之久，有丰富的筑路经验。他深感"路权所至，国家富强之枢，即为地方根本之计"②，"愤尔时吾国路权，多握外人之手，乃不忖绵薄，倡筑宁路"③，毅然投身祖国自办铁路事业。

福建漳厦铁路的主理人由本省士绅推举的前内阁学士兼礼部侍郎陈宝琛担任。陈宝琛（1848—1935），福建福州人，同治七年（1868）进士，晚清名臣、学者，因直言敢谏成为"枢廷四谏官"之一。1885 年，因受人牵连被贬后赋闲在家 20 年的陈宝琛，在乡仍然是很有影响的人物。他致力于发展家乡的教育事业及公益事业，被称为"信望夙孚，乡间推重之员"。1905 年 8 月，闽籍京官张亨嘉呈请筹建福建铁路，陈宝琛被公举出任福建铁路总办，9 月商部奏准立案，陈宝琛即着手制定福建铁路公司各项章程，筹集资金。1908 年 3 月，他奉旨入京，充任礼学馆总裁。1909 年 7—8 月间，陈宝琛以在京遥领不便，正式推举广东知府陈炳煌暂代主持漳厦铁路，清廷准之。1911 年，陈宝琛任内阁弼德院顾问大臣、汉军副都统，成为清朝末代帝王溥仪的师傅，正式卸任闽路总理之职。陈宝琛实际主持漳厦铁路工作的时间不过 4 年。

显然，对家乡的发展抱有极大热情是三条铁路创办人共有的特征。然而，由于他们截然不同的具体身份，他们对铁路建设事业的投入程度是不同的，因此而产生的影响自然不一。与清政府关系的亲疏，对三条铁路请办过程中的顺利程度产生了明显的影响。因张榕轩兄弟与清廷的良好关系，潮汕铁路请办之初一路畅

---

① 林金枝，庄为矶. 近代华侨投资国内企业史资料选辑（广东卷）. 福建人民出版社，1989：435—436.

② （清）朱寿朋，编. 张静庐，等，校点. 光绪朝东华录·光绪三十二年正月·12. 中华书局，1984：5478.

③ 陈宜禧敬告新宁铁路股东暨各界书//刘玉遵，成露西，郑德华. 华侨，新宁铁路与台山. 中山大学学报，1980（4）：27.

通，清政府甚至主动示下，明确要求地方对其给予支持。陈宝琛是晚清重臣，虽赋闲于家多年，在朝野仍有相当的影响力，在请办福建铁路的过程中并未受到朝廷的阻力。陈宜禧的主要身份是美国华侨工程师，与清政府没有丝毫关联，这使得新宁铁路在申办阶段即费尽周折，不仅商部没有主动为其保驾护航，还遭遇了前有县太爷陈益，后有广东商务局提调余干耀欲将筹办新宁路之大权据为己有的阴谋。直到陈宜禧赴香港向南下考察商务的商部右丞王清穆提出申诉，其申办之路才有所转机。接着他又受到两广总督岑春煊的阻难。陈宜禧再次谒见王清穆并获其支持，于 1906 年 2 月商部奏准新宁铁路立案。①从个人财力来看，张氏兄弟的财力在其中最为耀眼，能投入的资本自然也多，并未费太大力气便筹集到了创办潮汕铁路所需的大部分资金。与张氏兄弟相比，陈宜禧的财力是十分有限的。他发起创办新宁铁路，凭的不过是一片赤诚的报效祖国之心，以及多年在美国学到的修筑铁路的一技之长，并且将自己晚年的一切都献给了铁路事业。陈宝琛则是纯粹的封建政府官员，自身并无财力可资铁路建设，而且他受命总理福建铁路事宜是因为闽省士绅的公举而并非出于主动，其对漳厦铁路最主要的贡献在于创办初期的章程制定和筹资。后来陈宝琛奉召入京，虽然没有立即卸任闽路总理之职，但对招徕侨资与铁路建设还是产生了不利的影响。②

三、潮汕、新宁和漳厦铁路资金筹集的异同

这三条铁路的资金来源皆以华侨资本为主，因而被称为"侨资""侨办"铁路。

（一）招股原则

各公司从"自保利权""收回利权"的宗旨出发，无不以排斥洋股为共同准则，在创设章程中反复申明"不招外股，不借洋债"。1904 年 6 月，《筹办新宁铁路有限公司草定章程》明确提出"不招洋股，不借洋款，不雇洋工"的"三不"主张。1906 年 8 月，福建颁布的《商办福建全省铁路有限公司暂定章程》和《商办福建全省铁路公司招股章程》亦明确规定专招华股、不招洋股。在实际筹资过程中，新宁铁路和漳厦铁路始终坚决抵制外资的渗入，彻底防止利权外溢。如日本曾企图以提供贷款的方式向福建全省铁路有限公司渗入外资，但在闽

---

① 刘玉遵，成露西，郑德华. 华侨，新宁铁路与台山. 中山大学学报，1980（4）：29-30.

② 向军. 清末华侨与漳厦铁路的修建. 丽水学院学报，2012（6）：31.

路总理陈宝琛的坚决抵制下未能得逞。[①] 潮汕铁路的股金基本来自印度尼西亚华侨，曾一度经历日资渗入的股权风波，后以张氏兄弟赔偿 30 万利息为代价收回了股权。[②] 对洋股的一致排斥体现了这三条铁路对独立自主的民族精神的追求。

（二）股资构成

粤闽三条铁路虽然都为侨资，但它们的筹资经历并不相同。其中潮汕铁路的筹资过程是三者中最为顺利的。张榕轩回乡兴办铁路，立即得到潮、梅华侨的响应和支持。张氏兄弟在南洋邀集亲朋好友认股，很快集款 100 万元。后来张氏兄弟将铁路建筑工程所需要的全部费用交由英商怡和洋行估价，结果超出已集金额甚多，故决定扩大集股 300 万元，其中张氏兄弟各认 100 万元，梅州籍印度尼西亚华侨谢梦池认购 25 万元，侨商张宗煌认购 20 万元，林丽生认购 50 万元，不足之数由张氏兄弟负责。[③]

陈宜禧于 1904 年回国倡建新宁铁路，与台山士绅余灼共同商议后提出依靠"旅美、旅港各埠绅商暨在宁之殷富，有财有力者集股以成之"的集股方案，以实现"自筹自办，利权不致外溢"，得到台山县人们及旅外侨胞的广泛支持。1905 年 2 月，陈宜禧亲赴美国集股，他率先将美国西雅图的一座洋楼卖掉所得的 7 万余美元，再加上数万元积蓄全部入股。在其影响下，美洲的华侨认股甚为踊跃。他还派人到加拿大、澳大利亚、新加坡、香港等地发动侨胞投资。陈宜禧在旧金山宁阳总会馆和旧金山《中西日报》等单位的协助下，招股工作进展颇速，"于 1905 年底，已筹得款银 2,758,412 元，超出原定计划招集的资本总额 4 倍多"[④]。

福建铁路公司成立后即着手招股工作，在该公司颁布的《暂定章程》中规定招股对象为全省及闽籍的绅商，且强调"专招华股"。在《招股章程》中对计划招徕的股本总额、每股数，预缴、股息、红利分配方案都有明确的规定。但实际却反映寥寥，招得股数不多。1906 年 11 月，闽路总理陈宝琛远赴槟榔屿、小吕宋、新加坡、马尼拉等地募集侨资，于数月后募得股资 170 万元。此外，又征粮、盐捐款充当股息，从 1907—1910 年，收银约 50 万两。[⑤] 漳厦铁路的大部分

① 宓汝成. 中国近代铁路发展史上民间创业活动. 中国经济史研究，1994（1）：80.

② 黄绮文. 华侨张榕轩、张耀轩与潮汕铁路. 汕头大学学报（人文科学版），1989（1）：92.

③ 黄浪华. 华侨之光. 北京：中国华侨出版社，2011：202.

④ 刘玉遵，成露西，郑德华. 华侨，新宁铁路与台山. 中山大学学报，1980（4）：28.

⑤ 王民，刘剑敏. 闽省首条铁路的兴建与夭折. 福建学刊，1995（2）：71.

资金由陈宝琛亲赴南洋招募而来，每人认股 1 万、10 万、20 万不等，总计估计占漳厦铁路股本十分之九[①]。除侨资之外，由官府"强制出股"的粮盐捐漳厦铁路股资的另一构成成分。

华侨资本占潮汕、新宁和漳厦铁路建设资本中的绝大部分。不过，三条铁路的股资组成及募集方式有所差异。潮汕铁路股资几乎来自南洋华侨，特别是梅州籍的印度尼西亚侨商巨富，他们大多与张榕轩兄弟的关系相当密切，认股人数少，但股额大，仅张榕轩兄弟二人就占了不下三分之二的股份。新宁铁路的股东成分稍显复杂，美国华侨占 1,908,800 元[②]，占其中的大部分，其余来自东南亚及其他地区的华商。这些华侨的籍贯有一定的地域性，投资潮汕铁路的华侨以潮、梅籍为主；新宁铁路以新宁华侨为主，也有不少来自附近的开平、恩平、鹤山、香山等地；投资漳厦铁路的华侨基本来自闽省。另外，新宁铁路和漳厦铁路的股权较为分散，虽有投资千股以上的大股东，更多的是仅投一两股的贫苦侨工、小商贩等，鲜有如张氏兄弟般认购数十万以上的大股东。

四、对闽粤地区的社会经济影响

（一）直接经济效益

潮汕、新宁与漳厦铁路虽历经波折，但最终都建成通车，并取得了一定的经济效益。这三条铁路的一端分别连接汕头港、江门港和厦门港，为海上贸易的发展带来了有益的影响。如潮汕铁路建成之初因控福建西南及粤省岭东出海要冲，成为出入口货物的必经之路，营业额甚为可观。1921 年以前日均乘客约 3000 人，货运量约 80 吨；1921 年后日均乘客数增至 4 万 5000 人，货运量在百吨以上，收入几乎可以和日本东海道的铁路相等。[③] 新宁铁路建成通车后，"台山、新会、开平、恩平、鹤册、赤溪六邑交通称便，且有补华南经济文化发展，实至巨大"。[④] 1911 年公益至斗山段客货运收入共 30 余万元。1913 年公益至北街段通车后，客货运量大增，收入随之大幅增长。20 世纪 20 年代年均收入达 110 万元—120 万元。相比之下，漳厦铁路的情况有些惨不忍睹。漳厦铁路最初规划里程 45000 米，由于资金不足，最终只修了嵩屿至江东桥一段，仅 28000 米。该路线

---

① 黄华平. 华侨与近代中国民营铁路. 八桂侨刊，2006（2）：69.

② 刘玉遵，成露西，郑德华. 华侨，新宁铁路与台山. 中山大学学报，1980（4）：29.

③ 饶宗颐. 潮州志·交通志·陆运//中国地方志集成·广东府县志辑：198.

④ 广东省台山县政协文史委员会. 台山文史（第 9 辑）. 1987：31. //李丽娜. 新宁铁路的修建与沿线经济社会发展. 河北广播电视大学学报，2014（4）：61.

前不过海，不能直抵厦门；后不过江，无法直达漳州旅客搭乘火车起讫都需船渡，极为不便。福建铁路公司的营运管理十分混乱，不仅时刻表制订不合理，管理也很松懈，火车经常晚点，路轨维修不健全，出轨现象时有发生，这些问题都极大地影响了客货运量。20 世纪 20 年代，漳州至浮宫镇和漳州至嵩屿的公路先后建成通车，为旅客往返漳厦提供了更优方案，对漳厦铁路造成了冲击。漳厦铁路自 1911 年通车始，连年亏损，且亏损额逐年增加。惨淡经营十数年之后，漳厦铁路于 1930 年停止营运。

表 2①：漳厦铁路通车后至收归国有前历年收支状况

年份	1911	1912	1913	1914
客运收入（元）		25012	36416	34209
货运收入（元）		694	938	1077
杂项收入（元）		627	852	1532
总收入（元）	30000	26333	38206	36818
总支出（元）	55000	55825	71487	84343
盈亏（元）	−25000	−29492	−33281	−47525

如表 2 所示，漳厦铁路的营运收入中客运收入占绝大部分，货运收入少到几乎可以忽略不计。潮汕和新宁铁路呈现了相同的特征，1909 年潮汕和新宁铁路客货运收入分别占各自总收入的 94.4％和 66.2％②。可见这三条铁路都是客货混运，且以客运为主。实际上，由于这三条铁路都是偏于一隅的孤立路段，并未与中国铁路的大网络相连，它们的经济价值十分有限。而且，由于庞大的机构开支、地方军政的巧取豪夺和经营管理不善等弊端，加上公路和水路的竞争以及战争的影响，它们无一例外地从开始营运时的略有盈余，逐渐出现亏损，最后陷入只能勉为维持直至停运的窘境。效益最好的潮汕铁路在整个营运期间的收支大体平衡，但也时有亏损。③ 线路最长的新宁铁路，建筑工期也长，所需要的资金一直在增长，前期通车后所获的有限盈余都投入到线路展筑工程中，使盈利最终变成奢望。据估计，1925—1926 年间新宁铁路公司所欠债款已达 140 余万元。④

① 许东涛. 清末福建商办铁路研究. 苏州大学 2007 年硕士学位论文：45—47.
② 宓汝成. 中国近代铁路发展史上民间创业活动. 中国经济史研究，1994（1）.
③ 黄浪华. 华侨之光. 北京：中国华侨出版社，2011：218.
④ 刘玉遵，成露西，郑德华. 华侨，新宁铁路与台山. 中山大学学报，1980（4）：36.

（二）社会影响

潮汕、新宁和漳厦铁路开通，虽然直接经济效益有限，但在客观上取得了较为明显的社会效益。首先，这几处铁路的开通大大改善了周边地区客货运输的交通条件，促进了商品流通，带动了铁路沿线城镇的形成与发展。潮汕铁路的建成，促进了韩江中、上游及赣闽边区人员往来和物资的流通。旅客从潮州到汕头的时间从之前最顺利时也要花 11—18 小时缩短为 1 小时，十分便利。新宁铁路通车后，台山华侨经江门港出国或返乡的时间从过去所需的三五天，缩短为一天，且避免了途中遭遇土匪抢劫或绑票的危险。时人对此赞誉有加："六部之人，交通便利，陈君此举，为吾邑增一光荣美丽之历史矣！"[①] 此后，大量外来的商品通过水路运至江门后再通过铁路源源不断地运往台山各地，把台山卷入世界市场。新宁铁路沿线村庄店铺林立、商业繁盛，台山县城所在地台城的发展尤为迅速，公益和斗山两大圩镇也随着新宁铁路的修建而兴起。[②]

其次，潮汕、新宁和漳厦铁路的修筑与开通对当地人带来了观念上的冲击。清末，中国虽然已有数条铁路建成，但民众仍视火车为会冒烟的怪物，铁路敷设会招致灾害、破坏风水的落后观念在民众心中根深蒂固。粤闽侨办铁路在勘查、购地时都受到了沿路乡民的阻挠。各线路主办人通过登报宣传、写公开信、亲临交涉，甚至不得已改变线路等方法才使与民众之间的矛盾得到化解和调节。线路相继建成通车，民众亲身体验获利，风气随之渐开，"颇极一时之盛，社会心理为之一变"。[③]

更重要的是，潮汕铁路、新宁铁路与漳厦铁路是清末为数不多的商办铁路，是全国"收回利权"、实业救国运动的重要组成部分，具有维护民族利益、遏制列强入侵以及践行实业兴邦的重要意义。因而，尽管步履维艰、效益低下，但其最终建成，大大地鼓舞了全国人民对自办铁路的信心。

五、余论

潮汕、新宁和漳厦铁路兴建于相同的时代背景之下，筹办资金来源相似，潮汕铁路兴建和通车时间最早、工期最短，其建设效率最高，所获效益也相对较

① 李松庵. 华侨对兴办祖国铁路的贡献. 岭南文史，1983（2）：131.

② 刘玉遵，成露西，郑德华. 华侨，新宁铁路与台山. 中山大学学报，1980（4）：40—41.

③ 林金枝，庄为矶. 近代华侨投资国内企业史资料选辑（广东卷）. 福建人民出版社，1989：394.

好。漳厦铁路建筑时间长，最晚投入使用，却最早停止营运，效益也是最低的。潮汕、新宁和漳厦在建设过程中的遭遇不同，取得的效益也不一样，这与创办者个人的影响力有一定的关系。首先，张榕轩自身的财力为潮汕铁路的建设提供了重要的资金保障。"铁路之要案三，曰资本，曰工程，曰管驾。三者之中，资本、管驾为重。"[1] 对商办铁路来说，资本更是首要的前提。张榕轩的财力是三者中最为雄厚的，他带头认下大额股份，给其他侨商树立了榜样，这也使他的募股工作开展得最为顺利。虽然发生了代表日资的林丽生入股引发的股本风波[2]，在此事件中张榕轩因识人不清付出了巨大的代价，但所幸他有足够的身家来承担。其次，主办者与清政府关系的远近直接关系到请办铁路能否顺利立案。由上文可知，潮汕铁路与漳厦铁路的立案过程较新宁铁路顺利，毕竟潮汕铁路的主办人张榕轩与清廷的关系甚是亲密，或者说是清廷有意拉拢他，以吸引海外华侨富商回国投资。提出请办漳厦铁路的闽籍京官张亨嘉，曾于光绪二十三年（1893）入值南书房，难得地得到"一岁五迁"，颇受恩宠，该路主办人陈宝琛在地方上的影响力也不俗，后任末代帝师。与清廷没什么关系的陈宜禧，在请办新宁铁路阶段就已经费了不少周折。可见，不同的主理人在财力、声望及身份等方面的差异对各条铁路的股资筹集、公司营运管理等方面产生了重要的影响，最终导致所获效益的不同。

清末民初，铁路成为中国新兴的民族主义与世界帝国主义之间冲突的焦点，潮汕铁路以及紧跟其后的新宁与漳厦铁路开民族资本投资、建设、管理铁路风气之先，为国内铁路事业的发展做出了积极的模范作用。它们的兴建与通车带动了晚清至民国时期更大范围内华侨投资国内交通事业的浪潮。不幸的是，日本侵华战争爆发后，日军对铁路进行狂轰滥炸，不仅铁路因失去安全保障而不得不停止运营，而且为了避免落入日军之手为其所用，这几条残存的铁路被全部拆除，拆不掉的部分亦被尽数炸毁。日本侵华战争是这三条侨办铁路最终遭到毁弃的共同的直接致命因素，这说明华侨在祖国投资的权益、成败与国家命运息息相关。

（作者系福建社会科学院副研究员）

---

① 潮汕绅商上商部王参议禀//申报，1905-7-20（10）.
② 张榕轩在香港集股时，通过吴理卿结识了林丽生，林丽生先后购入的100万元股份，实际上属于日商爱久泽直哉，激起民众的不满，从而引发"股本风潮"。最后由张榕轩、张光耀轩加息30万，承领了这100万元股份才算平息下去。

莲开一路："海丝"佛教先驱宝松和尚别传

陈文庆

一、导言：闽籍高僧下南洋

宝松和尚（1891—1966），俗家姓陈，字闻照，祖籍福建长乐，生于省城福州，发展佛教慈善事业，创办开元佛教医院，重建千年古刹福州开元寺，为争取世界和平最后舍身自焚，不愧为爱国爱教的一代高僧。本文在梳理宝松和尚一生行实的基础上，以其弘法东南亚为重点，对其弘道南洋的事迹进行简要述评。

东南亚古时又被称为南洋，分为两部分，一是与中国西南接壤的中南半岛，一是隔南海与中国相望的马来群岛。据说当年印度阿育王曾派遣僧团到过今日的缅甸、泰国、柬埔寨等中南半岛国家传教布道，这些国家的佛教被称为"南传佛教"①。鸦片战争后，福建闽南一带很多百姓迫于生计前往南洋地区谋生，东南亚华侨华人社会逐渐形成，这些南洋侨民很多有佛教信仰，因此东南亚华侨华人社会群体有着庞大的佛教信仰需求，但当地佛门龙象与弘法人才甚少，主要依靠祖地福建佛教界的带动。

起先在南洋弘扬正法的主要是福州籍高僧，而非闽南地区籍僧徒，这以福州西禅寺微妙法师和鼓山涌泉寺妙莲老和尚为代表。微妙法师（约1842—1891），俗姓朱，号雪庵，福建仙游人，十五岁离家习道，在福州西禅寺礼海贤和尚削度出家，受具足戒后到鼓山涌泉寺潜心修习苦行。光绪三年（1877），福州惨遭洪水灾害，房屋庐舍多被淹没，微妙法师不忍百姓流离失所，应南洋华侨邀请，前往马来亚弘法募捐，所得款项悉数寄回福州赈济灾民②。

妙莲法师在咸丰四年（1854）接掌鼓山涌泉寺住持。当时涌泉寺楼宇倾颓、

---

① 剑桥东南亚史（第一册）. 昆明：云南人民出版社，2003：279.
② 微妙长老传略. http://www.ebaifo.com/fojiao-252962.html.

粮食短缺，妙莲法师振锡南洋，在东南亚华侨中募捐，深受侨胞钦仰。槟城的华侨乡绅，在光绪二十一年（1895）建造极乐寺，礼请妙莲老和尚担任住持，极乐寺也成为涌泉寺的下院，极乐寺的历代住持也多由涌泉寺方丈兼任，逐步发展成为马来亚重要佛教寺庙之一。光绪三十年（1904），妙莲老和尚将慈禧太后御赐的两部《龙藏》，一部供奉在漳州南山寺，另一部安奉在马来亚槟城极乐寺，东南亚地区从此也有了汉文大藏经流通①。

微妙与妙莲二位法师的弘法行迹激发了福建佛教界前往南洋弘法的热情，一时间，弘法南洋成为福建佛教乃至中国佛教的风尚。特别是民国后，福建僧人弘法南洋掀起新高潮，据1928年出版的《闽南佛化新气象》叙述"厦门寺院不下十余所，僧人甚稀，且多散居南洋各处"，再如"泉州寺庙较厦、漳二地为多，僧侣亦甚寥落，且多散居南洋各地"。② 福建高僧前往东南亚地区很大一部分动因是为了募集资金。清末民初的中国佛教积贫积弱，很多名山古刹破败不堪、僧众星散，出现僧无寺可住、寺无僧可守的局面。

与福建联系密切的东南亚地区成为近代福建佛教复兴的主要资金来源地。佛门领袖圆瑛法师就曾七下南洋，募得大量善款用于国内的佛教慈善事业。1923年，在南洋讲经时，圆瑛与转道、转物三人共同发愿重兴泉州开元寺，并创设开元慈儿院收容那些失去双亲的孤儿。开元慈儿院的学科依照普通学校，衣、食、住和医疗全免，经费主要来源于开元寺的香火钱。圆瑛法师事必躬亲，主持了慈儿院的日常工作。为了筹集慈儿院资金，1926年4月圆瑛法师远渡南洋讲经，所得款项在马六甲组织基金董事会，保管本息，将所得利息，分期汇交慈儿院。③ 抗战军兴，为支持祖国抗战事业，圆瑛法师率徒明旸法师，在1937—1939年，以60多岁高龄前往南洋2次，酬募款项，在华侨中开展"一元钱救国运动"，大大激发了海外侨胞的爱国热情。④

闽籍高僧为南洋佛教的发展做出了重要贡献，南洋地区很多名刹即由闽籍僧人开创或驻锡。泉州开元寺转道法师在新加坡创建第一个十方丛林——普觉禅寺，兴建的普陀寺更成为"弘化南洋之砥柱"，至今这两所寺院仍然是新加坡汉

---

① 明旸，主编. 照诚，校订. 重订圆瑛大师年谱. 北京：中华书局，2004：35，

② 蕙庭. 闽南佛化新气象. 现代僧伽，（2）.//王荣国. 近代福建佛教向东南亚传播与当代华侨社会. 华侨华人历史研究，1997（3）：60.

③ 明旸，主编. 照诚，校订. 重订圆瑛大师年谱. 北京：中华书局，2004：61.

④ 明旸，主编. 照诚，校订. 重订圆瑛大师年谱. 北京：中华书局，2004：343—344.

传佛教的重要道场①。厦门南普陀寺方丈性愿法师受晋江籍菲律宾侨领吴江流邀请，任马尼拉大乘信愿寺住持。再如福州西禅寺谈禅法师门下弟子在印度尼西亚雅加达创建大丛山西禅寺。还有莆田广化寺僧人所创建的广化寺法系。闽籍僧人弘法南洋为当地汉传佛教的发展复兴做出了重要贡献，成为沟通福建与东南亚地区文化交流的桥梁。

二、宝松和尚行谊与弘道南洋

（一）从出家到掩关

宝松和尚自小便接触佛教，父亲在福州南大街宫巷口开了一家油烛店，自产自销大小型号北烛，因为选料优，货品深受寺庙庵堂顾客欢迎，因此之故宝松常有佛教界相往来。其五岁丧母，十八岁又丧父，因此感人生无常，吃斋奉佛，与佛教居士罗铿藩、高善因等辈交往，共同筹建"功德林"和"放生会"。② 为筹集资金，1915 年他在二十五岁时，远赴新加坡、马来亚筹募功德林基金，在槟城极乐寺皈依本忠和尚。他在 1917 年正式依止本忠和尚剃度出家，法名宝松。

同年，宝松和尚回国在福州鼓山涌泉寺受具足戒，之后前往福州闽侯雪峰崇福寺担任监院 2 年，后又应槟城极乐寺聘任为该寺监院，但因缘不投契，不久回国。宝松和尚回闽后选择福州东门外鼓山圣泉寺闭关禅修，头陀苦行，时间长达 10 年之久。1939 年，宝松和尚出关，正值抗战军兴，目睹忠勇将士为国捐躯之精神，及死难同胞之凄惨，因此发愿兴建千台焰口，用超忠魂，以慰英灵。③

（二）中兴福州开元寺

开元寺原为福州古刹，20 世纪 20 年代被闽侯地方法院作为戒烟监狱，在佛教界和护法居士的努力交涉下，监狱迁移，迎请宝松和尚为开元寺住持，带领僧众重兴古刹。1941 年福州沦陷，政府北迁，宝松和尚在地方绅商支持下，成功制止了附近居民强拆寺院的风潮。日本投降后，国民党政府诬告宝松和尚强占国家公产，宝松和尚为法忘躯，不为强权所屈，据理力争，几经波澜，终获胜诉。④ 宝松和尚与古刹共存亡的大无畏精神，令人钦佩。

---

① 有关转道法师事迹详见张文学. 转道和尚创建新加坡、普陀普觉禅寺相关问题研究. 世界宗教文化，2014 年（5）：23－27.

② 洪柏. 为争取和平舍身自焚的宝松和尚//人民政协鼓楼区文史组. 鼓楼文史（第 1 辑）. 1988：132.

③ 东初老人. 中国佛教近代史. 台北：中华佛教文化馆，1974：819.

④ 马来西亚怡保东莲小筑"一真法界"纪念碑记.

宝松和尚秉拂开元寺期间，致力于慈善福利事业。抗战胜利后，在开元寺山门前空地创建佛教医院，邀请虚云和尚弟子宽崇法师襄理院务，聘请陈光桦医师为院长。佛教医院悲悯众生，对于经济困难患者均一视同仁，甚得时人的敬重。民国时期福州地区只有一所官办的省立医院，其他不是基督教医院，就是私人开的诊所，开元佛教医院是福建地区创办的第一家佛教医院，放眼全国也很有代表性，宝松和尚以一介僧人，"竟能开创一所层楼大厦之堂皇医院，可说是佛光与愿力所揉成之成果也"[①]。

除了开办佛教医院外，宝松和尚还重建殿堂僧舍，为千年铁佛重塑金身。开元寺铁佛为阿弥陀佛造像，是开元寺镇寺之宝。据研究，铁佛铸造于唐末五代王闽时期[②]，铁佛外贴金箔，螺髻敞胸，两耳垂肩，叠掌合坐在莲花台上，法相庄严，容颜慈祥。福州开元寺铁佛是全国范围内保存最好、最大的古代铸件之一，也是全国迄今发现的古代最大的阿弥陀佛铁像。民国时期，铁佛出现不同程度的黑铁现象，宝松和尚为保护千年文物，组织工人将佛像表层用生漆粉刷，又用厚赤金箔通身重贴金身，使巍峨庄严的古铁佛巨相像重现金碧辉煌的法相，供国内外佛教徒和各界人士瞻仰[③]。

1947 年初春，鉴于原计划的医院房舍、医疗器械、药品等等不足，急需继续扩充扩建，资金严重短缺，宝松和尚发下宏愿，在此远赴南洋，募集善款，将所得巨款悉数汇回国内。至 1949 年，一所宏伟的现代化佛教医院建筑终于完成。宝松和尚因政局动荡，滞留在了南洋[④]。

（三）住持"一真法界"

宝松和尚旅居南洋期间，起先居无定处，各处挂单。1956 年，宝松和尚到马六甲明觉精舍掩关 3 年。皈依弟子郑格如居士感念和尚松柏高龄，提议在马来亚柔佛州新山士古来山创建道场，供养师静修。宝松和尚偕同郑居士寻寻觅觅，芒鞋踏遍大城小镇，最后独具慧眼选中一个山岭。尽管那时人烟稀少，老和尚却深信这是修持佛法的好地方。郑格如居士捐资在此修建寺院，宝松和尚一生诵持

---

① 东初老人. 中国佛教近代史. 台北：中华佛教文化馆，1974：819.

② 戴显群. 福州开元寺铁佛铸造年代考. 福建宗教，2007（5）.

③ 洪柏. 为争取和平舍身自焚的宝松和尚//人民政协鼓楼区文史组. 鼓楼文史（第 1 辑）. 1988：133.

④ 洪柏. 为争取和平舍身自焚的宝松和尚//人民政协鼓楼区文史组. 鼓楼文史（第 1 辑）. 1988：133. 东初老人. 中国佛教近代史. 台北：中华佛教文化馆，1974：820.

信奉《华严经》，因此将道场命名为"一真法界"①。在华严宗中，"一真法界"意即唯一真实的法界，也就是佛的法界，老和尚相信在这道场修证得到真如实性。寺内外多副对联也都与"一真法界"含义有关，如"一真无际丛林显实方便人间求福慧，法界庄严二谛融通永为尘海作明灯""一乘玄机净染随缘融二谛，真如实相圣几无际普三千"等等。

宝松老和尚带领僧众筚路蓝缕，创建道场，早先山上没有水源，因地势较高无法凿井，老和尚每天带领徒众下山挑水，度过了一段艰辛岁月。当时马来西亚与印度尼西亚邦交恶化，时有冲突发生，宝松老和尚因此在 1962 年九月初九日，发愿启建千夕施食道场，祈祷十方世界诸佛龙天，维护世界和平，马印修好。

郑格如居士是著名企业家郭鹤年先生的慈母，出生于书香世家，曾就读于福建协和大学，受过高等教育，又是一位虔诚的佛弟子。1979 年郑格如居士悲老和尚之宏愿，为纪念宝松和尚的伟大精神，捐巨资重建"一真法界"，内设有诸佛殿、大雄宝殿、祖堂、伽蓝殿，另辟有东西楼阁，阁中设有藏经室、斋堂及寮房等等②。多年来"一真法界"积极推动弘法活动，声名远扬，如今已成为柔佛州乃至马来西亚的佛教重镇之一。

1987 年，听闻福州开元寺将迎回国宝大藏经——《毗卢藏》，安奉于寺中供养，郑格如老居士，乐为乡梓福，率子郭鹤年、郭鹤举捐资百万营建建毗卢藏经阁③。1983 年，郑格如居士等捐资在开元寺大殿左侧建造"宝松和尚纪念堂"。

三、结语："海丝"佛教的先驱

宝松和尚是近代福建著名的佛教领袖，是爱国爱教的一代高僧，护持并重兴千年古刹福州开元寺，悲悯众生创办开元佛教医院，成为福建佛教乃至中国佛教的创举，对人间佛教的践行进行了有益探索。宝松和尚多次下南洋弘法，不仅为福建本地佛教复兴募集大量善款，而且为南洋当地汉传佛教的复兴做出了重要贡献，促进了福建与东南亚地区的文化交流。

福建高僧一直是佛教弘传东南亚的生力军。如果以时间为线索，我们会发现清末弘法南洋的高僧主要以微妙法师和妙莲法师为代表，民国时期则是以为圆瑛法师、转道法师和宝松和尚为典型。宝松和尚是"海上丝绸之路"佛教文化"走出去"的先驱。"海上丝绸之路"不仅是商贸之路，更是文化之路，成为沟通沿

---

① 马来西亚怡保东莲小筑一真法界纪念碑记.
② 马来西亚怡保东莲小筑一真法界纪念碑记.
③ 开元寺毗卢藏经阁羿建记.

线文明文化的重要纽带。福建佛教与东南亚地区有着深厚的人缘、地缘、法缘关系，具有得天独厚的先天优势。当前福建成为"海上丝绸之路"建设的核心区，佛教在其中可以扮演重要角色，助力文化交流和文明融合。宝松和尚是福建与南洋两地共同的文化财富与精神资源，至今仍是加强福建与东南亚地区佛教交流的重要管道与平台。

（作者系福建社会科学院副研究员）

珍爱和保护霞浦摩尼教史迹

粘良图

霞浦一地山海交错，汉畲杂居，开发的历史悠久，民间宗教信仰芜杂。据方志介绍，早在唐代，依凭海上交通，就有众多高僧大德或"驾舟从海上来"，或"来自西域"，在当地建寺观，开丛林，太姥山"为东南奥区，神仙洞府"，霍童山"天下三十六洞天，此其第一也……山之南有支提山，那罗延岩神僧石室、葛公仙宫，南有苏溪鹤岭，北有菩萨峰、紫帽峰、大童峰、小童峰"，各处古刹林立。县志记载的寺观数以百计。而在 2008 年底，霞浦县进行第三次全国文物普查时，还意外地发现了几处摩尼教（明教）寺观遗迹。

摩尼教是 3 世纪中叶波斯人摩尼创立的一种宗教，持"二宗三际"论，即光明与黑暗王国的斗争存在过去、现在和未来三个阶段，是为世界发展的过程。大约在 6—7 世纪，摩尼教从陆路传入新疆，又从新疆传入内地，其间不断吸收佛教、道教的宗教元素以拓展自身的生存空间，并在唐大历年间得到朝廷认可，在长安、洛阳等地建立寺院。后来，摩尼教在唐会昌年间"灭佛"时受到灭绝性打击，幸有摩尼教徒呼禄法师逃来福建，在福州、泉州等地继续传教，为求得生存发展，将其教义、教规不断修改，使之成为一种本土化的宗教——明教。

因为摩尼教（明教）属于世界宗教遗产，是中西文化结合的产物，且目前在世界上发现的摩尼教文物资料很少，因此，霞浦发现的摩尼教史迹特别引人注目，亟应加以珍视和保护。

一、霞浦上万村、北洋村摩尼教（明教）遗迹

笔者曾经在 2009 年 6 月随福建省文物局专家往霞浦考察新发现的摩尼教遗址，又在 2016 年 2 月参加"霞浦摩尼教研究学术研讨会"期间再次到霞浦上万村考察，对霞浦摩尼教文物有深刻的印象。

霞浦新发现的摩尼教遗址的有乐山堂遗址、姑婆宫、林瞪墓、飞路塔等：

乐山堂遗址在上万村西面堂门楼地方，离村 2000 米许，坐东面西，背靠小山丘，面对一片洋田。据柏洋乡神洋村民国壬申年（1932）撰修的《富春孙氏家谱》所记，乐山堂是北宋时教徒孙绵始创的庵堂，初名龙首寺，元时改乐山堂，今俗称盖竹堂。

《富春孙氏家谱》"摘抄送孙绵大师来历"记："公孙姓，讳绵，字春山，禅洋人，初礼四都（本都）渔洋龙溪西爽大师门徒诚庵陈公座下，宋太祖乾德四年丙寅（966）肇刱本堂，买置基址而始兴焉，诚为本堂一代开山之师祖也。本堂初名龙首寺，元时改乐山堂，在上万，今俗名盖竹堂。门徒一人号立正，即林廿五公，幼名林瞪，上万桃源境人。真宗咸平癸卯年（1003），二月十三日诞生，天圣丁卯年（1027）拜孙绵大师为师。（廿）五公卒嘉祐己亥年（1059）三月初三日，寿五十七，墓在上万芹前坑。"

孙绵大师墓葬在禅东墘对面路后，显扬师徒俱得习传道教，修行皆正果。

乐山堂 2006 年遭台风被毁，现仅存遗址。现场存有宋代莲花覆盆式柱础、元明莲花柱础，书写"大清嘉庆拾壹年（1806）岁次丙寅季春桃月朔越四日壬子卯时吉旦建"的正梁，大门及主殿前两处石砌台阶。在随处可见的瓦砾中，可寻找出宋元明清不同时期的陶瓷碎片。堂宇历经久远，经过多次翻修可以得到证实。引人注目的，是其堂前有一株枯萎的千年古桧发出新株。

据族谱资料，霞浦摩尼教早在宋初就已盛行。宋乾德四年（966）即建有堂所，而且世代相传。从建堂所的孙绵往上推溯，有陈诚庵、西爽大师两代，其活动时间应在五代南唐时期。其见载最早的西爽大师，族谱显示他是本地"四都（本都）渔洋龙溪"人。如果说他是呼禄法师"授侣三山"传下的一个支派，从路径上、时间上来说是吻合的。

林瞪墓与姑婆宫在上万村芹前坑西，上距村庄、下距乐山堂各 1000 米。姑婆宫遗址约 90 平方米，有三面用角石砌筑的残墙，原系崇祀林瞪二女的庙宇。其后有一片茂密的树林，相传即林瞪墓所。

据柏洋乡上万村清嘉庆二十二年（1817）修的《上万林氏宗谱》记其"八世祖"林瞪："瞪公，宋真宗咸平六年癸卯（1003）二月十三日生，行二十五，字□□，娶陈氏，生二女。长女屏俗出家为尼，卒附父墓左；次女适□□，卒附父墓左。天圣五年丁卯（1027），公年二十五，乃弃俗入明教门，斋戒严肃，历二十有二年，功行乃成。至嘉祐四年（1059）己亥三月三日密时冥化，享年五十有七，葬于所居东头芹前坑。公殁后灵感卫民。故老相传，公于昔朝曾在福州救火有功，寻蒙有司奏封兴福大王，乃立闽县右边之庙以祀之。续蒙嗣汉天师亲书洞天福地四字金额一面，仍为奏封洞天都雷使，加封贞明内院立正真君，食于乡，祈祷响应。每年二月十三日诞辰。二女俱崇祀于庙中，是日子孙必罗祭于墓，庆祝于祠，以为例程。"

又民国《福建通志·福建列仙传·宋》引清道光旧志，载："林瞪，长溪人，嘉祐间郡之通津门火，郡人见空中有素衣人持铁扇扑火。火灭。遥告众曰：'我长溪上万林瞪也。'郡人访至其墓拜谒。事闻，敕封兴福真人。"

林瞪为霞浦摩尼教传承人之一，他死后由其徒众宣扬其神迹，在北宋时期得以敕封成神，且在福州立有神庙，可见当时霞浦摩尼教是有一定影响的。

据上万村林氏族谱，林瞪之女为尼，葬其父墓左，后人且为立庙血食。可见其女也同林瞪一样是摩尼教徒。那么，当地摩尼教徒有女性从中可见端倪。

飞路塔位于盐田畲族乡北洋村公路边，离村 2000 米许，石构，方形塔座，单层塔身，葫芦形塔刹，坐北朝南，高 3 米，宽 1.22 米。2008 年因修路迁移重建，外围为一平房小庙。塔身开一龛门，高 91 厘米，宽 46 厘米，龛顶贴新刻石圐，书"飞路塔四洲佛"，龛门两侧旧镌楷书"清净光明""大力智慧"，两边立柱上下款"峕洪武甲寅太岁一阳月吉旦立""东峰兴□山人秋甫宗玄□□造"。龛内有浮雕佛像一尊，着宽袖长袍，双手平置腹前，坐于莲花座上，旁立两侍者，高度只在坐佛肩部上下。

根据龛前所刻摩尼教偈语，可推测里面所供的是摩尼教神明，遗憾的是该佛像头部已损坏，是用水泥补上的，故看不清其相貌。虽然该佛像不完整，但它可以证明，明洪武三年（1370）发布对白莲社、明尊教禁令对霞浦摩尼教的影响并不大，所以明洪武七年（1374）霞浦摩尼教徒仍在公开活动。根据该塔所处的位置，或可以理解摩尼教对畲族民众也有影响。

二、霞浦摩尼教科仪文书

除了上述摩尼教遗址外，霞浦县在第三次文物普查中还发现当地道士保存的《请神科仪本合抄》《兴福祖庆诞科》等诸多科仪文书。在上万村一带，现仍有"明门"道士陈培生等进行宗教活动，霞浦现在发现的科仪文书大多在他手中。这些文书记录了霞浦摩尼教徒信仰的神明系统。其将崇奉的神明分三个层次，上为尊神，中为镇坛之神，下为坛堂历代传人。其尊神除摩尼光佛、电光王佛、夷数如来、净风先意如来等大神外，还增加了佛教、道教的多位神明，可以看出宋代的摩尼教与当地道教、民间信仰的结合。一些科仪文书，如《摩尼光佛》，将那啰延佛、苏路支佛、释迦文佛、夷数和佛、摩尼光佛作为教主，同敦煌发现的摩尼教文献《下部赞》一样，在汉语唱词中还有大段梵音偈语。专家认为，《摩尼光佛》经文中有中古波斯语、帕提亚语或粟特语的音译。这些夹杂着摩尼教词章的科仪文书已经得到国内外摩尼教研究专家学者的重视，有不少研究文章发表。

霞浦县当年在文物普查中发现了摩尼教遗迹，曾通过霞浦县柏洋乡盖竹上万村一位在北京的企业家林鋆联系邀请中国社会科学院世界宗教研究所专家对当地摩尼教遗址遗物进行考察认证。林鋆先生现为中国宗教学会理事、北京摩尼文化传媒有限公司董事长，是林瞪的 29 代嫡孙。他不遗余力地收集当地摩尼教科仪文书，并在 2016 年出资推动"霞浦摩尼教研究学术研讨会"的召开。据说，刚刚发现这些科仪文书时，中国社会科学院世界宗教研究所陈进国博士说过一句"一字值千金"，持有人陈培生觉得奇货可居，不肯再拿出示人。后来还是林鋆以"林瞪嫡孙"的身份出面说，这些科仪文书是由他祖宗传下的，陈培生如果不配合就法术不灵，陈培生才答应拿出来。之后，林鋆先后联系中山大学林悟殊先生、上海社科院芮传明先生、海外的马小鹤先生等知名摩尼教研究专家，分别投寄一些资料，以资撰写研究论文。迄今学术界就霞浦摩尼教科仪文书发表的研究论文已有 100 多篇。

2014 年 12 月，屏南社科联主席张峥嵘与同事驻村整理申报传统村落材料时，发现屏南寿山乡降龙村也有摩尼光佛信仰及传说。村中原有以演提线木偶兼作诵经祈福的"贞明堂"道士，其留下的 200 多本科仪典籍中有 3 本是摩尼教科仪文书。其神明系统，基本上与霞浦相同。可知自清代至民国，有摩尼教色彩的贞明堂一直在当地活动，而且与霞浦摩尼教有传承关系。

2016 年"霞浦摩尼教研究学术研讨会"，有来自敦煌研究院、民族宗教文化研究所、西北民族大学历史文化学院、西北师范大学文学院、兰州大学敦煌研究所、华侨大学宗教研究所、中山大学哲学系、中山大学历史系、中国社会科学院世界宗教研究所、中国社科院考古研究所、中国社科院外文研究所、新疆维吾尔自治区文史研究馆、新疆社会科学院、新疆大学、中央民族大学等单位的专家学者 30 余人，会议的主办单位是敦煌研究院与新疆维吾尔自治区文史研究馆，足见国内摩尼教专家学者对霞浦发现的摩尼教科仪文书的重视。

三、霞浦摩尼教史迹亟须保护

如今霞浦摩尼教史迹已经名声在外，引起学界的重视。但是据笔者看来，就地方政府而言，对霞浦摩尼教史迹的保护还有可以提升的空间。

首先是对于摩尼教遗址的重视和保护。2016 年笔者再次往霞浦考察时，发现距 2008 年第三次全国文物普查已经过去 8 年，除了北洋飞路塔作为摩尼教遗址报批福建省第八批文物保护单位外，乐山堂遗址、林瞪墓、姑婆宫都没有列入文物保护单位。对于霞浦摩尼教研究，这几处文物遗址有着重要的价值。在霞浦博物馆宗教展厅有关摩尼教的展示板块上，也只有乐山堂遗址、上万村三佛塔构件和摩尼教科仪文书这么几张图片。乐山堂遗址、林瞪墓、姑婆宫等几处遗址能从宋代保存至今日的原始风貌，实属不易。在当前各地开发建设日新月异的形势下，未经文物保护的历史遗址最容易受到破坏，而乐山堂遗址、林瞪墓、姑婆宫等几处遗址一旦受到破坏，将成为霞浦历史文物的重大损失，因此保护工作亟待进行。如果能组织专家对该遗址进行考古发掘，相信还会有进一步重大发现。

再来就是对于霞浦道教、摩尼教文书的收集整理。笔者认为霞浦摩尼教文书资料收集与古墓葬考古有相通之处。对一座古墓进行考古发掘，目的是为了历史研究，通过墓葬随葬品的器物组合、单个器物的工艺水平及墓葬的结构、砌筑方法等信息，了解和复原当时社会的生产力水平、当地的葬俗葬制，而不是仅仅攫取其中的金银珠宝了事。霞浦发现的与摩尼教有关的科仪文本储藏着丰富摩尼教活动信息，极具价值，但是这些信息分散在霞浦民间（甚至包括附近的县域）不同历史时期大量芜杂的道教科仪文书中。目前学界只能各自凭借获得的部分资料来做研究，不能得窥全豹。倘若能由地方政府组织人员（由政府工作人员与院校配合，当地工作人员人知地熟，能带领访问收集资料，院校人员能把握资料的价值）系统地对相关资料进行征集、整理、汇编，以供学界研究，将对早期摩尼教的传入、衍变，各个历史时期的组织、活动模式，以及通过霞浦对周边县域以至浙江一带摩尼教传播的历史轨迹有更全面明晰的了解，必将大大丰富霞浦的地方历史，而且能破解之前学者局限于资料就事论事，难以综览大局的境况。

对此，国内外许多关注摩尼教研究的学者呼吁：通过地方政府与相关院校全力合作，完成霞浦摩尼教文书的收集整理，建立内容丰富，并记录有文书收集背景的资料库，将资料公之于学界，共同研究探讨，必将彰显霞浦摩尼教文书的价值，奠定摩尼教学术基础，将霞浦打造成为国内外有影响的摩尼教研究学术基地。

习近平总书记最近指出："考古工作是一项重要的文化事业，也是一项具有重大社会政治意义的工作。""我们要加强考古工作和历史研究，让收藏在博物馆里的文物、陈列在广阔大地上的遗产、书写在古籍里的文字都活起来，丰富全社会历史文化滋养。"作为一个关注摩尼教研究的文博人员，本人谨以此文与霞浦的同志们共勉。

（作者系晋江市博物馆馆员）

霞浦海洋文化史迹略论

刘岳龙

海洋文化，作为人类文化的一个重要组成部分和体系，是人类认识、把握、开发、利用海洋，调整人与海洋关系，在开发利用海洋的社会实践过程中形成的精神财富和物质财富的总和。霞浦地处闽东北、台湾海峡西岸，"东南滨海，西北据山""岛岐错落，海湾幽澳"①，海岸线长 505000 米，陆地面积 1489.6 平方千米，海域面积 29592.6 平方千米，海域面积是陆地面积的 20 倍，大小岛屿 196 个，海洋渔场 28897 平方千米，浅海、滩涂面积 696 平方千米，分别占福建省的30.17％和 23.76％。海岸线长度、海域面积、岛屿数均居福建省县（市、区）首位，是名副其实的海洋大县。霞浦在沧桑演变中，产生了诸多富有特色、极为丰富的海洋文化遗存，从不同侧面反映了霞浦海洋文化的历史形态和发展轨迹，给霞浦打上了鲜明的海洋文化历史印记。本文拟就霞浦海洋文化史迹做些粗浅解读，就教于方家学者。

一、黄瓜山贝丘遗址

20 世纪 80 年代以来，霞浦县沿海各乡镇共发现有 30 多处新石器时期的海洋贝丘遗址，其中以黄瓜山贝丘遗址最具代表性。

黄瓜山贝丘遗址，位于东吾洋岸边的沙江镇小马村，距今 4300－3500 年，总面积约 6000 平方米。在该遗址文化堆积层中，发现了大量蛤、蛎、螺、蚶、蟹等海生食物贝壳，堆积层 10—120 厘米之下有大量的磨制石器、陶片、鱼兽骨、陶土网坠等文化遗物。同时还发现两组排列有序的柱洞，以及排水沟、灶坑等重要的古建筑遗迹。贝丘遗址所出土的物品、建筑形式、居住环境，形成了丰富的史前海洋文化内涵，清晰地向我们展示了霞浦原始先民的生产、生活状态。

---

① 民国霞浦县志·山川志·卷之四.

黄瓜山遗址是霞浦海洋文化的摇篮。

黄瓜山贝丘遗址紧依霞浦县鱼贝类资源丰富的内海——东吾洋，以海为生是黄瓜山文化遗址最显著的特色。优越的地理生存环境，使原始先民临海而居，靠海吃海。他们在生产生活中，善于充分利用东吾洋浅海、滩涂丰富的水产资源。退潮时，逐潮而行，捕捉滩涂上的鱼、蟹、贝类；涨潮时，乘海而上，利用简易的木竹筏、渔网，捕捞鱼、虾。在农耕产业还没有出现之前，近海食物来源比狩猎更加稳定、充足，而且劳动强度、风险也相对较低，故从贝丘遗址文化层上看，原始先民生产方式虽亦渔亦猎，但主要以近海、滩涂捕捞为主。黄瓜山贝丘文化遗址的先民，是霞浦最早的渔民。

人类与动物界的脱离，始于制造工具。人类的经济发展在任何时代都是以生产工具作为前提的。渔贝不仅是先民的主要食物来源，也是海洋文化人类最原始的生产生活工具。尤其是贝壳，只需简单清理，稍加人工砺磨，就是最好的刮、削、切、割工具，也是最好的盛物器皿。显然，石锛等加工强度较大的砍伐工具，是主要原始狩猎工具和砍伐竹木制作简易木筏的工具，贝壳经加工则是猎物肉体解剖切割工具、捕鱼的刀具和盛物的器具。在文化遗址中出土的石器、骨器、贝器、陶器等手工产品，虽然制作较为简单粗糙，多保留琢磨痕迹，但也表明原始海洋手工业初具雏形。

渔贝不仅为黄瓜山原始先民提供了物资保障，同时也启蒙了原始审美意识，逐步发展产生了极具海洋特色的原始艺术创造。从贝丘文化遗址中发现的打磨穿钻的贝壳，陶器上的渔网纹、螺旋纹、波浪纹等，足以证明原始先民们的审美追求。尤其是贝壳绚丽多彩、形状奇异、天然美观，自然成了原始先民最早的艺术装饰品。始前文化无论是贝壳艺术品或陶器装饰艺术，其表现形式均粗线条、简单、直接，体现的是与海洋文化密切相连的文化艺术初生态，但也让我们了解到原始先民的生活习俗和美学追求。他们在劳动生产过程中，创造生存物质世界的同时，也不断充实自身的精神世界。黄瓜山文化遗址所表现的原始艺术形态、具体浓烈的地域性和海洋文化符号，昭示了霞浦海洋文明曙光的初现。

黄瓜山文化遗址与闽侯县石山文化遗址、台湾凤鼻头文化遗址年代相近、文化物证相似，存在一定的联系和交流。由此也充分说明黄瓜山文化遗址与外界是辐射、交流、融通的，充分体现了海洋文化的本质特征。同时，黄瓜文化遗址、昙山石文化遗址、凤鼻头文化遗址等沿海贝丘遗址的文化因素，与太平洋南岛语族的史前文化有着诸多渊源联系。因此，以黄瓜山贝丘遗址为代表的霞浦贝丘遗址，对探索霞浦乃至中国整个沿海地区新石器时代原始社会经济、文化面貌及研究南岛语族来源、迁徙，都具有十分重要历史文化意义和现实意义。

二、温麻船屯

三国时期，东吴的海洋资源开发在其政治、经济、军事战略中占有突出位置。范文澜《中国通史》称："吴以水师立国，有船五千艘。"其航海能力、海外经济文化交流能力大大增强。万宸《南洲异物志》称："（东吴船只）大者长二十余丈，高出水二三丈，望之如阁道，载六七百人，物出万斛。"[①] 为巩固和壮大海上实力，东吴赤乌二年（239），孙权在闽中侯官设典船校尉，专门掌管造船业；在东海之滨的霞浦（今古县村）设立造船基地——温麻船屯，与浙江横屿船屯、广东番禺船屯，并称东吴江南三大造船基地。其中造船最为著名的当属温麻船屯。其所造的"温麻五会"是当时最为先进的船只。周处《风土记》云："小曰'舟'，大曰'船'。温麻五会者，永宁县出豫林，合五板以为大船，因以'五会'名也。"[②] 造船业的发展壮大，不仅使东吴在三国时期的军事斗争中获得相对优势，也为其泛海远航、海上贸易奠定了坚实基础。东吴韦昭《吴鼓吹曲十二曲》其九《章洪德》赞云："章洪德，迈神威。感殊风，怀远邻。平南裔，齐海滨。越裳贡，扶南臣。珍货充庭，所见日新。"

温麻船屯选址在霞浦设立，不仅是东吴政权的政治、经济、军事发展的要求，也是霞浦海洋文明历史发展的必然选择。一是优越的地理环境。古县村位于福宁湾内，左右为目莲山脉和葛洪山脉环抱，湾内地势平坦开阔，且腹大口小，即便恶劣的台风天气，外海虽有恶风怒涛，也可确保湾内造船工场安全无虞。二是有熟练的造船工人和航海人员。古县村与黄瓜山文化遗址、屏风山文化遗址相邻，为上古闽越人聚居地。他们在长期的滨海生产生活中，积累了丰富的造船技术和航海经验，史称闽越人"滨于东海之陂"[③]"习于水斗，便于用舟"[④]"以船为车，以楫为马，往若飘风，去则难从"[⑤]。故左思《吴都赋》称："篙工楫师，选自闽禺。习御长风，狎玩灵胥。"三是充足的木材资源。充足的木材供应是造船业发展的重要前提，古温麻地区农业开发较晚，山区遍布原始森林，且山区溪流众多，直达海口，利于运输。这为造船业的发展提供了充足的原材料。

---

① 三国·吴·万震. 南洲异物志. //清·陈运溶辑佚本.
② 晋·周处. 风土记. //太平御览·卷七七 叙舟下.
③ 吴语·越语·范蠡谏勾践勿许吴成.
④ 汉书·严助传·卷六十四.
⑤ 越绝书·纪地传.

温麻船屯的设立，促进了当地及周边地区经济社会的长足发展。长期以来，古温麻地区处于闽隅荒蛮之地，农业、手工业生产技术比较落后，温麻船屯作为官办工场，代表了当时生产技艺的最高水平。古温麻造船业的蓬勃发展，新技术、新工艺的广泛使用，大大促进了古温麻区域生产力的发展和生产方式的转变。特别是钢铁冶炼技术的引进，彻底改变了古温麻地区刀耕火种的历史，有力地推动了区域山海资源的开发。山海资源的进一步开发，温麻船屯带动下的民间造船业的发展，由造船业衍生而来的手工业的发展，反过来又促进了区域航海业和海上贸易的发展。温麻船屯的设立，开创了霞浦山海开发、海洋经济发展的新纪元。

温麻船屯的设立，充实了古温麻地区的人口，加速了古温麻地区人口的聚集和增长。古温麻地区有着广阔的区域和山海资源，但由于地处东南海隅，加上汉朝闽越战败土著大量北迁，人口不足问题非常突出，致使丰富的资源长期得不到较好开发和利用。温麻船屯规模大、技术要求高，需要大量的技术工人和劳作人员。东吴政权为了温麻船屯的生产建设，从吴越等地抽调大量的技术人员和劳动人员进入温麻船屯。北方大批工匠及家属来到古温麻安家落户，不仅加速了古温麻地区人口的聚集和不断增长，而且由于大量人口为造船技术工人，使人口素质大幅度提升，给古温麻地区经济社会开发发展提供了充足的劳动力。

温麻船屯的设立，促进了古温麻地区文化教育事业的发展。东吴温麻船屯，不仅有北方技术工人，还有许多被谪贬的官吏。史载东吴于东冶置典船校尉，主谪徙之人造船于此。① 如东吴孙皓时，张纮之孙张尚为中书令。"皓使尚琴"，尚因论琴忤皓，"后积他事下狱，送建安作船"②。又"临海太守奚熙与会稽太守郭诞书，非论国政。诞但白熙，不白妖言。送付建安作船。"③ 孙皓昏庸无道，许多贤能之士遭受屠戮谪贬。这些受谪贬的官吏大多为饱学之士，他们来到古温麻地区，在参与温麻船屯建设的同时，不忘文化教育，把先进的文化教育带到了古温麻地区，使当地文化教育逐步发展起来，中原文化、民俗迅速在古温麻地区得到传播。

正是由于温麻船屯的设立，有力地推动了文化、经济的融合，古温麻地区经济社会文化在这种切磋砥砺、交锋碰撞、吞吐吸纳中不断前进。这一新的历史性变化，催动了古温麻地区各领域的全面转型，为霞浦成为古代闽东政治、经济、

---

① 梁·沈约. 宋书·州郡志二.
② 三国志·吴书·张严程阚薛传.
③ 三国志·吴书·三嗣主传.

军事、文化中心奠定了基础。于是，东晋太康三年（282）在温麻船屯基础上设立温麻县（今霞浦县）便水到渠成。

至于温麻船屯和温麻县治具体位置问题，史学界颇有争论。一说在霞浦县，一说在连江县。笔者以为主张温麻船屯和温麻县治设在连江县的学者，是对史籍记载理解偏颇，断章取义。主张在霞浦县的学者，虽有史料佐证，但无法提供具体的地理标识，即温麻船屯、温麻县具体地理位置。据史料记载，温麻船屯和温麻县均以境内温麻溪命名，如果能找到温麻溪这一地理位置，争论的问题也就迎刃而解。宋《太平寰宇记·江南东道·福州》："长溪县，东北八百里，旧十五乡，今五乡。本汉闽县地，唐武德六年（623）置，其年又并入连江县。长安二年（702）又置温麻县，以县界有温麻溪为名。天宝元年改为长溪县。"[①]《寰宇记》云："长安二年（702）又置温麻县。"这些都说明原有温麻县，后改并，长安二年（702）又恢复，且温麻县以县界有温麻溪命名。唐高宗重臣徐坚《初学记·岭南道第十一》"灵江、神草"引南朝梁顾野王《舆地记》云："从余姚至海三十里。过温麻江，有一江名灵江。《道书》云：霍山上有神草三十四种。以上泉州。"[②]《舆记地》意思应该是：从浙江余姚至海三十里，从海道入闽，过温麻江、灵江至霍山。据此，温麻江或称温麻溪当在浙江以南，霍山以北。而属于泉州〔即今福州，唐武德六年（623）改称泉州〕称为霍山的只有宁德霍童山（详见朱维干《福建史稿》上册第55页）。唐宋时长溪县灵霍乡，盖以境内之灵江、霍山命名。由此，我们可以确定温麻溪不在连江县境内，而在长溪县五乡之一的灵霍乡。又霞浦县盐田港旧称温麻港，处霞浦境内最大的溪流——杯溪的入海口，唐宋时属灵霍乡温麻里。以此可知杯溪盖即为古温麻溪。故清著名地理学家顾祖禹《读史方舆纪要》明确指出："温麻县，州南三十里。晋太康，析侯官县温麻船屯置温麻县，属晋安郡，盖治于此。隋开宝九年（976）废。唐改置温麻县于连江县境，而以废县为名。"明黄仲昭《八闽通志·古迹·福宁州》亦称："旧县在州南四十一都安民里，今州人犹称古县。"[③] 20世纪80年代以来，古县村及周边多处出土晋代"晋安温麻"的墓葬碑文，群众在田野生产过程中，发现了大量地下埋藏的造船杂木，特别是2015年3月13日，古县村挖出重达15吨的"乌木"，更为温麻船屯在古县提供了有力的实物佐证。又因温麻船屯紧邻横屿船屯（位于晋临海郡罗阳江，即今飞云江之南的浙江平阳县横屿山麓，盖即晋

---

① 太平寰宇记·江南东道·福州·卷一.

② 唐·徐坚. 初学记·岭南道·第十一·卷八.

③ 明·黄仲昭. 八闽通志·卷八十.

时之罗江县境），晋时均属晋安郡典船都尉管辖。故《宋书·志·州郡》称："罗江，男相，吴立，属临海。晋武帝立晋安郡，度属。"度属即今称之飞地，遥属晋安郡管辖。或谓晋代罗江县为今罗源县或宁德县者，盖属臆测。[①]

三、空海入唐之圣地——赤岸

唐贞元二十年（804），日本学问僧空海随第十七次遣唐使藤原葛野麻吕入唐求法。"比及中途，暴雨穿帆，戕风折柁……掣掣波上，二月有余。"[②] 其于八月十日飘至福州长溪县（今霞浦县）赤岸海口，得到当时赤岸镇将杜宁、长溪县令胡延沂等的接待安置，并在此休养、参访近 2 个月后前往福州。这一史实表明，霞浦的海上交通和中外文化交流具有悠久的历史。赤岸也因此为中日友好交流增添了光辉的一页。

空海是日本史上伟大的思想家、教育家、文学家、书法家，作为中日文化交流的先驱者，在中日两国享有崇高的声誉，为中日文化交流及日本文化的发展做出了不可磨灭的贡献。空海在长溪县赤岸登陆入唐，既有天气的偶然因素，更是霞浦海洋经济文化发展的必然。

首先是海洋经济发展的结果。六朝时期，由于中原战乱频仍，中原民众大量南移入闽。福建经济社会文化得到大规模发展。特别是温麻船屯先进的船舶建造技术已在民间广泛使用，民间造船产业取得了历史性突破，超过了官方造船业，福建海上贸易和航运业逐渐兴盛起来。"商舶继路，商使交属"[③] "商舶远届，委输南州"。[④] 至"安史之乱"后，中国经济文化中心开始向东南沿海转移，东南沿海成了世界海洋经济贸易、航运交通和文化交流的重要枢纽，福州与广州、扬州成为对外经贸的三大港口。"海夷日窟，风俗时不恒""廛闸阗阗，货贸实繁"。[⑤] 随着福建经济社会的发展，霞浦经济社会和文化也获得了全面发展。唐代开闽进士薛令之出自长溪县，后继者林嵩出自长溪县赤岸，便是最好的例证。作为长溪县治出海口的赤岸港，唐时是一个天然良港，是闽东北最早开发的重要港口，是闽、浙、粤海上航运和贸易的重要中转站和海洋经济集散地。海洋经

① 朱维干. 福建史科·上册，福建教育出版社，1985：55.
② 为大使与福州观察使书. //空海. 弘法大师全集·第三辑·性灵集·卷五.
③ 梁·沈约. 宋书·蛮夷传论.
④ 梁·萧子显. 南齐书·东南夷列传.
⑤ 陈叔侗. 福州中唐文献孑遗. 元和八年《球场山山亭记》残碑考辨. 福建历史文化与博物馆学研究. 福建教育出版社，1993.

贸、航运和制盐业的兴起，使赤岸成为长溪县的重镇。"闽海茫茫，赤岸东走、前拱南峰，后拥龙首……番舶夷艘，朝发夕达。"① 乾隆《福宁府志》云："市桥，在赤岸，前代人物最盛，十八境于此互市，故名。"② 唐中叶以后，由于新罗灭百济、高句丽统一朝鲜半岛，威胁日本入唐航路，遣唐使遂舍北路过朝鲜半岛经渤海入唐的航道，而取道经东海入唐的南路水道。《唐书·日本传》称："新罗梗道，更繇明、越州朝贡。"而且唐时江、浙、闽商人多有往返日本贸易，日本僧人也委托中国商人采购佛教经典，所以日本朝野对福建港口和海路都有相当的了解。特别是熟读中国文史典籍的空海，对福建有温麻船屯的历史更不陌生。故当使船在海上遭遇台风，船损帆折，偏失航向时，就近选择"南北海船，多萃于此"的赤岸港，作为遣唐使一行休整补给的登陆地，成了遣唐使和空海等人的最佳选择。故当他们在漂泊中望见赤岸港时，欢悦异常。"八月初日，乍见云峰，欣悦罔极。过赤子之得母，越旱苗之遇霖。"③ 赤岸，不仅实现了空海入唐求法的宏愿，也成了日本佛教的圣地。

其次是先进的造船技术和造船业大规模发展的影响。唐代福建的船舶建造技术和航海技术取得了重大进步，民营造船工场进一步兴盛。尤其是水密隔舱技术的发明创造，使福建制造的海上船只在坚固性、稳定性、适航性和安全性上，均居当时世界前列。"福船"在"温麻五会"的基础上，又开发出"船首尾尖高，中平阔，冲波逆浪，略无惧怕，名'了鸟'"④ 的新航船。由于"福船"闻名于世，天宝三年（744），高僧鉴真和尚东渡日本，曾与日本僧人到福州购买"福船"。⑤ 高僧鉴真百折不挠赴日传播佛教的史实，定给同为佛教徒的空海留下深刻印象。所以，遣唐使、空海一行选择福建沿海赤岸登陆，除了休整补充物资外，更重要的是要利用长溪县先进的"福船"修造技术修理破损船只，同时采购补充更为先进的船只。

再次是深厚的佛教文化吸引力。西晋时，佛教开始传入福建，南北朝时期进一步发展，并开始由福州地区向闽北、闽东传播。南齐永明元年（483）温麻县治即建有闽东最早的寺院"建福斋"。随后温麻县域先后建有昭明寺、瑞云寺。唐代福建佛教信仰进入全盛时期，其中尤以禅宗最为繁荣，高僧云集，成为海内

①　民国霞浦县志·建筑志·卷七.

②　乾隆福宁府志·杂志古迹·市桥·卷之三十六.

③　空海为大使与福州观察使书. //空海. 弘法大师全集·第三辑·性灵集·卷五.

④　宋·梁克家《三山志·地理类·卷六》："海道沙埕港。"

⑤　元开. 唐大和尚与征传. 中华书局，1979：58.

外佛教文化交流的中心区域之一。许多海外僧人漂洋过海到福建学习佛教思想，特别是与福建贸易往来较为密切的朝鲜、日本、东南亚各国。与此同时，福建也积极向外传播佛教思想，如鉴真和尚的十八弟子之一的昙静，就追随鉴真和尚东渡日本传教而闻名日本。受此影响，长溪县佛教文化也独盛一时。隋朝来霞的印度高僧阇那崛多倡建清潭寺。[①] 景云二年（711）位于古县的"建福斋"也随县城迁移，搬迁到长溪县治，并改名"建善寺"，均在赤岸港附近不足 10 里，且佛学人才辈出。与空海同时代的就有禅宗沩仰宗开山鼻祖灵佑法师，高僧懒安和尚、灵云志勤禅师等。作为入唐虔心求法的空海，因受佛教文化吸引而在赤岸登陆，并参访周边寺院，交流佛法，亦是其心愿所致。

四、松山妈祖宫

妈祖，作为福建沿海民间神祇、护航海神，自宋而下，由民间崇拜到官方信仰，而且随着福建海上渔业生产、航运交通、海外贸易的日益发达和移民的足迹遍及全球。松山妈祖宫建于北宋天圣年间，与莆田湄洲岛祖庙扩建同时，仅比淳化元年（990）祖庙创建迟 30 年。它与仙游妈祖宫（1175 年建）、泉州妈祖宫（1196 年建）并称宋代妈祖三大行宫，但在时间上要比其他两大行宫早 50－60 年。所以，松山妈祖宫又号称妈祖第一行宫。

松山在妈祖信仰之前，已有海神信仰。《福宁府志》称："宁远侯届，在府治松山。神张姓，名失传。翊卫海道，常著灵迹。唐光启元年（885），封宁远侯。亦名相公祠，主曰（宣赞）。"[②] 那么，在松山宁远侯崇拜 100 多年后，为何会早于莆田毗邻的仙游、泉州而改信仰妈祖呢？这关键还在于霞浦厚重的海洋文化基因决定的。

松山民间世代相传妈祖母亲王氏出自松山，松山是妈祖的外婆家。这一历史传闻虽于官方文献史籍无明确记载，但尚有史迹可寻。一是妈祖母亲"王氏"史载明确。南宋黄岩孙《顺济行祠》云："神父相愿，母王氏，届号'佑德'。宝佑

---

① 宋·梁克家：《三山志·寺观》："清潭寺……有松山，又 10 里有潭渊然……隋开皇二年，梵僧阇那崛多曰：'此龙之变，宜峻佛祠以镇之。'后十年乃建寺……当时沙门若沩山灵佑、灵云志勤等十七人，皆出于此。隋唐之世，真修梵境，他所莫拟。"按：《霞浦文史资料》第三十一辑、艾五行《灵佑禅师初修道场清潭寺考辨》云：阇那崛多来霞当在隋开皇十二年。至确。

② 乾隆福宁府志·杂志·坛庙·卷之三十四.

之年，王教授里请于朝，父封积庆侯，母封显庆夫人。"① 明正德《琼台志·坛庙》称："天妃庙，在海口，元建。按《灵著录》：妃莆田人，都巡检林公愿第六女。母王氏，于宋建隆元年（960）三月三十三日生妃于湄后林之地……备见《录》。"② 据专家考证，《灵著录》是宋代湄洲祖庙最早记录妈祖事迹的书籍，可惜该书已失传。元代张翥《灵著录序》称："余曩奉香，祀谒湄洲，乃得庙□《灵著录》本。比还，观其祀神事迹，杂见碑板，乖互不一，遂为汇订成编，俾欲求神之顶末者，开卷了然。"③ 二是妈祖父亲相传为五代宋初都巡检。都巡检的职责是主管"巡捉私盐、贩盐，兼管（海道、陆路）盗贼公事"④，若今之公安边防。长溪县至元丰二年（1079）始设烽火巡检，之前由福州沿海都巡检管辖。乾隆《福宁府志》："砚江，与霞浦江接流，中有屿，其平为砚。五代周时，许光大为沿海都巡检，寓居于此……江寇至，光大持短兵接战，没于阵……乡人立祠祀之。"⑤ 砚江在今霞浦县溪南镇。松山作为长溪县重要港口和海防要地，妈祖父亲都巡检林惟愨，因"海防则籍渔船，教习水战"⑥，维护沿海海上治安而寓居松山，亦是职责所在。有学者从妈祖"救父寻兄"传说中，否定其父曾为都巡检，而是普通渔民。殊不知，宋代实行的是募兵制，家属随军，住在军营。故妈祖之兄洪毅随其父同在海上执勤，巡逻遇险，而非打鱼作业，并不难以理解。三是宋代松山与赤岸相邻，赤岸王为赤岸望族，名人辈出，如王文昉、王伯大、王积翁、王都中等。所以林惟愨在寓居松山时，"取王氏十三娘"⑦，是极为正常合理之事。四是人类活动无比繁富，史籍文献所记录的多偏于官方活动，普通民众生活之所见、所历、所闻大多失之于史，只能通过口述历史得以世代传承。口述历史，是人们的特殊回忆和生活经历的一种现实记录，它存在于亲历者、当事人、目击者的记忆中，并世代相传。所以松山民众世代相传其地为妈祖母亲王氏娘家，当更接近于历史真实，盖非杜撰。

正是基于海洋政治、经济、军事因素，宋朝对海上贸易、海上交通和海上治安的重要性高度重视，促成了莆田湄洲林氏与霞浦松山王氏的天合之作，由此诞

① 宋·黄岩孙. 顺济行祠. //妈祖文献资料. 福建人民出版社，1993：19.
② 明正德琼台志·坛庙·卷二十六.
③ 林龙锋.《灵著录序》《灵著录略》的发现及其价值探研. 妈祖文化研究，2018（4）.
④ 宋·梁克家. 三山志·兵防类二·卷十九.
⑤ 乾隆福宁府志·地理志·水·霞浦县·砚江·卷之四下.
⑥ 乾隆福宁府志·建置志·兵制·卷之七.
⑦ 清·林朝裕. 灵著录略. 详见注㉗.

生了海上女神——妈祖。由于血缘相亲的关系，所以妈祖第一行宫最早坐落在了松山。

五代至宋，随着赤岸港淤积被围垦造田，松山港便取代赤岸港，成为长溪县最重要的海港。它是南北渔业生产、航运贸易最佳的避风地和物资补给站，是江、浙、闽、粤南北海上交通的必经之路。南来北往的海上客商常常在此聚集，需要一个凝聚共识、互通信息、共商海事的场所。妈祖护航保民的神性，自然变成广大渔主、商户的共同信仰祈求。妈祖宫的创建，即可成为渔主、海商敬神祈福之地，又因共同的信仰成为他们的集会议事场所。至今松山妈祖宫仍保留有这一传统习俗，即是明证。因此，松山妈祖宫也成为最早的妈祖信仰传播地。

宋代福建凭着领先世界的造船技术，指南针的广泛使用，大批航海人才的储备，进入大航海时代。松山背靠县城中心，面向闽东渔场，北邻舟山渔场，渔业经济、海上航运、海上贸易更为活跃，成了一个渔业、商业兼盛的港口。由于大海波涛诡谲、风云变幻莫测、海盗出没无常、海洋经济活动的危险性和不稳定性，使广大渔民、海商迫切需要一个超自然的救助力量。妈祖能"飞席渡海""直有险阻，一称神号，感应如响，即有神灯烛于帆樯，灵光一临，则变险为夷，舟师恬然，咸保无虞"[①] 的神力传说，恰恰满足了渔民、海商对神力依赖的心理需求。因此，松山海洋经济的繁荣，促进了妈祖信仰的广泛传播。同时，妈祖信仰的传播，更坚定了渔民、海商征服海洋的勇气和信心，反过来促进了霞浦海洋经济进一步的发展。

五、明代城堡

元末明初，日本进入封建割据时期，军阀混战，一批武士、商人以及浪人流亡海上成为"倭寇"，在海上专门从事走私贸易及烧杀抢劫的海盗活动。明洪武二年（1369），"时倭寇数掠苏州、崇明，杀掠居民，劫夺财货，沿海之地皆患之"[②]。"三年六月，倭寇山东、浙江、福建濒海州县，长溪南乡大受扰害。"[③] 为了整顿海防，打击倭寇和海盗，明太祖采纳方鸣的建议："倭海上来，则海上御之耳。请量地远近置卫所，陆聚兵，水具战舰，错置其间，俾倭不得入，入亦不得博岸，则可制矣。"[④] 在全国推行军事防御的卫所制度。洪武五年（1372）八

---

① 明·郑和. 娄东刘家港天妃宫石刻通番事迹记.
② 明史记事本末·卷五十五.
③ 民国霞浦县志·大事志·卷之三.
④ 明史·列传第十四.

月，又下诏让"浙江、福建濒海九卫造海舟六百六十艘，以御倭寇"①。洪武二十年（1387），"命江夏侯周德兴入闽防倭，移置卫所，当要害处，增设巡检司"②。于是在大金（今霞浦县长春镇大京村）设福宁卫守御千户所，为霞浦沿海城堡建筑之始。明朝中后期，由于政治腐败，海防废弛，以至于"水寨移于海港，墩堡弃为荆榛，哨船毁坏不修"，③引发了严重的"嘉靖倭乱"。长溪县"嘉靖丁巳（1157）、戊午（1158），连年倭迭寇东南各乡，以戚参将奏准沿海各乡筑堡自卫……于是南若沙泸、竹屿、南屏、厚首，东若七都、三沙，北若柘洋之西村，凡沿海奥区竟起城堡者，无虑数十处"④。据民国《霞浦县志·城市志》记载，全县沿海共有城堡 41 座，在霞浦沿海形成一个完整的城堡海防体系。霞浦现尚存有 28 座，分布集中，保存完整，已成为海洋军事文化旅游的一大景观。

建筑是一种对文化最具客观性和全面性的记录，明城堡对研究霞浦海洋文化历史以及古代沿海政治、经济、军事具有极高的历史价值。明城堡的大规模修筑，展现了先民海防建筑的智慧、保家卫国的决心、抵御外侮的悲壮历史。它对维护海防建设，防止倭寇侵掠起到了积极作用。但明代城堡建筑是一种保守消极的海洋政策，是明王朝海洋军事实力走向衰弱的表现。明城堡的建筑及其明清时期作为海禁政策的主要屏障，给明清以来霞浦社会经济及文化造成了深远的影响。

首先，它严重阻碍了霞浦沿海地区海洋商品经济的发展，为乡村社会不稳定埋下了隐患。明沿海城堡建筑以"官统民建民享"为特征，多以家族式为单位建设，聚族而居。由于沿海海洋经济因严厉的海禁政策受到打击，"视海为田"的沿海民众，只能在以城堡为中心的有限地域空间中求生存。这给明末以后的沿海村与村之间、城堡与城堡之间，为争夺有限的土地、近海滩涂资源而发生械斗埋下了历史隐患。而且由于这一隐患的发生，造成村、堡之间民众的长期历史仇怨，长期的心理阴影形成了民众互相排挤、难以合作、争强斗狠的不良民风。民谚斥称不去外面世界打拼，却在内部争斗为"海里不会讨吃，碗里争咬"。

其二，城堡是以一个大家族或几个大姓来修筑的，是以家族为主体的封闭区域。这种相对固定生活圈，使城堡内的民众自成一脉、自成一体，并随着时间的推移，自然形成圈内强烈的认同意识，不屑周边民众渗入，特别是异姓民众渗

---

① 明太祖实录·卷七十五.
② 乾隆福宁府志·建置志·兵制·卷之七.
③ 清·姜宸英. 海防总论. 中华书局，1991：3.
④ 民国霞浦县志·大事志·卷之三.

入。在自我封闭的城堡意识驱动下，沿海原有的海洋文化所具有的开放、包容、进取、冒险精神逐渐退化。由于生活环境的长期封闭性、生活资源有限性，求生渐渐成了自然本能，农耕文化中的血缘家族观念进一步固化，沉淀成保守、自我封闭的民众心理，但求"自扫门前雪""莫管他人瓦上霜"。

其三，城堡原本是为抗倭而建的海防军事体系，但随着倭乱的平息、明朝的灭亡，清朝又实行"片板不许下海"的海禁政策。长期的经济、文化社会内循环，使城堡变成了典型的乡土社会。著名社会学家费孝通指出："乡土社会是安土重迁的，生于斯、长于斯、死于斯的社会。不但人口流动很小，而且人们所取给的资源土地也很少变动。"① 人们重聚族，怀故土，讲乡谊，求稳怕变。所以，民众普遍认为，要想闯出一片天地，就必须挣脱乡土文化的束缚。乡谚"响锣须在对面上山敲"，即是其生动写照。

霞浦地域文化，即有海洋文化的特质，对外开放、包容、和善，善于吸收新生事物，又深深打上乡土文化的烙印，重乡谊、讲礼教、求安逸，安土重迁。

（作者系霞浦地方文史专家）

---

① 费孝费. 乡土中国.

清末霞浦长腰岛船坞建设之议的兴废

陈信健

一、长腰岛港埠条件

长腰岛在霞浦县西南部，官井洋西北侧，东北距溪南镇驻地 6.7 千米，距大陆最近点约 0.3 千米，因两端大、中腰长，故名。其东西长约 3.08 米，南北宽约 0.65 米，面积约 2 平方千米；由花岗岩、火山岩组成；西高东低，最高点海拔 211.6 米；多系石岸和石崖，曲折多湾澳，岸线长约 10.2 千米；周围分布泥滩和垒石滩；表层红壤土，生长茅草，水源仅够饮用；年均温 18.6℃，1 月均温 9.1℃，7 月均温 28.3℃，年降水量 1463.7 毫米；3—6 月为雾月，夏秋受台风影响；有 2 个自然村，人口 460 人，居住沿海山麓地，种植甘薯、小麦，兼从事捕捞和养殖海带。① 根据 1937 年《霞浦县人口农业调查》记载，民国时期长腰岛仅有少许塘田："长腰塘，按长腰原系孤岛，分前后二澳，一为马祖澳，即外澳塘，有二十余市亩之田。一名内澳塘，有田十余市亩。"② 长腰岛港埠条件优越，大致体现在以下三点：

第一，航道。长腰岛南侧为官井洋水道。该航道东北起自雷江曲，北连溪南

---

① 宁德地区地方志编纂委员会. 宁德地区志（上）. 北京：方志出版社，1998：168. 长腰岛位于霞浦县溪南镇以南 5000 米海面上，长腰岛上目前有 1 个行政村长腰村，包括里村、外澳村 2 个自然村，260 户，共 1300 多人。

② 福建省政府秘书处统计室. 霞浦县人口农业调查. 福州：福建省政府秘书处统计室出版社，1937：46.

港、长腰岛与盐田港，西临宁德市的青山岛、斗帽岛，南至东冲水道①，东西长11千米，南北宽约9千米，东部海岸线长25000米。水深多超过20米，最深处达77米，能见度0.5—1.5米，流速2.5—4节，年均潮差5米左右。水道内有岛礁60多个，风浪较小。西北向有隔山门、赤龙门2条分支水道。主航道在金屿、牛鼻峰和白绩屿设有3座导航灯塔。②该岛北侧为赤龙门水道。相传牛鼻峰③与长腰岛相连，后被皇帝用朱笔划开形成水道，故名。④

第二，锚地。除了拥有可供船只通行的宽阔航道，长腰岛附近船只锚泊海域也非常不错。其中复鼎洋锚地在复鼎屿与长腰岛、白匏岛至官井洋之间，南北6千米，东西5千米，最深47米，可作锚地处的水深10—25米。另一处为官井洋锚地，东起雷江岛，西至青山岛、斗帽岛，北接溪南，南连东冲水道，东西11千米，南北9千米，水深20—77米，可作锚地的面积26.25平方千米，水深40—49米，底质泥沙石。⑤上述锚地底质为泥，锚着力强。

第三，自行闭合水域。三都澳高潮水位时水域面积约714平方千米，低潮位时水域面积约430平方千米；水深大于理论深度0米的水域面积约有382平方千米，大于理论深度10米的水域面积约170平方千米，大于理论深度20米的水域面积约103平方千米，大于理论深度30米的水域面积约57平方千米。可贵的是，大于理论深度10米、20米、30米的深水域基本与澳口深水域连片。10米等深线自行闭合的水域面积约有7.5平方千米，分布于卢门水道及其口外鸡冠水道（2.9平方千米）、盐田水道内两汊汇合处（1.4平方千米）和白马道的白马门（3.2平方千米）。20米等深线自行闭合的水域面积约有7.9平方千米，分布于三都水道（2.1平方千米），其中三都岛南1.03平方千米、礁头0.73平方千米、三都岛西（0.34平方千米）、白马水道的白马门（1平方千米）和长腰岛周围（4.8平方千米）。30米等深线自行闭合的水域面积约有8.4平方千米，分布于东吾洋七星水道（2.9平方千米）、青山岛西南（1.5平方千米）和三都岛—白匏岛之间

---

①　东冲水道为进出三沙湾必经之道，位于东冲半岛与鸡公山岛之间，北接官井洋，南至东冲口，宽1.1—2.5千米，长7千米，水深60米左右，年均潮差4.8米，潮流较湍急，春季多雾，夏秋之交常受台风影响。南口荷叶礁周围，落潮时形成激流，为航行危险区。主航道附近的牛脚趾、荷叶礁、白岛屿3处，设有导航灯塔。参见陈永庚，主编. 霞浦县地方志编纂委员会，编. 霞浦县志. 北京：方志出版社，1999：375.

②　陈永庚，主编. 霞浦县地方志编纂委员会，编. 霞浦县志. 北京：方志出版社，1999：375.

③　位于溪南镇陆地，与长腰岛隔海相望。

④　福建省地名委员会. 福建省海域地名志. 福州：福建省地名委员会，1991：394.

⑤　福建省轮船总公司史志办. 福建水运志. 北京：人民交通出版社，1997：69.

水域（4 平方千米）。不难发现，长腰岛周围拥有三都澳面积最大的 20 米以上等深线自行闭合的水域。①

虽然长腰岛面积不大且不为人知，但岛上却流传着一则十分有趣的历史传说。话说某朝某年，长腰岛出了位青年才俊。这青年相貌堂堂、高大威猛、武功超强，立了许多战功，深得皇帝（或说王爷）喜欢，皇帝就把公主嫁给这青年。婚后小夫妻恩恩爱爱。没多久，公主发现驸马闷闷不乐。公主便问驸马为何不高兴？驸马就告诉公主自己离家太久，心里思念故乡。第二天，细心的公主便带驸马去观看皇家花园、散心。游玩间两人来到鱼池，那皇家鱼池自然广阔、气派。公主问驸马："这鱼池如何？"驸马说："没有我家的鱼塘大。"公主又问："那驸马家鱼塘多大？鱼又几多？"驸马说："千里鱼塘，黄鱼满洋。"转过鱼池逛至花园，公主又问："这花园大吗？花草美吗？"驸马说："不如我家万里花园，满地黄花，满山红霞。"公主十分好奇，哪有民间花园、鱼池胜过皇家的。公主为了宽慰驸马思念家乡的情怀，也为了实地看看驸马的"千里鱼塘，万里花园"，于是就随驸马回乡。经过千里水陆的跋涉，夫妻俩回到长腰。公主哪见过那万里无云的蓝天、碧波万顷的大海，哪见过那百舸争流围捕大黄鱼壮观劳作。旭日初升，海天一色，红霞迷人眼；晚霞西照，红山如血，夕阳醉人心。公主再也不想回京师，小夫妻和和美美在长腰生活了一辈子。而今村中故老还指指点点岛上的"公主驸马"墓。② 这则典故从侧面说明了长腰岛及其周边海域港湾条件良好，渔业丰饶。

二、列强对三都澳的觊觎

1895 年，清政府因甲午战争失败，迫于日本军国主义的军事压力，被迫签订《马关条约》。甲午战争给中华民族带来空前严重的民族危机，大大加深了中国社会半殖民地化的程度。战后，欧洲列强掀起一股瓜分中国的狂潮，纷纷租借或占领中国沿海优良港湾，谋求拓展在华利益。三沙湾（三都澳）因其优越的港口条件、地理位置，成为各列强觊觎、争夺的对象。1871 年，德国完成统一之后，积极向海外扩张，希望在亚洲特别是中国获得立足点，三都澳自然成了德国重点"考察"对象，德皇威廉二世于 1896 年派舰队"访问"该湾。随舰同行的水利与港口专家乔治·弗朗鸠斯对三都澳做了细致考察：

---

① 赵怡本. 三都澳海岸带区域经济发展研究. 杭州：浙江大学出版社，2009：49—50.

② 刘季鸣. 发现霞浦. 未刊稿.

让我们再把眼光投向三沙湾，这是一处毫不知名的盆地，位于福州的北部，四周为高山环绕，有时候许作为经济避风港而有过往的船只驶入，但总的说来迄今完全不为人知。1896 年秋，我们的舰船曾经在那里停泊了很长时间，经过考察得知，该座盆地共由 5 处紧密相连的港湾组成，四周为最高可达 2000 米的高山，低丘和平坦的浅滩围绕。如今，整个水域已经声名远扬。威廉王子岛的对面矗立着克诺尔山和霍尔曼峰，沿着霍夫曼港湾伸展着提尔皮茨平地、蒂乐城堡和贝克高地。一言以蔽之，较之莱比锡广场上的帝国海军部大楼，这里的一切更容易让人摸得着头绪。

三沙湾的潮高明显高于厦门，水流十分湍急。高山上的一部分以林业为主，树龄都不长；一部分以种植业为主，梯田一直爬到高高的山坡上。岛上的居民完全以农业为主，主要农作物有大米、蔗糖、小麦、胡萝卜和少量的茶叶。岛上见不到任何畜牧业，也很少有人从事渔业，而用于贸易目的的中国式帆船更是极其罕见。陶器和纸张是岛上仅有的值得一提的工业产品。

小河挟带着大量的黏土浆流入一个个港湾，造成河床的不断增高，进而堆积成大面积的浅滩。每到夏季，这里异常炎热。因为四周为封闭的港湾环绕，浅滩遍布，欧洲人或许很难适应这里的气候。

较之厦门，这里更加缺少可以通过铁路开发的大后方。福州与三沙湾之间没有真正意义上的马路，使用最为频繁的乡间道路的中途必须翻越 3 座高至 570 米、极其陡峭的山脉。由于前往三沙湾的下山阶梯仅容得下行人步行，从而更加增添了运输的难度。如果这些山脉里没有发现便于开采的煤矿和铁矿，将来也无法指望这里的交通获得较之今天更大的发展。

此外，这片区域的风景十分秀美，而狩猎带来的乐趣更增添了无穷的魅力，特别是能够捕猎到在中国南方并不算少见的老虎。我们在香港逗留的一个夜晚，在九龙的大街上曾经见到一只老虎；在厦门，我们还认识了在当地生活的一个英国人，据说已经亲手射杀了 40 只老虎。但凡周边地区有人见过老虎，这个英国人即被叫过来，让中国人分成两队走在自己的前面，第一队手持长矛和长戟，第二队高举火把，沿着山涧和山洞四处寻觅老虎的踪迹。偶尔有老虎在被射中之后尚能够腾空扑向狩猎者，于是便扑在了中国人的长矛阵上。

但对于我们而言，打老虎并不是我们最为关切的。鉴于三沙湾的工商业出头无日，我们只好将目光由福建省北移至山东。①

关于三沙湾，我想简短说几句。它总共包括 4 个港湾，四周为群山环绕，某些地段构成了天然屏障。潮高高于厦门，水流也很湍急。部分山丘森林密布。值得一提的是，这里颇有些日本风格，所以很美丽。但是，因为这里有大面积的黏土浆形成的浅滩，所以气候条件也不甚理想，特别是在炎热的天气，极容易在四周封闭的海湾里引发高烧和伤寒。这里的居民显然还很贫穷，与外面的世界也甚少接触。他们主要以种田为生。

三沙湾可供开发利用的腹地较之厦门要少得多，贸易就更不用提了。值得一提的是狩猎，特别是捕猎老虎。②

面对不速之客，福建当局并没有坐以待毙，而是采取了相应措施。1897 年 11 月 9 日《申报》以《借口屯兵》为名报道了德国人的企图与中方地方官员的作为：

香港《循环日报》云：榕垣福宁府属，地处滨海之中，为各省咽喉要道。由陆可经抵闽浙，毫无阻隔，由水则飞渡重洋，尤为快便。今春德员某君曾面谒督宪边润帅，商请将来如有事东洋，欲借东冲口岸为屯兵之地。润帅以该处非通商口岸，无关紧要，似有许意。曾先派李麓川大令前往，名为办理茶税，实则相度地势，专探事机。并拨飞捷号轮船③，随往听差，以便来往通信。上月十七日，忽接大令禀称，有德国大号战舰，并未升旗，驶入该口。当即登舰调见该船带兵官，询其来意。据云，不日将有事台湾，须借二都、三都、飞鸾岭、三沙四口，起盖营房，屯兵设厂，制造军械。因不敢擅专，飞报请示，故润帅据禀后，已委秦太尊炳直④前往商办禀。盖缘太尊熟于洋务，月初奉委查办该处民教龃龉一案，尚未回省销差，故委就近商办也。然此事所关甚重，润帅候禀覆后，拟电请

① （德）乔治·弗朗鸠斯，著. 刘姝，秦俊峰，译. 1897：德国东亚考察报告. 福州：福建教育出版社，2016：134—137.

② （德）乔治·弗朗鸠斯，著. 刘姝，秦俊峰，译. 1897：德国东亚考察报告. 福州：福建教育出版社，2016：236—237.

③ 飞捷号系四叶铁壳轮，身长 320 英尺，阔 32 英尺，安炮 6 尊。

④ 秦炳直，字子质，号习冠，湖南湘潭人。秦簧子。光绪元年（1875）举人，官京曹十余年，后署福州知府，官广东提督。有《习冠老人书千字文》，手迹，藏湖南图书馆。著作包括《簧进主人里居信札钞存》，手迹，藏湖南图书馆；《秦簧行状》一卷，清光绪刻本；《湘潭节义贺张氏传表并征诗》一卷，赵启霖、秦炳直辑，1918 年刻本；《湘潭重修陈孝子墓记》，秦炳直撰并书，1932 年文华书局影印本。引自寻霖，龚笃清. 湘人著述表二. 长沙：岳麓书社，2010：888.

总办衙门代奏，听候旨下，以定理违也。①

文中提及之"润帅"指的是时任闽浙总督边宝泉②。"德国大号战舰，并未升旗"说明德国舰队进入三都澳并未通报中国政府，擅自闯入中国领海。德国人要求租借二都、三都、飞鸾岭、三沙四口，几乎覆盖了三都澳西侧所有岸线。

德国舰队考察了三都澳之后，接着驶入胶州湾并将其占领。德国舍弃三都澳转投胶州湾的原因，从德国驻华公使海靖电文中可以知晓：

海军部建筑顾问福兰西斯③、海军中校除亦、海军少尉徐柏林伯爵及顾问来到北京使我非常愉快。我事前就已在我的官舍内为这几位先生安排好住所。客人与使馆人员间关系极好，使我不得不表示极大的满意。这有几位奥匈海军武官随同奥国新公使齐于男爵也同时来京。因此，德国使馆举行了一个交际会，李鸿章也出席了该会，并与福兰西斯顾问重叙了他们从基尔时代结识的友谊。

福兰西斯顾问与徐亦中校告诉我，他们已经视察了厦门与三沙湾。两位先生一致表示，三沙湾不能考虑作为我们的军港，因为除了它的海港不够技术条件外，并且没有经济发展的可能性。高山峻岭使三沙湾与后地隔绝，且附近居民稀少、贫苦。所以在这方面毫无意义，是可以丢开。④

1897年德国占领胶州湾之后，清政府有意以三沙湾为条件，赎回胶州湾，1897年12月11日《悉尼先驱晨报》：

（伦敦12月9日电）德意志皇帝⑤在德国舰队即将起航前往中国北部胶州之际，在基尔举行了隆重的欢送仪式。

（伦敦12月10日电）由于中国反对德国的要求，德国人将从胶州撤离，并接手福建省东北海岸的三沙湾作为加煤站。撤离胶州的日期有待确定。⑥

上述消息事实上并非空穴来风，1897年德国驻北京公使海靖男爵致德国外

---

① 《借口屯兵》，《申报》，1897年11月9日，下版。

② 边宝泉（1831—1898），汉军镶红旗人，字润民，同治进士，授编修。1872年补浙江道监察御史，几经上书弹劾李鸿章，后迁户科给事中。1877年，出任陕西督粮道，再迁布政使。1883年升任陕西巡抚，任内坚持征收粮米，而不改征折色银。1886年调任河南巡抚。1895年任闽浙总督，停厘补课，上疏请复设船政大臣。1898年死于任上。参见本辞典编写组.中国近代人名大辞典. 北京：中国国际广播出版社，1989：120.

③ 德国派往中国的水利工程师，即上文所提乔治·弗朗鸠斯。

④ 孙瑞芹. 德国外交文件有关中国交涉史料选译（第1卷）. 北京：商务印书馆，1960：131—132.

⑤ 威廉二世（1859年1月27日—1941年6月4日），1888年继位。

⑥ 《德国与中国：占领胶州》，《悉尼先驱晨报》，1897年12月11日，星期六，第9版。

部电文可供佐证：

今日我向八十八号电报中所提起的人员——当他们第三次来访时——提议：当我们宣布教案完全解决及放弃我们帝国战费赔偿的要求时，中国皇帝应出于自愿并为表示感谢干涉还辽，把胶州移交给亨利亲王殿下。我并指出：通过这样做法，将使亲王的来华获得一个非常友好的印象，与目前的印象完全不同。中国大员只表示原则上同意，但是在极力斡旋下，表示愿宣布胶州为一个通商口岸，并答应绝不把它割让给任何国家；和我们将在该处得到两个居留地及铁路建筑权；此外，并在华南割让给我们另一个海港。

当我仍坚持胶州，大员没有完全拒绝，但强调他们的提议将有助于恢复中国的威信，并恳求我把他们的提议转呈给陛下。作为他们的一个条件，华人提出，在移转任何一个海口给我们之前，并在亨利亲王到华之前，我们必须先撤出胶州。我觉得在胶州方面获得特权的同时又能立刻获得一个华南海港，这对我们似乎更为有利；而在华人方面，他们也只要求能够在保持他们的颜面下，并保全胶州以防止其他任何的要求。照我看来，华人因害怕英国或日本侵占其领土，正极度急切地要求提前与我们签协定。①

1898年11月，德国舰队在三都澳东冲口附近海域航行时发生意外，《奥巴尼广告人》载：

德国旗舰"恺撒威廉二世"号在三沙湾搁浅。②

从1898年11月28日《悉尼先驱晨报》作了跟踪报道：

（伦敦11月25日电）德国巡洋舰恺撒号，在福建东北部沿海的三沙湾搁浅，已经拖往香港并抵达目的地。该船船底发现3个开口。③

除了德国之外，法国似乎对三都澳也颇有兴趣：

闽省上宪日前札委查察三都岛茶税，兼探事机。黄委员及艺新轮船袁管驾禀称，上月间有外国兵艘一艘，似悬法国旗号者，停泊三都口外四十余里之斗帽山④洋面，流连数日，既不入口，又不停火。至某日已刻，忽移放小火轮一艘，拖洋划船一艘，从三都岛边驶入，由三沙出口周围测量海道。某日又由三都驶往

---

① 孙瑞芹.德国外交文件有关中国交涉史料选译（第1卷）.北京：商务印书馆，1960：190-191.

② 《德国旗舰搁浅》，《奥巴尼广告人》，1898年11月22日，星期三，第3版。

③ 《德国巡洋舰"凯撒"号被拖往香港》，《悉尼先驱晨报》，1898年11月28日，星期一，第7版。

④ 斗帽岛。

宁德洋面，以远镜四窥等语。似此举动叵测，谅非无因，不知上宪作何布置也。①

三、清廷在长腰岛构筑船坞的设想

为了防止列强夺占三都澳，光绪二十五年（1899）三月二十五日，清政府电令闽浙总督许应骙主动开埠：

> 壬申。谕军机大臣等，电寄许应骙三都岛通商。前经许应骙电奏，拟于本月二十九日开办。当经总署遵旨电复，令即如期妥办，并详细奏咨。兹据增祺面奏，三都地方宽广，可作船坞，以备将来购造大舰，便于停泊修理。即着许应骙查勘情形，于开埠通商外，能否划留船坞地步，及应如何豫为布置之处，从速妥筹覆奏。②

除了外患，清政府希冀收取海关关税偿还债务也是三都澳最终开关的重要因素。清光绪二十四年（1898）三月三日总理各国事务衙门向光绪皇帝奏称：

> 泰西各国首重商务，不惜广开通国口岸，任令各国通商，设关榷税，以收足国、足民之效。中国自通商以来，关税逐渐加增，近年征至二千余万，京协各饷多半取给于此。惟是筹还洋款等项，支用愈繁、筹拨恒苦不继，臣等再四筹维，计惟添设通商口岸，借裨饷源。查湖南岳州地方，滨临大江，兵商各船往来甚便，将来粤汉铁路既通，广东、香港百货皆可由此出口，实为湘鄂交界第一要埠。比来湖南风气渐开，该处又与湖北毗连，洋人为其习见，若作为通商口岸，揆之地势人情，均称便利。又福建福宁府所属之三都澳，地界福安、宁德两县之间，距福州省城陆路二百余里，为福州后路门户，形势险要。闽洋商船亦多会萃于此，臣等公同商酌，拟于该两处添开通商口岸，庶可振兴商务，扩充利源。如蒙俞允，即由臣等咨行各该省将军督抚，先将应办事宜妥速筹备，再由臣等酌定开办日期，照会各国驻京使臣……③

总理各国事务衙门的奏文中建议光绪帝开通商口岸，扩充财源利税，以筹还洋款。福宁府三都澳地势险要、距离福州尤近，设立海关将十分有利可图。

接到谕令之后，闽浙总督兼署福州将军许应骙随即遣员勘察三都澳：

> 福建福属三都一岛，久为德人垂涎。去岁曾有德人商请闽省督边润帅，欲借该口为屯兵之所。因润帅未允而罢。现间拟将该岛，开作通商口岸，以绝德人觊觎之心。日前特派委熟习洋务官二员，前往勘量地界，以便开埠。一为知府秦炳

---

① 《测量三都》，《湘报》，第 128 号，1898 年，第 511—512 页。

② 《德宗景皇帝实录》，卷之四百四十一，光绪二十五年（1899）三月二十五日。

③ 朱寿朋. 光绪朝东华录·第四册·光绪二十四年. 北京：中华书局，1958：4062.

直，一为正白旗协领成惠。二公奉问后，已禀辞乘琛航轮前往。①

《湘报》以《辟埠续谈》为题，也做了相关报道：

福建省福宁三郡三都岛，地势平坦，港道深阔，轮船便于出入停泊。所产货物，有茶叶、明矾为出洋大宗，致为德人所垂涎。上月间，经闽督边润帅派札奏太尊炳，直前往该岛勘丈界址，开辟商埠，以绝觊觎。兹悉所丈界址甚阔，四周约广十里，皆平阳海埠，现已兴工起盖海关厘局、洋行及各国员署。向之出洋货物，须由陆运到省，以船驳至马尾上轮，约需六日。今则商贾云集，轮船毕至，各货可径由该处直渡重洋，以免靡费耽搁。其便如是，则此岛将来必成一热闹口岸也。②

1899年5月8日，福建三都澳正式开港：

本月十日日本驻福州领事来电云，清国福建省三都澳，于本月八日，开为各国通商口岸。③

光绪二十五年（1899）七月二十八日，许应骙呈送奏折，就三都澳开埠及修筑码头、船坞事宜，向光绪皇帝详细汇报：

闽浙总督兼署福州将军臣许应骙跪奏，为遵旨勘明三都地方，宜择马祖岛建造船坞，恭折覆陈，仰祈圣鉴事。窃臣于光绪二十五年（1899）三月二十六日，接准总理各国事务衙门电，奉谕旨增祺面奏。三都地方宽广，可作船坞，以备将来购造大舰，便于停泊修理。即着许应骙查勘情形于开埠通商外，能否划留船坞地步，及应如何豫为布置之处，速妥筹复奏等因，钦此仰见。朝廷筹固海防有备无患至意，臣维三都岛现已开埠通商，举凡填筑码头，盖建关卡，以及分设文武印委各员，业经次第妥筹布置。该处岛屿溁洄，群峰拱峙，恰是天然船坞，将来购造大舰自宜。未雨绸缪，当饬船政工程处熟谙营造之道员魏翰，会同福宁府知府严良勋、三都通商委员候补知府张兆奎，前往详细测量履勘。去后，兹据该道魏翰禀称，按三都系三沙澳中一岛之名，属福宁府宁德县。该岛西南隅地大一百九十亩，经线北二十六度三十八分九秒，纬线东一百一十九度四十二分，距东冲海口三十八里。前面水深退潮时约二丈以上，以造船坞，应能合用。惟查建坞之地，非仅设厂而已。储煤之所，操练之场，公署学堂，营房匠屋，必一一齐备，而后始称完善。三都岛西南一隅之地，除设洋关外，所余地段颇嫌其小。若将洋关择地，移徙腾出，地段统为建坞之用，则诚美。备查三沙澳港内，大小岛屿不

① 《萃报》，第24期，1898年06月13日（光绪二十四年四月二十五日），第11页。
② 《辟埠续谈》，《湘报》，第129号，1898年，第586页。
③ 《福建三都澳开港（译西五月二十三日<时事新版>）》，《清议报》，第16期，1899年，第1019页。

下二三十处，可以造坞之地除三都外，则尚有马祖一岛，属福宁府霞浦县。设该岛经线北二十六度四十分二十七秒，纬线东一百一十九度四十分三十秒，距三都新设海关约二十四里，距东冲海口约三十三里。该岛周围一十七里，前面水深退潮时约二丈以上，水流比三都稍缓。土性合造坞，无漏泄之虞。岛中平地大小与三都略同，而低山平坡可建厂屋之处，甚为宏敞。大约四百八十亩，比三都约二倍有半。该岛用以建坞，应可合用。前面虽有滩沙一百零丈，制坞时易于除挖，不至为患。各等情，臣查三都岛为轮船往来停泊之所，现已开埠通商设立洋关，似未便另行移易。该处地段过狭，若再划留坞厂地步，营造期间，将来商务推广，梯航辐辏，聚于一方，恐滋纷纷扰。而马祖岛距三都不远，地面宽广，山上平坡之处，兼可建设厂屋操场。且水流纡缓，土性粘结，以之造坞，似较三都为宜。据魏翰等勘覆，前来是否有当，谨绘具图说，并该道约估造坞设厂购机各项价值，缮具清单恭呈御览，伏后圣裁。所有勘明三都地方，宜择马祖岛建造船坞缘由，理合恭折，覆陈伏乞皇太后、皇上圣鉴训示。再福州将军船政大臣，系臣兼署，毋庸会衔合并陈明谨奏。该衙门议奏单片图并发。[1]

民国十七年（1929）徐友梧编撰《霞浦县志》之《山川》载：

出青山港，横卧一岛曰长腰岛，内有妈祖澳水线最深，巨舰皆可停舰，议者谓置商埠于此，较三都犹便利。[2]

可见，长腰岛因港阔水深，地势平缓，成为修建三都澳港船坞的候选地。半个月之后，清廷对长腰岛修建船坞一事进行了廷议，《德宗景皇帝实录》卷之四百四十九载：

闽浙总督许应骙奏，勘明三都地方，宜择马祖岛建造船坞。又奏，船坞重地，并应于东冲口建筑炮台，均下部议。寻议，海军尚未扩充，库款又复支绌，拟俟款项稍充，添置大枝舰队，再将该岛建坞设台。[3]

1900年1月3日《申报》以《船坞将开》为题，报道了此事：

香港《循环日报》云，前任福州将军增军帅入京。陛见时奏称，福宁三都岛地段辽阔，水势潆洄，可辟一大船坞，以备修造大船，及驻泊铁舰之用。钦奉上

① 中国第一历史档案馆. 光绪朝朱批奏折（第 101 辑）. 北京：中华书局，1996：894—895.

② 徐友梧. 霞浦县志. 台北：成文出版社. 1967：42.

③《德宗景皇帝实录》，卷之四百四十九，光绪二十五年（1899）八月十四日。

谕照办，及许筠帅接奉行知，即派船政工程处魏季渚①观察，驰往勘验丈量，绘成图式。请西监督杜业尔氏②核得，自兴工至落成共需经费一百万金。迨覆奏，后奉旨，此款着部臣筹解来闽，从速举办等因。但近时库款支绌计，臣擘画维艰。而船坞又为修船所必需，事难延缓。上月十四日，观察奉筠帅谕令，赴岛中详细稽察，未知年内能否开工也。③

光绪二十五年（1899）七月《万国公报（上海）》刊登闽浙总督臣许应骙④之《具陈三都澳开关事宜片》，提及三都澳港埠建设预算：

再福宁府三都澳通商，经臣专折奏明，于三月二十九日开办。并饬委镶红旗

---

① 魏瀚（1851—1929），字季渚，福建侯官（今福州）人。毕业于福建船政前学堂，留船政局工作。后被公派赴法国留学，学习钢铁甲舰、枪枝制造和法律等知识，并赴英、德、比等国实习，回国后在船政工程总司任职。设计制造"横海""镜清"等船，后奉派赴德国监制"定远""镇远"铁甲舰。1889年，率我国造船技术人员仿照法国舰图自绘图式，并独立制造了中国第一艘钢甲舰"龙威"号，代表了19世纪80年代中国造船工业的最高水平。后此舰拨归北洋水师使用，改名"平远"。1897年受排挤，到湖广总督张之洞处从事外交、翻译、铁路和制造等工作。1903年，船政局根据合同欲遣退所聘总监督法国人杜业尔，杜以船政经他经手积欠洋商船料货款数十万元未还为借口，拒绝遣退，魏瀚被调回会办船政处理此事。经多方交涉，于次年终将杜业尔遣退回国，收回和维护了船政局的主权和利益。后赴广东总办黄埔造船所及其所属学校和石井兵工厂，又转邮传部供职。不久派任广九铁路总办、海军部造船总监，一度代理中国驻英海军留学生监督。参见《福州市外事志》编委会.福州市外事志.福州：《福州市外事志》编辑委员会，1996：198—199.
② 杜业尔，法国人，光绪二十三年（1897）开始担任福州船政局监督，光绪二十九年（1903）因贪污等问题被法国政府召回。此人在福建的活动情况，参见刘传标编纂《近代中国船政大事编年与资料选编》。
③ 《船坞将开》，《申报》，1900年1月3日，下版。
④ 许应骙（1832—1903），字德昌，号筠庵，广东番禺人（广州）人。道光二十九年（1849）中举人。道光三十年（1850）庚戌科三甲一百四十八名进士。三十二年（1852）选庶吉士。越年散馆授检讨。同治元年（1862）参与撰修《文宗显皇帝实录》。后选任翰林院侍读、侍讲学士、詹事府左右庶事、国子监祭酒。光绪元年（1875）充福建乡试正考官。次年授甘肃学政，旋升内阁学士、兵部左侍郎。六年（1880）为会试副总裁，这是清代科举考试广东人充当会试总裁的第一人。后历任户部左侍郎、吏部右侍郎、吏部左侍郎等。二十一年（1895）任左都御史。翌年擢工部尚书，充殿试读卷官、阅卷官。二十三年（1897）充总理各国事务衙门大臣，旋转任礼部尚书。二十四年（1898）"百日维新"期间，反对变法，同年9月4日以"阻塞言路"被革职。光绪二十四年（1898），授闽浙总督，二十五年（1899），总督兼署福州将军。二十六年（1900），暂行兼管船政事务。二十九年（1923），解闽浙总督职。著有《谕折汇存》《许尚书奏议》等书。参见杨芳.古圃集粹.福州：福建美术出版社，2012：131.

协领明玉，会同税务司前往开关。查此时商贾尚未畅行，税务较简，应暂由东冲口委员就近兼管，以节糜费俟。将来关征日旺，再行添设。俾专责成其余应办各事宜，统容臣妥定章程，次第举办。除分咨查照外理合，将三都澳开关日期，附片具陈，伏乞圣鉴。再税务司建造洋关公所，除地价外，估计工料约需关平银三万五千两，请在洋税项下动支。合并陈明谨奏。①

由上述几段史料可知，长腰岛船坞预计耗费一百万两白银，远远超过了三都岛码头所需三万五千两数额。毋庸置疑，财政艰难是清政府暂且搁置长腰岛船坞建造计划的主要原因。

福海关关员林斯陶在《东冲闻见录》一文中，亦提及此事：

长腰岛，在官井西北。清季年洋人拟招商开埠，以其水港较深，可泊巨舰，嗣因白蛤山开港，始罢议。②

除了在长腰岛挖建船坞外，清廷似乎还准备在三都澳修筑炮台，拱卫船坞，杨沐霖所写短文《三都澳形胜》：

三都澳背山面海，港口巩固，形式扼要，久为外人所推重（有云聚现世各国著名头等战舰，云集港内，绰绰有乎）。澳内岛屿环绕，水面宽博，分为四洋，朝宗于东冲口，以归大海。商埠本三都岛，当初开埠时候，曾议建船坞于马祖（即长腰岛），筑炮台于牛角坡、虎尾山、伽莱岛等处，以资守护。庚子乱后，其议始寝。然三都介居闽浙，为马江后援。设有疏忽，一走宁德，达建宁，深入赣越；一走罗源、连江，直捣福州长门，炮台皆成虚设。筑成军港，不独可固闽省海防，且可联络南北，为海军枢纽。况形势天成，修筑又较三门为易，当局者盍一察之哉。③

四、余论

辛亥革命之后，清政府倒台，长腰岛船坞和三都澳炮台建设陷入停滞，永远停留在纸面上。由于相关史料缺乏，长腰岛船坞和三都澳炮台具体构筑方案、图纸无缘得见，有待进一步深入研究和挖掘。随着中国国力的日益增强，海军逐渐走向远洋。目前，中国航母建造数量不断增加，但航母母港仅存于山东青岛港和

① 具陈三都澳开关事宜片。万国公报（上海）》，第127期，1899年8月□日（光绪二十五年七月□日）：128. 朱寿朋. 光绪朝东华录·第四册·光绪二十五年. 北京：中华书局，1958：4392.

② 林斯陶. 东冲闻见录（二）. 关声. 第5卷第3期，1936：196.

③ 杨沐霖. 中外各国海军全志（中国之部）. 上海：上海科学书局. 46.

海南三亚港。作为中国海岸线的中点，长腰岛乃至整个三都澳区位优势明显。作为一个拥有深水良港的海湾，长腰岛所在三都澳必将在今后中国海防建设上，留下浓墨重彩的一笔。

（作者系霞浦海洋文化研究中心研究员）

霞浦船民族群身份的演变历程

刘季鸣

一、黄瓜山人，闽东主人

霞浦地处福建省东北部，邻近浙江南部，正所谓"闽头浙尾"。1987年4月9日，文物普查发现沙江镇小马村黄瓜山贝丘遗址后。经1989年、2002年多次探坑发掘，发现该遗址是目前闽东唯一的完整的聚落式贝丘遗址。黄瓜山为代表的"黄瓜山贝丘文化"是闽东文明的开启，"黄瓜山人"是闽东人祖，自然是霞浦人的远祖。先人们留下的细石器箭头、陶制网坠、贝壳、蛎壳告诉我们，本地人以海为邻，经常驾驶独木舟捕鱼，并以苎麻为原料用纺轮纺线编渔网，以箭竹为杆装上石箭头射猎鱼类，采集种植荞麦用陶釜蒸煮，住在干栏式房屋中。1990年后，西洋、浮鹰、北礵、洪山、屏风山、厚首、墓斗、后山、陈墩等多地均发现远古人类遗址，其均展现了以海为主，兼具采集、狩猎的特质。此时古闽人并无水居、路居之分，只有生产方式之别。

秦灭诸侯一统天下，闽地虚设闽中郡。西汉一统，汉高祖复闽越，由当地人自治。汉武帝平闽越，下令将当地王室、贵族、军兵、平民徙处江淮间，东越地遂虚。基层平民更多的，或逃至深山老林成为"山民"（或称"山越"），或逃至沿海屿岛、大溪港汊成为水居船民。

二、三国南朝，主客共存

三国孙吴在黄瓜山东十余里屏风山东麓高平山（今霞浦沙江镇洪山）北麓温麻港设立"温麻船屯"，驻屯官兵，役使犯官、罪民、当地水居船民、工匠建造"温麻五会"等船只。此时的黄瓜山人已发展成"温麻人"，他们被驱赶去为东吴船屯做苦役。然而，驻军、役人少，当地主体居民仍为"温麻人"，孙吴的"汉"

文明对他们的影响有限。外来人虽是统治者，但人数少，也不屑与当地"蛮人"交往。"温麻人"主要经营海洋，保留"闽语"及其社会生产、风俗。

晋太康四年（283），温麻船屯改立为温麻县，本地闽越人户籍登记在册。福建在永嘉之乱、衣冠南渡后，人口有所增加，而本地（晋之温麻至唐之长溪）人口基本无太大变化，一直保持三千八百四十户。中原汉人的影响仅局限县治及周边山区。闽越平民百姓依然为本地主人，这种状况沿至南朝宋、齐、梁、陈。

三、唐、宋互融，主客易位

（一）唐之招安，夷户入闽

南朝至唐当地闽越族发生关键性质变，主、客易位。李孝逸提三十万众破闽广，陈元光父子入闽，北民外来户在政权的强力支持下，夺取土地。闽中、闽南等地本地闽越人或被杀，或逃亡，由主人而蜕变为客人。闽东地区几无战乱，成为世外桃源。大唐一统，再复温麻，后于天宝元年（742）8月24日改为长溪县。中原人士在本地供职的官员、随行、军兵等开始在闽东定居、繁衍，主要有陈、林、周、王、张各姓。各姓据有沿海、山区冲淤平地，闽越人被挤压至沿海、岛屿。东晋末孙恩、卢循起义失败后，部分人员后来逃到福建，被称作"白水郎""游艇子"。新到的中原人分不大清闽人与越人，只知他们善于驾舟、多居船上、从事海上作业，就把他们全都视为同族的海上水居人家。

大唐拥有福建沿海后，为了缓和中原汉人与当地人的矛盾，同时也利用船民的优势，采取招抚政策，准许船民获得户籍，享受税赋减半的优待。唐武德八年（625），都督王义童遣使招抚，得其首领周造、麦细陵等并受骑都尉，令相统摄，不为寇盗。贞观十年（627），始输半课。其居举常在船上，兼结庐海畔，随时移徙，不常厥所。船头尾尖高，当中平阔，冲波逆浪，都无畏惧，名曰"了鸟船"。长溪船民（包括闽越船民和白水郎）或定居沿海煮盐、捕捞、航运，向周边中原汉人学习耕作，或从军成为水军、舵工、水手，也有避居周边海岛。居赤岸、名门出身的林嵩与居后岐、白水仙陈蓬"有诗文之雅"。生活在长溪（今霞浦）各族群的人们和睦相处、互学互融。

（二）宋称船户，船民定籍

宋承唐制，仿效唐法将船民定为"海船户"，本地人获得户籍，也就成为真正的"船民"。宋中央政权招安海上船户为水军。原居江西九江、武昌一带的江姓蜑民也迁入长溪县沿海。如江姓第一世瑞公，字有亮，宋太平兴国五年（980）由江州右氏县至连江，复迁秦川江边，即福宁郡霞邑赤岸江边。其后人即与当地各姓联姻。第二世应廉，配谢氏。第三世崇，由江边迁龙潭，配官氏。元至正末年海寇猖獗，自江边居云路洋天柱岩下，为云路洋始祖，配林氏生一男。足见蜑民来霞浦后与当地各族相互融合。还有原居福州琅岐的"白水郎"迁入海岛，如张姓南宋庆元间辗转至县南玑屿（今竹江岛）以渔为生，与周边各姓联姻。还有越人南下迁入海岛。如北壁乡会洋村林氏宗支入霞始祖林真隐，浙江丽水县人，曾任北宋翰林检讨，后弃官归隐，渡海南下至海岛乡浮鹰岛落居，繁衍发展。万历《福宁州志》载："浮瀛山，一名浮鹰山。山上有四澳，宋元间居民蕃庶。"宋代船户船民大融合，形成新的船民群体，有闽越、白水郎、蜑、吴越等。宋代长溪县（县治在今霞浦县松城镇）有海船户 79 户。此时，霞浦船民拥有三五百担大船的人不少。松山民间至今流传有湄洲岛船民林愿任都巡检时曾驻松山，其间娶赤岸王氏女为妻，生下默娘（妈祖）。赤岸王家在宋代已是官宦人家，能与林都巡检结亲，可见双方门当户对，他们的政治、经济地位与汉民同等。

伴随宋政权南迁，大批北民迁入长溪县。外来客户大大超过主户，增加人数位居全省之首。此时，汉文化以它的先进性带动了这一地区社会发展。船民也并非完全漂流江海，而是以海为主，定居岛屿、沿海澳口，住在传统的干栏屋（水栏）中。元政权实行民族歧视，人分四等，更对南方沿海人民坚持抗元持仇视态度，甚至禁止船民上岸。

四、明末清初，船民嬗变

明代是"福宁"（今霞浦）本地古闽人、闽越人融入大中华的关键期。南宋庆元间辗转至县南玑屿（今沙江镇竹江村）的船民张氏以捕鱼、海运、养殖蛎蛏发家，后代子弟习读儒学。明万历十九年（1591）以张光大中举为标志，船民通过科举、联姻融入主流社会。嘉庆五年（1800）张光浩高中庚申科。竹江张姓由船民成为渔民，进而又成为书香门第、官宦人家。

明代海权危机，明军军备松弛，兵员仅余三成。明军只得放弃外海、迁岛民入内，沿海村落建城堡，征用渔船，募集船民，加强水军，船民因此成军籍，其余则成渔户，籍隶河泊所。由于官府迁居政策、自然灾害、生存环境变化，部分船民离水登岸进入山区。他们学习农耕，改渔业为农业，与汉人联姻逐渐"汉化"。如江姓第十二世江得景，元至正末年海寇猖獗，自江边居云路洋天柱岩下，为云路洋始祖，配林氏生一男。落居浮鹰岛的林氏，明代初期因频遭海寇侵扰，裔孙林元德、林元仁、林元礼三兄弟避乱离岛，分别拓居北壁乡上岐村西臼、连江北茭、福清后埔等地业渔，后又迁城关西门外。

清顺治四年（1647）9月，牙城王公哲、敖卓、陈天书父子等集乡兵攻福宁州。10月13日，公哲复围城。康熙二年（1663）龙湾村大盐商阮春雷组水军船只数十，起义兵，并联合张煌言抗清。义兵数千、战船过百，占据东安、长腰岛为据点，纵横官井洋。在抗清战争中，义军或投降，或逃亡台湾、海外，沿海旧时船民再难寻踪迹。古时的船民在本地再不见记载，而被"渔民"所取代。如竹江船民虽融为"渔民"，但还保留有相当的古越民风。尤其在信仰海神妈祖上表现突出。竹江人张光孝有《竹江神会》咏："（竹屿）村于水中央，舍渔无以业也。然终岁业于渔，安保无石尤冯夷之我戏者，则神其亟亟矣！神于江即神于村，渔民能不欢欣鼓舞，醵金为会，以神我江神耶！惟其序际三春，人人焚香荐鲔。村分两澳，夜夜击鼓吹竽，景足乐也。"这说的似乎是疍家的祭神活动。

顺治十八年（1661），清廷禁海迁界，使本地船民遭受毁灭性打击。本地船民除部分早期汉化被逼内迁，其余水居者均被逼外出逃亡。乾隆五十九年（1794），在水澳做渔工的同安人蔡牵率领水澳渔民发起人民起义，队伍发展至2万余人，战船近百艘，蔡牵失败后，18艘战船被充公船，本地船民基本无存。

五、外来船民，新型船民

（一）清解海禁，船民来霞浦

清康熙二十二年（1683）海禁解除后，离开沿海故里的村民（绅、农、渔、定居船民）终于获准返回故里，重新安居，恢复生产。雍正十一年（1733）6月27日，奏请改州为府增设附塆县。雍正十二年成为府直辖的霞浦县。清朝中期乾隆、道光、咸丰年间陆续有福州、长乐、福安等地"水居户"（即船民）迁至霞浦的三沙西澳、五澳、长春、盐田南塘、水升、下浒、北壁、沙江等地。这部分人保留有古越人"循渔而居"的生产习惯，他们的后人构成现代霞浦连家船民的主体。他们大体分作两种类型。

第一类为百担以上船只、多船集结。其中根据停泊地又有两种。其一，泊于大陆澳口。如松山北岐船民最早有江姓、欧姓，清后期由福州、长乐迁来。居住松山原在南岐的船民已成定居渔民，而新来的船民只能在北岐海滩边搭盖船厝。三沙江、刘、连、林、卞、陈等各姓船民，清中期由长乐、福州迁居三沙五澳、西澳口。其二，泊于海岛澳口。数家联合拥有百担以上大船，外海捕鱼，建"船寮"居岛上。

第二类为数十担小船。此类船民群体多来源于官井洋福安一侧，停泊于官井洋、东吾洋内海各港。如盐田乡北斗村刘氏清乾隆十三年（1748）由福安县苏阳迁入，盐田乡北斗村林氏清乾隆十一年（1746）从南安村迁居北斗。他们都以家庭为单位，只拥有小船，本地沿海、沿溪岸上居民视之为"异族""异类"，称他们为"曲蹄"。大多数船民以船为居，少数船民在溪、海滩边搭盖船厝。这些船民多不识汉字，说的是原住地福州、长乐、福安等地的方言。风俗与当地陆居居民基本相同，但"以舟为居"还保留有部分闽地海味风俗，清政府官方称为"水居户"。

（二）民国疍户，少数民族

迁入霞浦县"水居户"被本地人视作"外来户"。民国时，霞浦船民称"疍（蛋）户"，与畲族被定为"少数民族"。民国政府虽立法废除对疍民的歧视政策，但并未解决船民受欺压、歧视的现状。实际上，拥有较多生产资料（大船）的船民在民国时已与周边汉族通婚，并被视为"渔民"。如由长乐到北岐的欧姓船主还与岸上汉人、杨梅岭山民结亲，又为其子抱养了小沙村女子为童养媳。有些收入不错的船民也在滩涂搭盖船厝定居。还有船民不但上岸建大屋并建庙宇，办私塾。船民婚姻圈的扩大加快了他们与汉族岸民的融合。

六、解放新生，确定身份

（一）渔民新生

1949年10月1日中华人民共和国成立，新社会给船民带来了历史性的巨变。1950—1953年"土地改革"，船民定为"渔民"参加"土改"，并分得地主、"富渔"的家具、粮食等实物，还定有澳口码头停泊地。随后船民陆续上岸在滩涂边盖起"水栏"。合作化运动中，他们或参加搬运社，如盐田、三沙，或与周边渔民组成渔业队，如北岐、盐田、三沙、沙江、下浒等。在后来的公社化、乡镇改制中，船民与岸居渔民或合或分，或单干或合股从事捕捞、养殖、航运。船民生活不断提高。1955年中央民委专门对畲民、疍民民族身份进行确认。这时经过"土地改革"之后，部分船民已分得土地上岸定居、务农，部分船民亦农亦渔，大部分以渔为主兼事航运。船民原有的古越民族特性已大部消减。他们没有自有的文字、语言，特有风俗也所剩无几。他们厌恶民族歧视，要求与汉民同等而成为汉族。此后经中央人民政府确认船民为汉民族。

（二）船民上岸造福工程

50年代初民主建政时，连家船较集中的三区、七区，曾专设盐田、浒水2个连家船民水上乡。1952年10月调查，霞浦县境内二区、三区、四区、六区、七区、九区沿海共有连家船渔民808户、4130人，占渔业总户数的14.65%和总人口的 17%。1955 年对二区长春。七区外浒、六区猴屿的连家船渔民进行陆上定居安置（时称"定居改造"）。至 1956 年 2 月，国家共拨款 5.81 万元，建房 82 栋，安置 79 户。同时，三沙东澳、五澳和九区北岐的连家船，通过合作化运动和地方政府的帮助，发展大围缯作业，160 多户渔民全部到陆上定居。1966 年 6 月，贯彻中共中央《关于加快连家船社会主义改造的指示》，霞浦县组织连家船改造工作队进驻猴屿、钓崎、浒水 3 个连家船大队，由国家拨款 2.5 万元，重点帮助连家船渔民发展农渔业生产和转向陆上定居。1970 年 10 月，结合渔区整顿，全面开展连家船的社会主义改造，组织渔民定居陆上，实行以渔为主、渔农结合。其中外浒、东冲连家船生产队发展机帆船大围缯各一对，实现全队陆上定居；北斗、水升、猴屿、南塘澳大队围垦开荒，开发耕地 890 亩，亦渔亦农；盘前 27 户渔民参加当地农业队猴屿队，实行渔农结合。至 1977 年，盐田、下浒、溪南、长春、沙江 5 个公社，由国家资助新建住宅 122 座、12087 平方米，安置连家船渔民 597 户、3031 人。80 年代，推行渔、农业生产责任制后，连家船民得到国家和地方政府多方面的关心和照顾，生产、生活条件逐年改善。中华人民共和国成立后，为了提高全民族的文化素养，人民政府实施了扫盲和义务教育。成年人通过夜校学习常用杂字，适龄儿童进入学校，船民开始改变过去不识字、没文化的状况。

（三）新时代、新生活

党中央和各级地方党委、政府都十分关心船民的生产、生活。80 年代末，宁德地委、行署着力启动"造福工程"，拉开了大规模连家船民搬迁上岸的序幕。随后，帮助连家船民上岸定居又被列入福建省为民办实事项目，仅 1998—1999 年，宁德沿海各地就集中解决了连家船民 4273 户、近 2 万人上岸定居的问题，基本结束了当地连家船民漂泊海上的历史。

80 年代后由于过度捕捞，近海、浅海鱼类捕获量锐减，船民改往远海、深海发展。在政府的支持下原来从事近海拖网的三沙、北岐的船民开始使用铁壳大船从事远海、深海渔业。三沙、松山渔民，北岐船民更常年停泊海南岛。原泊于官井洋、东吾洋的船民则利用地理优势就近发展海蛎、海带、大黄鱼等的养殖。

经过几年的艰苦努力，到 21 世纪初，"连家船""茅草屋"现象在福建基本都消灭了，数万人告别了风雨飘摇的生活，过上了安稳日子。

随着船民经济收入的增加，生活水平的提高，更因岸上安居的便利，特别是改革开放后科技的发展，人们对于掌握知识的追求更加强烈，船民对子弟教育更加重视。他们不再仅仅满足让子弟完成义务教育，更尽力将子女往更高层级的大、中专业培养。

岸上安居、水产养殖、文化教育的提高，扩大了新一代船民的视野和活动范围。

七、结语

岁月如梭，悠悠千年。霞浦本地闽人中从事渔业生产活动的船民原本是霞浦海洋与陆地的主人。限于霞浦的地理环境，霞浦闽人主要从事水上作业。他们以战山斗海的拼搏精神开发山海资源。数千年来，他们抵溪、海居，循鱼而徙。秦汉中原动荡，而后归一统。汉人南下，闽越渐合。三国军管，主人受欺；西晋南朝，闽越人初现"汉化"。唐、宋闽白水郎、蜑民多族徙来；汉人以拥有政权、占据陆地成为强势；各族山海联动，共同发展，和睦交融。明代多事之季，亦是福宁本地水居船民融入大中华的关键期。少部分水居船民退至以闽江为主的大河、溪流，大部融入陆居汉族成为"渔民"。清中期起至民国，水居船民复返成为"蜑族""疍民"。中华人民共和国成立后，霞浦疍民又称"连家船民"，计有1万多人，霞浦是福建连家船民最多的县。连家船民在共产党、人民政府的关心、扶持下，发展生产，提高生活，上岸定居，加强文化教育，船民及其后代进入了新时代。

（作者系霞浦地方文史专家）

清代闽东地区女性之特征与变化

张　慧

清晚期，随着外来文化的大量涌入，闽东地区社会出现了剧烈的变化，闽东女性也深受影响。纵观闽东地区的女性，她们身上既有着中国传统女性的品质，又有着当地女性才有的特殊之处。让今人得以窥见当时女性的变化和闽东社会的变迁。

一、传统闽东女性的地位和桎梏

自古，福建地区男子便有出洋经商或谋生的传统，而福建女性在地方生产和生活中肩负重任，形成了女性下田劳动、上街经商的传统，早在唐代时便有"笑说福唐风俗恶，一田夫妇两身泥"① 之说。女性在田间劳作，虽然被称作"风俗恶"，却是当时女性肩负家庭、辛苦劳作的真实记述。福建女性还参与日常的经商活动，"种麻卖布皆贫妇，伐蔗炊糖无末游"②。到南宋时，福州等地甚至有"市廛田陌之间，女作登于男"③。到明时，"妇女芒屩负担，与男子杂作"④。至清代，闽东地区地狭人稠问题愈发凸显，闽东男性从事渔捞和航海者甚多，男性经常要外出经商或捕鱼出海，长期离家以谋生计，而女性就需留守家中，成了劳作生产和维持家庭的重要角色，也形成了女性一定的独立性，闽东女性在家庭和社会中的重要性不言而喻。

首先，闽东女性身上的中国传统女性的品质很突出，其中"孝""贞"成为闽东女性最重要的品质和德行。首先，"孝"作中国传统社会道德标准之一，也是构筑"三纲五常"基石之一，无论男女，以孝为先。"孝"自然直接影响着闽

---

① 陈藻. 田家妇//陈藻. 乐轩集（卷一）. 文渊阁四库全书本：17.
② 陈藻. 渔溪西轩//陈藻. 乐轩集（卷一）. 文渊阁四库全书本：6.
③ 福州//祝穆. 方舆胜览（卷一〇）. 上海：上海古籍出版社，1991：2.
④ 风俗//何乔远. 闽书（卷三八）. 福州：福建人民出版社，1994：942.

东女性的行为和家庭中的地位。对于未嫁女性而言，孝养父母或父母早亡而抚育弟妹等行为屡见不鲜，如永福县谢秀琏，"生有慧质，年十三父母继殁，遗妹五岁，弟生甫数月。秀琏自矢不字，抚弟妹长成，为之婚嫁，葬二亲"①。又如"闽县贞女倪氏，未笄，父母没，闺居不嫁，纺织治生，抚兄子，以所羡增置祭田，年八十四卒"②。当家庭出现变故之时，闽东地区未婚女性自然承接起家庭重任，或养育弟妹，或抚育兄子，自身守节不嫁，保障了家族的延续，被视为孝举，为人称道。而出嫁女性在遭遇家庭变故时，则肩负起丈夫的孝道，成了孝养公婆，维持夫家的重要角色，这些女性被称为"节妇"。如福清林氏，聘夫卒，"闻讣，在家贞守数年，念寡姑年老，遂归郑供妇职，家贫，无生计，氏勤女红以资养，历三十余年"③。又如闽县人蔡氏，"于归四十日而鸿烈卒，家素贫，舅姑已老，氏矢志抚遗腹孤绍基，苦节三十四年"④。再如汤荷官，聘夫周泽身亡，"闻讣，归周服丧，孝养舅姑，力勤纺织。九载，为夫营葬，葬归，曰：'吾事已毕，可以从夫地下矣。'即于是夜自经死"⑤。大多数这类节妇的记载中，这些女性都清贫持家，尽心奉养舅姑，甚至有人在完成尽孝之后，自杀守节。可见，闽东女性如同传统社会中的其他地区的女性一般，将自身与贞节捆绑，出现了异化的"自律性"。而"孝"与"贞"之间也出现了交融之处，闽东女性将家庭维系视作人生的重要责任，其对家庭和社会的奉献作用明显。

在传统社会中，家庭的延续在于子嗣，尤其是在夫亡后，女性守节很大程度上是为了抚子而不再嫁。女性此时不单是夫家重要的劳动力，更是子嗣能够成长的依持所在。如贤妇项氏，丈夫故去遗二子，项氏含辛茹苦抚教二子，并要求二子业商，曰："汝父以志不遂致死，汝当善承其志，以慰汝父于地下。"后来二子商业渐广，家得小康。⑥又如"连氏，林翊妻。翊殁，氏年二十三守节。事姑，家贫，依夫弟靖抚育遗孤，孤亡，以夫侄统为嗣。"⑦再如"齐氏，张建成妻。年二十五寡，食贫抚孤，孀居四十六载。"⑧这类女性不胜枚举，她们的做法保

---

① 列女六//徐景熹，修. 鲁曾煜，纂. 乾隆福州府志（卷七十）. 乾隆十九年刊本.
② 列女一//徐景熹，修. 鲁曾煜，纂. 乾隆福州府志（卷六十五）. 乾隆十九年刊本.
③ 列女六//徐景熹，修. 鲁曾煜，纂. 乾隆福州府志（卷七十）. 乾隆十九年刊本.
④ 列女一//徐景熹，修. 鲁曾煜，纂. 乾隆福州府志（卷六十五）. 乾隆十九年刊本.
⑤ 列女六//徐景熹，修. 鲁曾煜，纂. 乾隆福州府志（卷七十）. 乾隆十九年刊本.
⑥ 陈衍等纂：《民国闽侯县志》（九四），《中国地方志集成·福建府县志辑》第2册，上海书店，2000年，第858页。
⑦ 列女一//徐景熹，修. 鲁曾煜，纂. 乾隆福州府志（卷六十五）. 乾隆十九年刊本.
⑧ 列女一//徐景熹，修. 鲁曾煜，纂. 乾隆福州府志（卷六十五）. 乾隆十九年刊本.

障了夫家的维系，使得社会最基础的个体家庭得以长久的保存，不至消亡。其中有些女性的做法能够左右夫家的命运。如长乐节妇尤氏，夫早夭，"氏将以死殉，既念翁年八十无后，因为翁置妾，生一男，氏身任褓褓，养耄翁"①。为了维持夫家延续，尤氏甚至插手了公公的婚娶事宜，保证了家族延续。在今人看来不可思议，但对当时的人而言，此举有其合理之处，闽东女性在家庭事务中的作用不可小觑。

清晚期，福建沿海地区男性出海谋求生计的人数急速增加。据相关学者统计，在 1840 年之前这一人数已有 100 万至 150 万左右。而在鸦片战争之后，总体人数又有数倍增长。② 其中"绝大多数是单身汉，他们或未有能力成家立室，或虽已结婚而把妻儿留在国内"③。晚清青壮年男性的大量外流，致使闽东地区的社会、人口结构出现了明显变化，也让女性成了当时社会生产和家庭生活中坚力量，闽东地区女性承担了更多的责任和重担，既要照顾老幼，又需从事生产，在日常生活中以往需男人决定的许多问题，此时更多依靠女性介入和处理。某种程度上，这一时期闽东地区女性的地位有所提高，女性对男权的依附性也有所减弱。这种变化也许正是清末民初后，闽东女性的解放运动较之内地能快速开展的原因之一。

然而囿于时代，清代闽东地区的女性一直受到诸多桎梏。常见的一种便是女性无法有效保证丈夫的遗产，如"陈氏妙缘，应唯进妻，早寡抚孤，孤亦殇，应伯叔利其产欲嫁之，陈悉分田遗金，食荼茹苦，以全其节"④。陈氏先后经历丧夫丧子，最终还遭遇了夫家夺产令其改嫁的悲惨遭遇，最后她只能散尽家财，方能清贫守节。又如"卓氏，彭焕妻。焕死遗一子，家贫，伯叔欲夺其志，绝其薪米，氏纺绩度日，年七十卒"⑤；再如黄氏，"夫死子七月，夫兄利其产令改适，黄拊柩哀号欲绝，苦节自誓，平生终无见齿，抚孤成立"⑥。卓、黄二氏也因为财产被夫家的刁难，艰难度日。此外，女性还会受到母家的压力。如张氏，"生子士吉周岁而叔泰殁，父母令改适，氏啮指哭誓，纺绩自给"⑦，张氏母家便试

---

① 列女三//徐景熹，修. 鲁曾煜，纂. 乾隆福州府志（卷六十七）. 乾隆十九年刊本.
② 孙谦. 清代华侨与闽粤社会变迁. 厦门：厦门大学出版社，1999：17.
③ 新加坡一百五十年. 新加坡：南洋商报社. 1909：651
④ 人物志//李拔. 乾隆福宁府志（卷三十一）. 清光绪重刊本.
⑤ 人物志//李拔. 乾隆福宁府志（卷三十一）. 清光绪重刊本.
⑥ 人物志//李拔. 乾隆福宁府志（卷三十一）. 清光绪重刊本.
⑦ 人物志//李拔. 乾隆福宁府志（卷三十一）. 清光绪重刊本.

图让其改嫁。而另一位张氏，其丈夫死后，"仅遗一女，张年十九……有武弁强委禽，投纵绝而复苏，苦节五十年"[①]。或如乾隆年间永福烈妇陈扶姐，"里有艳其色，逼胁之，氏自缢死"[②]。显见，在当时社会生产力不高的时代背景之下，女性谋求生计十分艰难，即便遵从礼法，这些守寡女性也面临着各种困难和刁难。同时，清代的女性教育上突出女性的遵从性。女性对于自身的选择空间十分有限，女性一生中含有三件大事："奉养父母（舅姑）""为夫有后""育子成人"。这种教育直接导致了女性生存空间的狭窄，甚至社会认知的畸形，清代福清甚至有守节女性"宜死"四大理由："年少，宜死；仅一女，宜死；浮踪靡定，宜死；舅姑自有伯叔奉养无须妇，宜死。"[③] 尽管清代闽东沿海地区女性，在家庭有着很重要的作用，但她们从属于男权、父权、夫权的地位从未改变，遭受着来自社会、家族等多方面的限制或桎梏，而这是整个清代女性都面临的不公问题。

二、闽东地区女性的特殊之处

闽东女性的特殊之处，源于福建当地的独特性。首先，闽东地区有着较发达的女神崇拜，女神的崇拜直接影响着当地民众对女性的认知，也是让女性自身有着独特的定位。闽东地区最著名的女神——以妈祖、陈靖姑、马仙为主。妈祖作为海洋女神，在中国沿海地区的民众的信仰中有着极高的地位。而陈靖姑是闽东出身的女神，她被视为保护妇孺的生育女神。马仙则是祈雨、抗灾、求子的女神。从唐迄清，三位女神均曾数次受到历代朝廷的嘉封号和旌表，是闽东地区乃至全国的重要女神。在三位女神的传说中，均有她们是巫女出身的记载，能身怀仙法，可趋吉避凶，又可收妖服怪。妈祖行善济人，矢志不嫁，救助海难船员。陈靖姑为救大旱，堕胎祈雨，不幸身亡。马仙是孝妇，祈雨治蝗，救助乡里。而这些传说内容便隐含着闽东沿海地区的社会传统、女性的地位及品质。自古"闽人好巫"，闽地巫文化繁盛，在巫文化中女性也占有重要地位。闽东的女神信仰在当地民间有着特殊地位，具有较为广泛的信仰基础，而女神的品行——坚贞、勇敢、孝顺、奉献，自然成了当地女性需要学习和效法的品质。闽东地区的信仰在助力构筑清代闽东地区女性守节、尽孝的社会风气上似乎也起到了一定作用，促成了闽东地区女性有别他地女性的特殊之处。

---

① 人物志//李拔. 乾隆福宁府志（卷三十一）. 清光绪重刊本.

② 列女四//徐景熹，修. 鲁曾煜，纂. 乾隆福州府志（卷六十八）. 乾隆十九年刊本.

③ 林昂，李修卿. 乾隆福清县志·卷一十七·烈妇//中国地方志集成·福建府县志辑（第20册）. 上海：上海书店，2000：438.

清代闽东地区女性最鲜明的特殊之处，便是她们很早便受到了外来文化的影响。在明末，闽东地区便早有天主教的传播。至清时，闽东地区信仰天主教的人数众多，尤其是福安地区天主教发展迅速。雍正时期，该地信徒不少且渗透各阶层，据当地官员奏报："入天主教之监生、生员有十余人，城乡男女入此教者有数百人，城内、大乡建有男女天主堂十五处，西洋二人隐居生员家中，不畏人见，不惧知县禁令。"① 此时地方不只普通民众信教，而且涉及不少当地儒学生员，这些人本是地方基础精英，他们的行为对地方的影响不可小觑，由于他们的加入甚至出现"民不惧官"的现象，而且"聚数百之众传教，男女混杂一处，习俗极恶"②。因为信教很多未婚女性守贞不婚，被称为"守贞女"。官方禁教时，曾令："命令各处房族、乡保人员执行该令，禁止习教，所有守贞女劝令出嫁。"③ 守贞女不同于以往为了维持家庭而不嫁的女性，在中国传统社会和伦理中，天主教提倡为主守贞是违反人伦，同时，年少的女性不婚对于地方社会的冲击不小，而且"男女混杂"传教的行为也违反"男女大防"的思想，因此，清代在闽东地区发生了数次知名的禁教事件。不论官方的禁教效果如何，不可否认的是闽东女性早已受到了外来文化的影响，而这种影响在鸦片战争后更为显现。

　　鸦片战争后，大批外国传教士进入中国，随着福州开埠、三都澳开港，闽东地区成了中国与外来文化接触的最前沿地区之一。进入福建的西方传教士很快便着手建立教会女校。④ 各国教会先后在福州开办了仓前山女塾、文山女塾、乌石山女学堂、陶淑女中。创办初期，多是初等小学，推广识字等基础教育。光绪二十一年（1895），文山女校改为书院，实行 8 年制教育，其是福建第一所女子中学。教会女学带给了闽东地区女性接触新知识、新观念的机会。随着社会风气的逐步开放，闽东地区近代女性教育初见雏形，中国人也开始自办女学，改善女性教育。据统计，1888—1909 年间福州毓英女塾共有毕业生 117 人，其中继续深造的 21 人，计学医 11 人，留学 9 人；就业幼师者 8 人，教师有 4 人，公立学校教师 5 人；嫁给牧师的 23 人。⑤ 虽然人数不多，却标志着闽东地区女性的转变，女性步入社会，她们接受了先进的知识和教育，开始以新的面貌融入社会。清

---

　　① 明清时期澳门问题档案文献汇编（一）. 北京：人民出版社，1999：134—135.
　　② 明清时期澳门问题档案文献汇编（一）. 北京：人民出版社，1999：134—135.
　　③ （法）杜赫德，编. 郑德弟，译. 耶稣会士中国书简集·中国回忆录（第 2 卷）. 郑州：大象出版社，2001：315—316.
　　④ 何晓夏，史静寰. 教会学校与中国教育近代化. 广州：广东教育出版社，1996：224.
　　⑤ 朱有献，等. 中国近代学制史料（第 4 卷）. 上海：华东师范大学出版社，1993：264.

末，外来文化的不断传入，也促使了福建进步人士的转变，其中有识之士开始对女性进行解放，出现了以"缠足为耻，天足为荣"的思想。光绪二十三年（1897），陈宝琛、叶恂予等在福州组织了福建戒缠足会。严复、林纾等思想家也以"物竞天择，适者生存"的思想反对女性缠足并提倡兴办女学，提倡让女性进步强大，因"盖母健而后儿肥，培其先天而种乃进也"①。他们以强国、富民、保种为出发点，反映了当时中国社会谋求国家进步的思想，随后出现了戊戌不缠足运动。在1902年，清廷推行新政，其中便有劝诫缠足上谕，这是以往中国传统社会从未有过的情况。

闽东地区的社会、思想的遽变让女性接触到了更多的先进思想和知识，同时，促使闽东女性成了晚清女性转变的先锋人群。随着闽东地区女性教育水平的提高和自我意识的觉醒，清末民初涌现了很多杰出女性和才女，她们在中国近代史上留下了自己的印记。

三、晚清闽东女性的觉醒和变化

晚清闽东女性觉醒者当属最早期的女留学生。根据褚季能《甲午战前四位女留学生》所记，在甲午战争之前，当时留学风气未开，社会对于女性教育存有疑虑，而女性留学也是绝无仅有的。福州人何金訇作为最早的女留学生，其父亲因是教会中人，对女儿的教育十分看重，很早便让何金訇入学教会女学。后她又转入福州妇女医院学医，1884年在教会资助下赴美留学，1894年毕业于费城女子医科大学，1896年归国。1898年她受李鸿章的派遣，出席了世界妇女协会，成了中国在国际上的第一位女代表，后终生在福州从事医务事业。② 清末，方君瑛、曾醒、林宗素等人赴日留学，也是中国早期的一批女留学生。光绪二十九年（1903），林宗素赴日留学并在日本积极参加爱国活动，号召留日妇女要肩负起拯救国家兴亡的重任。她随后加入中国同盟会，在武昌起义之后，她迅速回国组织"女子参政同志会"，致力于争取女子参政权利。③ 光绪三十二年（1906），方君

---

① 严复. 原强（节选）//田永秀. 中国近现代史纲要参考资料选读. 成都：西南交通大学出版社，2016：29.

② 褚季能. 甲午战前四位女留学生//东方杂志. 31卷一1号（1934年6月1号）.

③ 福建省档案局，中国国民党革命委员会福建省委员会，等. 辛亥革命福建英杰图志. 福州：海潮摄影艺术出版社，2011：178—179.

瑛、增醒等也在日本加入中国同盟会，并积极投身到革命活动之中。① 这些女性成了中国近代女性的先期者，作为中国接受高等教育最早的一批女性，她们在国外深切感受到了当时妇女追求自身权利和自由的思潮，方君瑛便曾有言："中国女子之无权，实由于无学。即以无学而无权，则欲倡女权，必先兴女学。"② 所以，她们热衷于服务社会、投身革命，成了近代中国历史上的传奇式女性。

清末女性也开始投身于女子教育事业，打破了以往男子在教育上的垄断地位。光绪三十一年（1905），著名的女教育家王眉寿在福州创办了乌石山女塾。王眉寿出身书香世家，祖父是工部尚书王庆云，后嫁给陈宝琛。她自身修养和教育水平很高，并将女子接受教育视作女性改适社会、自立自强的重要手段，所以她致力于女子教育。光绪三十二年（1906），陈宝琛在全闽师范学堂附设女子师范传习所，王眉寿出任监督，当年招收女生60余名。光绪三十三年（1907），《奏定女子师范学堂章程》和《奏定女子小学堂章程》的颁布，中国女性教育终于取得了合法地位。同年，福建女子职业学堂创立，王眉寿兼任监督，被称为"范之师"，当地官府颁发"闽峤女宗"牌匾作为褒奖。王眉寿为福建女性教育做出了巨大的贡献。③

晚清闽东地区的这些杰出女性，用自己的实际行动，脱离了家庭的限制。女性意识的觉醒让她们一改传统女性的桎梏，更打破了"女子无才便是德"的陈旧观念，她们的事迹正是当时闽东地区女性走在社会变革前沿的事实所在。清晚期，闽东地区普通女性也发生了转变，尤其随着晚清民初闽东地区女学的兴办。辛亥革命前夕，福州便有1000名女生在校读书，这些女性接触了天文、化学、生物、物格等课程，接受了当时先进的教育内容。④ 显然，闽东地区女性教育从以往的家庭的个体教育已向近代化的学校教育转变，而且女性教育不再是以"节孝"为中心的观念，近代科学文化知识的传授，让这些女性成了有技能有知识的技能性女性。同时，闽东女性开始摆脱了"三从四德"的桎梏，接受了近代教育的女性不再局限家庭之中，她们当中的部分人毕业后，有的到各地的女学堂充当教习、管理者，有的从事传道、医学、教育等行业，朝着近代独立的职业女性发展。当时，担任闽海关税务司的英国人华善曾感慨道："中国妇女解放的步伐迈

① 福建省档案局，中国国民党革命委员会福建省委员会，等. 辛亥革命福建英杰图志. 福州：海潮摄影艺术出版社，2011：77—78.

② 戴学稽. 热血为中华. 福州：福建人民出版社，1998：333.

③ 刘海峰，庄明水. 福建教育史. 福州：福建教育出版社，1996：286.

④ 昊亚敏，邹尔光，等. 近代福州及闽东地区社会经济概况. 北京：华艺出版社，1992：427.

得很快，任何地方都没有像福州这么明显，那些长期生活在福州的人们一定会深刻地感受到妇女们怎样从落后与黑暗中过渡到文明。"[1] 辛亥革命后，闽东地区女性迅速转变，仅 10 余年女性的装扮和习惯就完全变化，据记载："发饰、耳环、手镯、长衫、长靴的风气意味着妇女的开放。现在未婚和已婚的妇女从服饰上区分不出来了。"[2] 这样迅速的转变，不仅是革命的结果，更是闽东地区与外来文化长期交融的结果。相比内地女性，闽东女性更早更深地接受了近代文明的影响，闽东地区女性紧跟着社会的进步而发展，自身开始觉醒，逐步走出家庭的局限，进入广阔的社会，同时也致力于自身社会地位的改善和提高。

四、结语

在清代闽东地区女性身上，可以见到当时社会发展和变迁。闽东地区女性受到传统伦理和教育的影响，长期以"孝""节"作为自己的行为准则。因为地理和历史环境的影响，闽东地区女性在家庭事务中起到了重要作用，她们在维系父族和夫族方面具有牺牲精神，这是中国传统社会女性普遍存在的品质。但是，因为福建地狭人稠，加之具有经商或移民的传统，闽东地区男子为生计长年在外，闽东地区女性不得不肩负日常生产、生活的重担。而闽东地区较为发达的女神崇拜，也与当地女性在日常生活和社会中的重要息息相关。闽东地区的女性最鲜明的特殊之处，便是当地很早便受到了外来文化的影响，清代闽东地区一直存在天主教为代表的外来文化传播，守贞女屡禁不止。在鸦片战争之后，随着福建沿海地区被迫开放，西方教会大量进入闽东地区，开始创办女学，外来文化对闽东地区女性的影响愈深，近代女性教育促进了当地女性的进步。清末民初，闽东地区出现了很多中国近代史上的杰出女性，她们是中国女性的先行者。纵观清代闽东地区女性，我们既能看到社会的发展和变革对女性的影响，又能看到闽东地区女性的适应性与特征所在。

（作者系福建社会科学院历史研究所助理研究员）

---

① 昊亚敏，邹尔光，等. 近代福州及闽东地区社会经济概况. 北京：华艺出版社，1992：427.
② （日）野上英一. 福州考. 福州：福州东瀛学校，1937：106.

古代霞浦茶叶贸易的几个口岸

郑学华

古代霞浦饮茶的历史始于三国，两晋时期已经在贵族流行。霞浦种植茶树、生产茶叶的历史始于唐代。"福州贡蜡面茶，盖建茶未盛前也，今古田、长溪近建宁界亦能采制。"① 福州茶叶品质优良，有蜡面茶作为特产上贡朝廷。而霞浦（即长溪）也能自己采制茶叶。

茶叶大量生产之后，必然产生茶叶贸易。霞浦茶叶贸易始于唐代。唐代是中国茶叶生产的一个高峰，江南户户饮茶，"坐席竞下饮"，已成习俗。唐贞元九年（793），政府实行"榷茶"制度，对茶叶贸易收税。由于茶叶贸易繁盛，一个县的茶叶税收，超过了全国的矿冶税收。②

古代霞浦从唐朝至清朝，1000多年，茶叶生产、贸易长期处于繁盛状态，其茶叶品种、制茶工艺和成茶品质也领先全国。"岭南生福州、建州、韶州、象州，福州生闽县方山之阴……其味极佳。"③《新唐书·地理志》《三山志》等书也记录了福州、长溪县出产茶叶的情况。福州出产的蜡面茶、方山茶因其品质优良、制茶工艺先进而作为贡品进贡朝廷。宋朝建州、福州出产的茶叶名冠全国，其中的北苑茶为御茶。福州等地还有一种比拼茶叶制作工艺和茶艺的"斗茶"习惯，宋代"斗茶之风"大为流行，甚至延续到了明代。"建人喜斗茶，故称'茗战'。"④ "茗战之风"在福建盛行，表明福建的茶叶品质优良，而且"茶道"成熟。

明清时期，霞浦出现了具有地方特色的茶叶商业"品牌"。粗略计之，古代霞浦茶叶有三大"品牌"。

---

① 梁克家. 三山志.
② 新唐书·食货志.
③ 陆羽. 茶经.
④ 谢肇淛. 五杂俎.

一是瘟茶。瘟茶最早是明代福宁州（即霞浦）开发出来的一种可以治瘟病的茶叶。[①] "闽产瘟茶，福宁府产之，治瘟病。"[②] 当时霞浦生产的瘟茶已是闻名遐迩。

二是"圣水"。"环长溪百里诸山，皆产茶。山丁僧俗，半衣食焉。支提、太姥无论，即圣水、瑞岩、洪山、白鹤处处有之。"[③] 长溪（即霞浦）生产的茶叶，品质优良，受到了饮茶人的喜爱。其中的"圣水"和"洪山"都是霞浦著名产茶之地。"圣水"指的是霞浦县城北龙首山巅圣水寺。该寺附近之茶叶品质优异，尤其为文人所追捧。从明代到清代，都是远近闻名的"品牌"。《福宁府志》记载了描写"圣水"茶叶的诗歌："十里危峦一径冲，禅关长倩白云封。茶烹圣水僧知我，撒手悬崖取自浓。"[④]

三是"绿雪芽"。清代福宁府（即霞浦）生产的茶叶绿雪芽十分有名。《闽产异录》记载："太姥有绿雪芽，今福宁府各县溥种之。"[⑤] 绿雪牙因为福宁府各县广泛种植，成为福宁府的茶叶招牌之一。

茶叶因为"半衣食焉"，可称是古代霞浦的支柱产业，茶叶生产和贸易维系了古代霞浦人民经济命脉的半壁江山。

霞浦贸易的茶叶输出主要有两个方向，一是向南，主要的输送地是福州，或者往南达广州、香港等地；一是往北，主要输送地是温州、宁波等地，或者往北达天津等地。茶叶贸易的有海陆两条线路。霞浦濒临东海，是温州与福州之间的中继站，海洋运输成了茶叶贸易的主要运输方式。唐宋时期，海洋造船与海洋运输十分发达，霞浦茶叶也主要由海运实现。明代和清代早期，由于朝廷闭关锁国，并一度实行严厉禁海政策，"片帆不得下海"，海运业一度消失，茶叶贸易只得由陆路运输。直到清代晚期，海运业才再度发展起来。

霞浦茶叶贸易口岸，海路运输的口岸主要在福宁湾和三沙湾。主要有：

东冲口。东冲半岛最南端的港口，地扼葫芦状三沙湾（即今三都港）的入口，地理位置极为重要。从这里水路西北往宁德飞鸾，西往罗源鉴江，西南往罗源湾、连江，再往长乐、福州。但由于霞浦往东冲的陆路一直不畅，东冲口岸作为贸易口岸的价值始终没有得到体现。光绪二十四年（1898）清廷在三都澳设立

---

① 万历福宁州志·第一卷·食货.

② 本草纲目拾遗

③ 谢肇淛. 长溪琐语.

④ 福宁府志·卷四十一·林际云诗.

⑤ 郭柏苍. 闽产异录.

福海关，在东冲口岸设立海关"东冲总口"，管理飞鸾、三都澳等 10 个分局（卡），口岸的作用才突显出来，大批货物由此出入关。东冲口岸作为第一批主动开埠口岸，开辟了当时闽东北特色经济对洋商贸易的方便途径。而茶叶出口，是福海关的最主要的产品。福海关开设后的第一年，"闽东各县茶叶荟萃于此，成为天然中心，年达三十万箱"①。而短短十数年间，东冲因为商贸繁荣、人口聚集，也一度由一个渔村升格为"东冲镇"。

盐田港。作为西港洋内最重要的港口，盐田港是霞浦古老港口之一，也是陆路的要冲。唐代开始设立盐田驿。唐宋时期，海洋运输活跃，盐田港口作为霞浦西南方向水路运输的枢纽，发挥了重大作用。谢肇淛在《长溪琐语》中记述了南宋时期一个杭州茶叶商人在盐田港口贸易，与一青楼女子恋爱的故事。② 这个故事表明南宋时期盐田港口贸易繁盛、商旅众多，而茶叶则是当时贸易的大宗货物。在元代盐田港口开始正式设立官渡。"盐田旧时水程重要，设讯置船。清嘉庆间……知府设有渡馆，专员管理一切行人渡金、货税，交修并济。"③ 这里始终是古代霞浦、福鼎、福安毗连三县人员、货物周转的重要通道。

三沙港。三沙及其周边港口唐代开始就以南北水路要冲而设置军事关隘，唐初朝廷在烽火岛设立烽火镇，以保护三沙及周边海路的安全。三沙港是也闽东水路货物往北运输的重要口岸。唐代三沙港口即得到开发，至宋代三沙港已经发展成为渔业生产、商业贸易、海洋运输的重要港口。明嘉靖年间因受到倭寇侵扰而衰落。清初又得到发展。清嘉庆八年（1803）三沙设置总镇行台。"下西之崇儒、杯溪，上东之牙城、六都，绿茶颇多于他处，茶品较好，京津帮名之曰'福绿'。绿茶售于京帮或天津帮，红茶售于洋商。其运赴也，从前从陆，其后以海，设行于三都、沙埕。"④ 清光绪年间（1875－1808）设立沙埕港，三沙口岸的功能由沙埕港一起承担。

后港。后港位于霞浦县城郊，紧邻赤岸村。唐以前，赤岸港口是霞浦重要的海陆交通口岸。唐代以后，由于泥沙淤积，港口逐渐前移，由后港替代了赤岸交通功能，后港由此成为霞浦县城直接与外界交往的唯一口岸，成为"全县货物运输船只的中心集散地"。⑤ 后港与三沙港是福宁湾的两个最重要的港口。

---

① 1899 年海关贸易报告.
② 谢肇淛. 长溪琐语.
③ 民国版霞浦县志.
④ 民国版霞浦县志.
⑤ 霞浦县交通志.

溪南港。溪南港是官井洋岸重要的口岸，东接东吾洋、官井洋，西往宁德飞鸾，南出东冲口往福州，与盐田港一样，是霞浦东部内洋的重要港口。清代商船进入溪南港口之前，就会看到高耸的霞浦山，商人们会说：看见霞浦山了。于是霞浦就逐渐成为福宁府的代称。白露坑畲族茶商雷志茂以其家乡白露坑为中心，沿霞浦县城－白露坑－溪南一线古官道经营茶叶等贸易，货物由溪南港口出入，往返福州、霞浦，成为著名的茶叶商人。

间峡港。间峡港是连接三沙湾与福宁湾的小安水道岸边的一个重要港口。"至若州之十二都有水澳市，四十都有沙泾、洪江二市，四十三都有间峡市，则皆海滨商船转泊之处。"[①] 间峡港是这几个商业贸易市场中与外海交通联系最多也是最重要的。但由于间峡陆路交通远，而且间峡海风急浪大，间峡港口的交易相比其他几个港口都小。清代乾隆末年，水澳发生了蔡牵水上起义，蔡牵率领的水上起义军与朝廷海军大战 15 年，直到嘉庆十四年（1809）蔡牵起义失败，水澳港口也遭到完全毁灭。之后，水澳市的商业职能也向间峡港口转移。

霞浦县际与外界交通的陆路，主要有三个方向：一是向东北，往福鼎方向；一是向北，出柘荣方向；一是向西，往福安方向。这三个方向中，东北向的福鼎和西向的福安更为重要。历史上福鼎与福安都是著名的茶叶产区，茶路繁忙。

霞浦往福鼎方向的道路主要有两条，一条道路是经牙城往福鼎，包括四条路线可以选择：牙城经下六都（后山）至福鼎东稼洋村，10 千米；牙城至福鼎峡门村，10 千米；牙城经梅花村至福鼎中谷村，5 千米；牙城经三佛塔至福鼎孔坪村，5 千米；另一条道路经水门往福鼎，包括三条路线可以选择：水门经百筧、承天、小竹湾诸村到福鼎仙蒲村，28 千米；水门经湖坪、桥头村分别至福鼎吴阳、赤溪村，各 13 千米。

霞浦往福安方向的道路主要有两条，一条道路经柏洋往福安，包括两条路线可以选择：柏洋经谢墩至福安茜洋村，8 千米；柏洋经里洋村至福安南溪村，10 千米；另一条道路经盐田通往福安，包括三条路线可以选择：盐田往上官岭过福安松罗村到达赛岐，20 千米；盐田经西胜村至福安松罗村，13 千米；盐田经上孟峰至福安茶洋村，10 千米。

霞浦出柘荣方向的道路主要有两条，一条道路由柏洋经岔门头、阮洋至柘荣倒流溪村，5 千米；一条道路由洋里村至柘荣岚中村，10 千米。

霞浦县际古道是汉以后历代逐渐修建的古代官道，多在高山峻岭间蜿蜒盘

---

① 万历福宁州志.

旋，路面皆用块石铺就，路段最窄处不过 1 米，最宽处也不过 2 米多。

古代霞浦的茶叶贸易商路，主要以海路为主，陆路运输不多。在明清禁海最严重时期，海路断绝，陆路才得以发展。光绪二十四年（1898）清廷在三都澳设立福海关之后，霞浦的茶叶贸易基本上由东冲口出关。如血脉一般通达的古代茶路，一下子就被集中了起来，东冲口茶路极为繁忙，而其他的道路则逐渐衰弱。1940 年随着三都澳一度被日本军队侵占，福海关的历史终结了，而古代霞浦的茶叶之路也随之终结。

（作者系霞浦县作家协会副主席）

海洋文化遗产的沿革与保护：以闽海关建筑为例

林　星

文化遗产记录了城市发展的历史过程。这些历史建筑和文物遗存以其独特性、不可复制和不可再生性，往往成为一个城市独一无二的发展见证，甚至成为一个城市及城市所在地区的重要象征。[①] 闽海关建筑见证了福州这座城市对外开放的历程，延续了福州的人文脉络。

一、开埠后福州贸易发展与闽海关的建立

鸦片战争后，签订《南京条约》，福州被列为五个通商口岸之一。福建的经济通过福州、厦门等通商口岸，纳入了与国际贸易扩展相联系的商业体系中。一方面，西方国家的工业产品源源不断输入福建，其中以棉纱和棉布的输入量最大。另一方面，福建适应国内外贸易的一些土特产品，如茶叶、木材、纸张等，越来越多被卷入国际国内日益扩大的流通领域。开埠后，对外贸易成为福州城市经济发展的先导，福州成为国内外商品的重要集散地。

福州本来有管理贸易的海关，由福州将军兼管，负责辖内所有海河货运并征收对外贸易和国内贸易货物关税。1854 年，英美法三国驻上海领事借口上海小刀会起义妨碍正常贸易，迫使清政府承认江海关的外国领事监督制度。1855—1856 年，英国驻福州领事咆呤屡次照会福州将军有凤和闽浙总督王懿德，要求仿江海关制度在福州设立外人管理的海关。后由于清政府官员的犹疑及第二次鸦片战争期间双方都无暇他顾，此事悬而未决。1858 年中英《通商章程》签订，规定海关"各口划一办理"，"任凭总理大臣邀请英（美法）人帮办税务"，使英国从条约上确保控制中国海关的大权。清政府委派前江海关税务监督、英国人李泰国为首任海关总税务司。李泰国上任不久立即南下筹建新关，未果，后由新任

总税务司赫德筹建成功，于 1861 年 7 月 14 日，宣告成立闽海关新关（洋关）。闽海关税务司公署设于福州仓前山泛船浦，由法国人华德任第一任闽海关税务司。另在长乐营前设立办事处，监督进出口货物的起卸。从此，福州口岸洋、常关并立，洋关管理轮船贸易，常关管理民船贸易和内地贸易。这一制度一直延续到 1949 年。[①]

南台岛的泛船浦原名番船浦，这里是明代以来指定停泊外洋船舶的专门港区。它地处沿江，北临闽江流经福州的深水区域，能停泊较大的船舶。不仅上下游的船只汇集于此，而且大型货轮停泊马尾港后，由驳船运输货物到这里也较便利。江南岸平坦而开阔，江边有足够的建筑用地。因此，闽海关关址设于此，占有地利之优势。自闽海关在此建关后，新的洋行大多跟着选址番船浦，连原来散布闽江两岸的老洋行也渐次把行屋迁移到此地，如怡和洋行就位于海关巷 4 号。泛船浦一带就形成了一个繁华的新街区。

二、闽海关建筑的设立

咸丰十一年（1861）福州海关设立后，在福州泛船浦和仓前山一带广置地产，大兴土木，从国外进口建筑材料，兴建了一座座公馆、楼舍，占地百余亩，耗资 30 多万两。随着历任税务司的更替，闽海关的建筑不断增加，从海关埕一直延伸到仓前山。

1862 年，在泛船浦中心建筑了一座两层的西式办公楼。从那时起至 1949 年，这座两层楼房一直是闽海关的关址，延续近百年。该地因而得名"海关埕"，关址东侧通往江边的小巷，也因而被叫作"海关巷"。约在 1863 年，在闽海关办公楼的东北端建了一座验货厂，耗资关平银 2733.33 两，占地 4.15 市亩。验货厂为长方形结构的平房，北面靠江的是验货场地，占了大部分空地，南边是验货厂办公室及与之相连的样品室和饭厅。还在江边伸入江中的一块地方，建了一座海关码头。[②]

在建关的过程中，税务司们为追求舒适的生活环境，精心营造税务司公馆、高级洋员住宅以及洋员俱乐部等。光绪三年（1877），闽海关为新任税务司在仓前山乐群路租空地建闽海关税务司公馆。按年租每亩 85 银圆的租价租得空地 3.603 市亩（原始租金数目，其中英领事馆部分为 70 元、天安铺部分为 15 元），

---

① 陈家环. 福州海关志：1861—1989 年. 厦门：鹭江出版社，1991：2—3.
② 袁莫顺. 闽海关关产的购置与变迁//福建文史资料（第 10 辑·闽海关史料专辑）. 1985：11.

还购置一些房屋暂用，耗关平银 5133.33 两。① 根据美国国会图书馆藏 1868 年历史地图，本建筑原址为义记洋行使用。在光绪十七年（1891）出版的《Mapof-Foochow》中，本建筑被标为"副税务司"，可见最晚光绪十六年（1890）此处已变更为副税务司官邸。② 1926 年，闽海关将它拆除重建，建成西式二层楼房，耗关平银 20536.29 两，再次成为税务司的官邸。③

到 1897 年 4 月，闽海关在离江较远的对湖路 7 号，先后 7 次从 7 个人手中购得土地 6.576 市亩，建成一座装饰豪华、设备齐全的西式二层楼别墅，作为税务司宿舍。至此，闽海关在泛船浦的 3 个建筑已成三角阵势，占据了泛船浦的东北角和中心区。

除税务司公馆外，闽海关以办公楼为中心，于 1878 年 4 月、1879 年 8 月、1885 年 1 月，先后在办公楼西面江边购得空地 6.28 亩（7.814 市亩），耗资关平银 23326 两。1921 年 8 月至 1922 年 7 月，建了一座西式一层楼房和二座单层私货仓，耗资关平银 10283.03 两。

1891 年，闽海关在东西溪河边购得一块 3.516 市亩的空地，1920 年 7 月至 1921 年 4 月建成一座西式两层楼房，耗资关平银 7201.55 两，还建了一座木制单层平房。这时，闽海关在泛船浦一带的关产已星罗棋布，而且占据了几个重要位置。与此同时，关产附近的一些洋行、进出口商的建筑物也不断增多。④

进入 20 世纪，闽海关的洋税务司们又把眼光转向南台其他地势较好的地方，广置房屋。1907 年 4 月，在麦园路后购得一块 3.269 市亩的空地和一座西式两层楼房，共耗资关平银 4666.67 两，作为闽海关副税务司宿舍。⑤ 这座楼房的最初使用者，是一家名为 Rusden Phipps&Co. 的洋行，该洋行主要经营茶叶进出口生意。建筑始建年代不详，但应不晚于 1868 年（据美国国会图书馆藏 1868 年南台岛地图）。⑥ 1911 年 3 月，在同一地盘上又购买 6.903 亩空地建成西式平房，

---

① 袁莫顺. 闽海关关产的购置与变迁//福建文史资料（第 10 辑·闽海关史料专辑）. 1985：12.

② http：//www. fzcuo. com/wiki/乐群路闽海关税务司公馆

③ 袁莫顺. 闽海关关产的购置与变迁//福建文史资料（第 10 辑·闽海关史料专辑）. 1985：12.

④ 袁莫顺. 闽海关关产的购置与变迁//福建文史资料（第 10 辑·闽海关史料专辑）. 1985：12.

⑤ 袁莫顺. 闽海关关产的购置与变迁//福建文史资料（第 10 辑·闽海关史料专辑）. 1985：13.

⑥ http：//www. fzcuo. com/wiki/闽海关副税务司公馆。

耗关平银 6666.67 两。①

　　1934 年前后，闽海关在泛船浦江边又购得两块土地，修建一座西式两层楼房，为闽海关新的办公楼，税务司办公室和秘书、会计、监察等课均设在这里。新办公楼的西侧有一块大约 2000 平方米的空地，约 1947 年购得，后辟为闽海关运动场。

　　由于 1934 年前后建的办公大楼面积不大，不能容纳日益增多的内外勤人员，1947 年，闽海关税务司饶丝在验货厂的北边又买了一座商行的大楼为办公楼。1949 年 2 月，原办公大楼失火，于是移到新买的原商行大楼办公。以后在原大楼的废址上又建一座平房，供总务课对外办公用。②

　　1867 年前后，由于进出口贸易的增加和世界造船技术的发展，前来福州的船舶越来越多，也越来越大，许多大型船舶驶不进台江，无法进入泛船浦内港，只好停泊在营前的白兰潭锚地，将进出口货物用驳船盘运至泛船浦候验。这样过程麻烦，增加查验成本，仅仅在福州泛船浦办理业务已远不能适应对外贸易的需要。为加强管理，减少漏税，同时也为了方便商人检验通关和缴纳税款，闽海关（洋关）在长乐营前设办事处，监督船舶的进出口和货物的装卸；在连江琯头和长乐潭头两地的闽江分流出口处设立支关，执行缉私及征税任务；并在行政和业务上监管闽东三都澳的福海关。③ 1868 年 6 月、1870 年 6 月、1886 年 11 月、1889 年 1 月，闽海关又在长乐的白兰潭（营前港出口处）购地 9.864 市亩，耗关平银 1772.67 两，约在 1869 年先建一座西式两层楼房，作为营前海关办公大楼；另建一座二层楼为监察长宿舍，共耗资关平银 1.2 万两。1868 年 10 月，又购得空地 3.303 市亩，耗资关平银 760 两，约 1869 年在此空地建成一幢西式平房作为港务长宿舍。进入 20 世纪后，营前办事处也加紧进一步完善各种设施。1919 年，在营前乡龙下（罗星塔）购得空地 1.454 市亩，建成一座西式平房，作为稽查员宿舍，共耗关平银 2.2 万两。1930 年，在同一地方又购得空地 1.877 市亩，建成一座西式平房，作为监察员宿舍，共耗关平银 2333.33 两。④

---

　　① 袁莫顺. 闽海关关产的购置与变迁//福建文史资料（第 10 辑·闽海关史料专辑）. 1985：13.

　　② 袁莫顺. 闽海关关产的购置与变迁//福建文史资料（第 10 辑·闽海关史料专辑）. 1985：13.

　　③ 刘崇瑸. 闽海关琐忆//福建文史资料（第 10 辑·闽海关史料专辑）. 1985：39.

　　④ 袁莫顺. 闽海关关产的购置与变迁//福建文史资料（第 10 辑·闽海关史料专辑）. 1985：13.

营前分关在马尾江对岸营前山腰，建有 4 座建筑，分别为：三层的闽海关营前分关办公楼、单层的闽海关营前分关监察长住宅、两层的闽海关营前分关监察员住宅、闽江边还建有稽查员住宅，建筑均建于同治八年（1869）；还有船只瞭望台、罗星高程基准面（罗基）标志、罗星塔零点（罗零）和一系列码头等航运设施。①

1949 年 8 月，福州解放。8 月 24 日，中国人民解放军福州军事管制委员会派员接管闽海关，结束近百年由外国人统治的闽海关洋关。接管时闽海关不动产中的建筑情况如下表。

1949 年接管时闽海关建筑一览表

名称	地点	摘要	备注
闽海关税务司公署	海关巷 10 号	二层砖砌洋屋一座	办公厅所在地
闽海关验货场	海关巷 3 号	单层砖砌洋屋一座	前面验货场，后面办公室
闽海关总务课	海关巷 5 号	二层砖砌洋屋一座	1949 年 2 月 18 日被焚
闽海关税务司宿舍	乐群楼 6 号	二层砖砌洋屋一座及附近园地	
闽海关副税务司宿舍	麦园后 1 号	二层砖砌洋屋一座及附近园地	现改为职员宿舍
闽海关旧税务司宿舍	对湖路	二层砖砌洋屋一座及附近园地	1944 年被日本人所毁
闽海关宿舍第一号	太平巷 95 号	二层砖砌洋屋一座及附近园地一方	职员宿舍
闽海关宿舍第二号	太平巷 95 号	二层砖砌洋屋一座及附近园地一方	职员宿舍
闽海关宿舍第三号	万春巷 30 号	单层砖砌洋屋一座及附近园地	职员宿舍
闽海关宿舍第四号	海关巷 4 号	二层砖砌洋屋一座	职员宿舍
闽海关私货仓	海关巷 4 号	单层砖砌洋屋一座	
闽海关验货场	海关巷 4 号	单层砖砌洋屋一座	1944 年被日本人所毁
闽海关宿舍第五号	海关巷 7 号	二层砖砌洋屋一座	职员宿舍
闽海关宿舍第七号	海关巷 12 号	二层仓库砖砌一座	职员宿舍
闽海关宿舍第八号	中洲户部前 7 号	二层砖砌洋屋一座及附近空地一方	职员宿舍

---

① http://www.fzcuo.com/wiki/闽海关营前分关建筑群

续表

名称	地点	摘要	备注
闽海关中洲仓库	中洲户部前 7 号	单层砖砌洋屋一座	国际难民救济署借用
闽海关中洲瓦公祠	中洲户部前 7 号	空地	国民党海军借用
闽海关宿舍第 9 号	泛船浦海关埕	单层木盖平房一座	职员宿舍
闽海关营前办事处办公室	营前白鹅潭	二层砖砌洋屋一座	办公室及宿舍
闽海关营前办事处宿舍	营前白鹅潭	二层砖砌洋屋一座、单层砖砌洋屋三座	职员宿舍
闽海关管头支关	管头	二层砖砌洋屋一座	办公室及宿舍
闽海关潭头支关	潭头	单层砖砌洋屋一座及空地一方	办公室及宿舍
闽海关三都支关	三都	二层砖砌洋屋一座，单层砖砌洋屋一座	职员宿舍
		单层办公室一座	办公室
		办公室一座	被毁
		验货场一座	被毁

资料来源：陈家环. 福州海关志：1861—1989 年. 鹭江出版社，1991：248—249.

三、闽海关建筑现状及保护

闽海关建筑是重要的历史建筑，它反映历史风貌和地方特色，是文化遗产重要的组成部分。保护文化遗产，狭义上，指对传统建筑或街区的复原或修复或原样保存，以及对城市总体空间结构的保护；广义上，还包括对旧建筑以及历史风貌地段的更新改造，以及新建筑与传统建筑的协调方法、文脉继承、特色保持等。仓山区是近代福州外国人居留地。1844 年福州开埠后，在今仓山区的泛船浦、仓前山一带兴建了大量的教堂、学校、医院、领事馆、别墅等西式建筑，这些建筑在结构、布局、形式、材料等都打破了传统建筑格局，给相延几千年的传统建筑带来了深刻影响。[1] 它们在建筑造型上，注意建筑功能要求，节约用地，合理解决建筑物的朝向、通风、采光、隔热、防潮、开阔等问题。在建筑结构

---

① 福州市建筑志编纂委员会. 福州市建筑志. 中国建筑工业出版社，1993：92.

上，多为 2—3 层砖木结构、砖石结构楼房。在建筑装饰上，更加丰富。外墙装饰开始采用水泥拉毛，腰线、门窗口、檐口用水泥粉刷、水刷石，以及剁斧石、嵌大理石等。门窗多为卷拱式，柱廊、内墙装饰采用高级粉刷。利用高级木料（杉、樟、楠等）做楼梯、地板、护墙板等。有的室内装修考究，壁炉、卫生间等设备齐全。①

历经岁月沧桑，特别是近年来随着经济飞速发展，城市化进程加快，文化遗产保护与城市建设之间的矛盾日益突出，加上土地财政思路，文化保护意识、法律意识淡薄，文化遗产也遭受前所未有的破坏。曾经遍布泛船浦和烟台山的海关建筑许多已消失，有的被拆等待重建，也有的被列入保护范围。

（一）消失的海关建筑

旧闽海关办公楼，同治元年（1862）建成，是一座两层殖民式小楼。建成后第二年，在它的旁边又建成单层的验货厂。这座海关办公楼使用到 1949 年被火烧毁。

闽海关旧税务司宿舍，位于对湖路现海军部队驻地内，二层砖砌洋屋一座，1944 年被日本人所毁。② 海军部队拆后，重建楼房。

太平巷闽海关税务司住宅，位于仓山区太平巷，东临六一南路，早期为曾多次出任闽海关税务司的法国人美理登③住宅，后期转为闽海关职员宿舍、仓山区防疫站使用。太平巷闽海关税务司住宅为三层砖木结构西式洋房，殖民地外廊式风格。④ 建筑外廊、窗不发券，檐口有简化的枭混式线脚，外墙带有面漆，与烟台山区域的其他早期殖民建筑（如乐群楼）相似。⑤ 2011 年初被拆毁。

太平巷闽海关职员宿舍，位于仓山区太平巷，东临六一南路，太平巷闽海关税务司住宅的北面，早期为"闽海关助手房屋"，后为闽海关职员宿舍，始建时间不详，但不晚于 1868 年（美国国会图书馆所藏 1868 年南台地图已有本建筑，标记为"闽海关助手房屋"）。⑥《福州海关志》中记载为"闽海关宿舍第二号"，

---

① 福州市建筑志编纂委员会. 福州市建筑志. 中国建筑工业出版社，1993：93—94.

② 陈家环. 福州海关志：1861—1989 年. 鹭江出版社，1991：248. 但该书第 250 页又载：对湖路原税务司住宅地，于 1951 年 1 月借与华东军事政治大学福建分校为校址。原签订租期 20 年，目前作为省军区的宿舍。存疑。

③ 美理登，法国人，1861 年 12 月 23 日开始出任闽海关税务司，直至 1871 年 8 月 5 日卸任。

④ http：//www. fzcuo. com/wiki/太平巷闽海关税务司住宅.

⑤ http：//www. fzcuo. com/wiki/太平巷闽海关税务司住宅.

⑥ http：//www. fzcuo. com/wiki/太平巷闽海关职员宿舍.

1949 年接收关产时仍存。① 太平巷两座职员宿舍，被仓山区改为仓山医院，② 现已消失。

海关巷闽海关员工宿舍，位于海关巷 5 号，为二层砖木结构。建筑主立面呈东西向，面阔八间，进深五间，其中中央开间格外小，疑是中廊式平面。角部较封闭，呈现典型的砖混结构受力特征，屋顶木桁架小青瓦四坡顶。建筑外观朴素，半圆券窗带有简单的线脚，檐口及层间也有简单的线脚，为简化的罗马风风格。其具体创建时间不明，一说始建于 19 世纪 60 年代。据光绪十七年（1891）出版的《Map of Foochow》显示，该建筑当时即由闽海关使用。1949 年后，该建筑为福州海关继承，仍属关产，2007 年 12 月，因南江滨大道建设，被拆毁，现为楼盘"中庚红鼎天下"。③

闽海关营前分关办公楼。建于清同治八年（1869）。三层砖木结构，殖民地券廊式风格。据《关声》记载，该办公楼的一楼为水手住所及储藏室；二楼为办公室；三楼为稽查员及家眷住宅。办公楼规模庞大，沿江面阔八间，进深达十二间（含外廊间数），楼高三层，比番船浦总关大得多。大楼为完全券廊式，以青砖砌筑，小青瓦四坡顶，傍有石码头。该建筑在 1988－1989 年左右被拆除，改建为一体量类似的多层建筑，仅余部分台阶和底座。约 1988 年，闽海关营前分关办公楼售于某房地产开发商，办公楼建筑被拆除，改建为多层建筑，仅余部分台阶和底座。④ 闽海关营前分关监察员住宅、闽海关营前分关稽查员住宅早毁。住宅北面原船只瞭望台亦存。"罗星高程基准面"标志位于闽江岸边，"罗星塔零点"标志位于闽江中，现存。⑤

（二）重建的海关建筑

闽海关新办公楼，位于海关巷 18 号，原为易昌洋行办公楼，建造时间约在同治初年，20 世纪 30 年代为闽海关购买。1949 年初闽海关老办公楼失火烧毁后，闽海关移往该建筑办公，因此称闽海关新办公楼。⑥ "文化大革命"期间，随着下放大批人员和改组机构，福州海关搬到省外贸局东街口办公楼办公，而原海关办公楼为省对外贸易运输公司所使用。办公楼后面的海关宿舍成了外贸公司

① 陈家环. 福州海关志：1861—1989 年. 鹭江出版社，1991：248.
② 陈家环. 福州海关志：1861—1989 年. 鹭江出版社，1991：247.
③ http：//www. fzcuo. com/index. php？ doc－innerlink－海关巷 5 号.
④ http：//www. fzcuo. com/wiki/闽海关营前分关办公楼.
⑤ http：//www. fzcuo. com/wiki/闽海关营前分关建筑群.
⑥ http：//www. fzcuo. com/index. php？ doc－innerlink－闽海关新办公楼.

的加工厂，平房也划归其名下。[①] 该建筑前临闽江，为仓前山常见的早期砖木结构券廊式建筑，面阔七间，进深也是七间，三面外廊，其中南立面未按自然间分割，而是采用了双柱，将中央五个自然间划分为四间。北面正中原有单间门廊已毁。墙身石砌勒脚，墙面带有面漆，四角砌石。建筑北面有码头，直临闽江。

2004 年，闽海关新办公楼被划入南江滨大道规划红线，此时福州海关（拥有闽海关等 5 座老建筑产权）致函福建省文物局，试图将其申报为文物。2005年，在南江滨大道的建设过程中，闽海关办公楼未能实现原定的"整体平移"，转而采取"异地迁建"的方案，经福建省建筑科学研究院测绘、标号后被拆除。[②]

这座建筑不久前在附近重建，挂上的海关巷 17 号牌子，作为已经消失的海关巷的遗存。福州海关打算将它作为闽海关博物馆。

（三）列入近代优秀建筑保护名录的海关建筑

乐群路闽海关税务司公馆（官邸），位于仓山乐群路 12 号（原为乐群路 6号），始建于 1877 年，现建筑为 1926 年重修。1949 年后，该楼随闽海关为政府接收，并在此后由政府统一调配改变用途；1950 年给原省土产公司作为办公楼，东街口外贸大楼建好后，土产公司于 1957 年搬到外贸大楼，该公馆又为省外贸轻工抽纱公司作为宿舍，直到 1990 年前；[③] 烟台山历史风貌区改造前，是福建省外贸局的职工宿舍，[④] 以及部分其他人员混住，产权归仓山区房管局所有。烟台山历史风貌区建设开始后，原有居民外迁。它的建筑形式为殖民地柱廊式，砖混结构，占地面积 475 平方米，长 19 米，宽 25 米，高 15 米，地上 2 层地下 1 层。四面出外廊，但因四角截去，外廊没有连通，成为单纯的阳台，不再具有防卫功能。建筑立面上柱廊也不发券。主体建筑位于山坡上，地势较高，面临闽江，视野开阔，景观良好。院内植被绿化较为丰富，正门前古榕一株直径可达 1.7 米，后院植被众多。[⑤] 最近已经修缮，在内部陈设"闽海关文化主题展"，作为福州召开的世界遗产大会的参观点之一。

闽海关副税务司官邸，位于仓山区立新路 5 号。1949 年，该建筑作为闽海关的资产，随闽海关为政府接收。20 世纪 50 年代搬入众多住户，随着住户家庭

---

① 陈家环. 福州海关志：1861—1989 年. 鹭江出版社，1991：247.

② 位于宁德三都澳的福海关建筑，早在 1992 年评定为县级文物保护单位，并在 2009 年得到修葺。

③ 陈家环. 福州海关志：1861—1989 年. 鹭江出版社，1991：250.

④ 访谈对象：住户林先生，福建省外贸局退休职工。访谈时间：2013 年 11 月 23 日。

⑤ http：//www. fzcuo. com/wiki/乐群路闽海关税务司公馆。

人口增加，自行将游廊封闭，改造成房间，用以住人。所有单位是闽海关和仓山房管局。现在居民已迁出。建筑为二层砖木结构，占地面积 506 平方米，高 8.6 米，长 22.9 米，宽 22 米。典型券廊式（也叫殖民式）平面，走道位于房屋中间，左右各两间房间，面积很大。同侧的两间房中间隔断为一排折叠木门，打开则成一大厅，可举办宴会。房间内有精美壁炉。窗户为木制百叶窗。房间四周原为游廊，加上架高的半地下层以及实木地板，均为通风设计。建筑外观呈不完全券廊式，一楼柱廊发券，二层则为平过梁。院内有巨大古榕一株，高达 10 米，法国进口大叶南洋杉，高达 13 米，芙蓉树两株，刺桐、桑树合欢、樟树若干。建筑一侧有小花园。院前原为一片小树林，多半为龙眼树和荔枝树。① 该建筑紧邻麦顶小学，原来可以沿坡到达，现在被小学围墙圈入。

此外，闽海关营前分关监察长住宅是营前分关建筑群中现存的唯一建筑。该建筑保存状况较好，近年经过整修。

2014 年，福州市出台了《烟台山历史文化风貌区、公园路历史建筑群、马厂街历史建筑群保护规划方案》，规划范围内共有 8 处文物保护单位，共计 15 个文物建筑。其中有省级文物保护单位烟台山近代建筑群。保护规划范围内的 23 处已公布的福州市优秀近现代建筑中，包括乐群路闽海关税务司公馆旧址、立新路闽海关副税务司公馆旧址。这两处建筑还被列入《福州市区近代优秀建筑保护规划》，属于未列级文物，受《文物保护法》保护。位于仓前山的这两处闽海关建筑现在都已得到修缮。

福州尚存的几座闽海关建筑是现存不多的近代西式建筑之一，规模较大，造型较佳，结构完整，保存完好，且资料保存较完整。它们地处近代建筑曾经分布较密集的地方，是研究海关史、建筑史、城市史的重要实物资料。对于这些遗存的历史建筑，需要采取积极有效的措施加以保护，将文化遗产保护纳入城市规划，建立健全法制体系，重视保护与利用的结合，促进城市的发展，延续福建的海洋文化。

（作者系福建省委党校、福建行政学院社会与文化学教研部教授）

---

① http://www.fzcuo.com/wiki/闽海关副税务司公馆。

六百年华风驰荡"海丝"路

——印度尼西亚民间文学中郑和故事的当代意义

肖　成

2013 年习近平主席倡议共建"丝绸之路经济带"和"21 世纪海上丝绸之路",唤醒了世界各国对"丝绸之路"① 辉煌历史的丰富记忆。"丝绸之路"是一条始自中国,向西连接欧、亚、非三大洲的商贸文化之路。它沟通了欧、亚、非三大洲上兴起的诸种文明,使分布于世界各个地区"社会空间"的不同人群,在持续不断地相互接触与碰撞中,逐步打破了原来相对孤立、封闭和分散的状态,逐渐融合成为一个具有密切联系的整体世界。因此,"丝绸之路"的开拓与发展实际上是一部人类文明互动与交往的全球史。这一战略构想不仅从历史与文明的高度展示了中华民族从汉唐盛世走向伟大复兴的光明前景,而且为我们从更广阔的范围审视中华文化在边疆地区、海疆地区、周边各国互相传播交流的脉络,提供了前所未有的大视野,意义非凡。从张骞凿空西域、玄奘西行,到鉴真东渡、郑和下西洋,中华文化确实有这样一种海纳百川、有容乃大的大国气度。如何在共建"一代一路"中"讲好中国故事,传播好中国声音",确实是让国际社会了解中国的一个便利途径。其中文艺乃最具优势的交流方式之一,在中外交往方面发挥着无可替代的作用。一部小说、一篇散文、一首诗、一幅画、一张照片、一首歌、一部影视剧、一出戏曲,都能给人们了解中国提供独特视角,都能以各自魅力去吸引人、感染人、打动人。近年来,"中国故事"已愈来愈成为当今文学中的亮点和重点,如何"讲好中国故事",再现江山一统、四海咸宾的盛世气象,亦日益成为作家之文学新追求。

15 世纪大航海时代开启前后,"海上丝绸之路"被卷入新世界贸易体系与国际海洋网络中,欧洲商人、传教士不断来到东方,中国文化、印度文化、伊斯兰

---

① 除了"陆上丝绸之路"之外,广义的"丝绸之路"还包括"草原丝绸之路"和"海上丝绸之路"。

文化与欧洲文化的碰撞成就了"海上丝绸之路"的新篇章。明代永乐年间，我国古代最伟大的航海家，也是世界航海史上伟大的先驱者郑和率领明朝船队"七下西洋"这一伟大壮举，前后历时 28 年，时间之长，规模之大，在世界航海史和文化交流史上，均可谓空前绝后。据史书记载，15 世纪初叶，郑和"经事三朝，先后七奉使"，率巨舰百艘，自福州五虎门出发，率领"维绡挂席，际天而行"的浩荡船队，在"颠簸岳涛"中"奔橦踔楫，掣掣泄泄，浮历数万里，往复几三十年"。[①] 郑和所率领的船队曾先后访问过全球数十个国家和地区，受到东南亚、南亚、西亚、东非诸国的热烈欢迎，以致出现"天书到处多欢声，蛮魁酋长争相迎"[②] 的场面，前所未有地拓展了"海上丝路"的航程和区域。当时的文人即围绕这一盛事创作了许多诗歌、戏曲、小说、游记和见闻录，宣扬"郑和下西洋"的盛事，譬如当时跟随郑和下西洋的文人马欢著有《瀛涯胜览》、费信记述了《星槎胜览》、巩珍撰写了《西洋番国志》，以及《西洋朝贡典录》等具有史料价值的"见闻录"体例的游记文学。其中尤以明朝罗懋登的章回体长篇小说《三保太监西洋记通俗演义》在民间流传最广、影响最大，此后一直到 20 世纪 90 年代的东南亚诸国的文学史上，以三宝太监郑和下西洋为题材的民间讲唱作品更是频出。至清中叶，旅居噶喇吧（今雅加达）的福建漳州华侨程日炌和王大海分别著有《噶喇吧纪略》与《海岛逸志》。这两部海外华侨"见闻录"不仅记述了乾隆年间噶喇吧及周边之自然风貌、居民习俗、社会结构、种族关系，以及华侨社会生活和殖民统治状况等，更反映了东南亚地区，无论在政治、经济、商贸，还是文化方面，都与古代中国有着非常紧密的联系。鸦片战争之后，许多有识之士已经注意到海洋战略的重要性。魏源所著的《海国图志》更极力呼吁改变传统的以西北大陆为重心的关注倾向，呼吁人们重视南洋在军事、商业、政治和文化上的重要地位。由此可见，南洋之为重要的枢纽，不仅在当今全球化发展进程中，更在亚洲论述与区域文化网络重建中，具有特殊意义。

由于在"七下西洋"期间，郑和和船队曾多次访问过印度尼西亚群岛诸国，因而至今在"千岛之国"依然流传着许多关于郑和的瑰丽传说。这些传说不仅反映了印度尼西亚人民和当地华人、华侨对三宝太监郑和的崇敬和热爱之情，而且在中国和印度尼西亚两国的文化交流史上亦有着重要文学价值和历史意义，因为迄今尚无任何郑和之外的历史人物能在印度尼西亚留有如此众多美好动人的传说。

① 张廷玉. 明史·宦官. 中华书局，1974：217.

② 瀛涯胜览·纪行诗（一）//马欢，著. 万明，校注. 瀛涯胜览，海洋出版社，2005：26.

然而，由于以往对于"郑和下西洋"的研究大多侧重于考古学、历史学、经济贸易和外交史意义上的研究，故对其在中国和印度尼西亚文化交流史中的重要价值和意义的探讨就显得不够充分，因此本文拟就此做些探究，以期抛砖引玉。

我们首先来欣赏一下印度尼西亚民间文学中流传的众多关于郑和的爱情故事。在这些爱情传奇中，三宝太监郑和与爪哇公主的爱情故事文学色彩最为浓厚，情节最为动人，也流传最广泛。相传郑和队到爪哇访问期间，郑和在泗水附近的谏义里邂逅了满者伯夷王朝特胡兰国王勃罗维佐约的女儿黛维·基里苏芝。这位公主高贵美丽，婀娜娇媚。三宝太监一见到她立即惊为天人，沉醉于她的花容月貌之中，虽然郑和是一个太监，但他也同样像普通人一样渴求爱情，衷心希望娶公主为妻。是时，许多追求者争先恐后向公主大献殷勤以博美人欢心，可是公主却全不在意，一颗芳心独独系于三宝太监郑和一身，因郑和不仅"丰躯伟貌，博辩机敏"，[1] 而且"眉目分明，耳白过面，齿如编贝，行如虎步，声音洪亮"。[2] 最后经过激烈的竞争，英俊威武、才智超人的郑和打败了所有竞争者，终于抱得美人归。当郑和向黛维·基里苏芝公主求婚时，娇贵公主却出了一个难题来考验他，要求郑和必须用黄金将其饭锅填满来表达其爱心。郑和派手下火速将船上黄金成袋运来以填满公主的饭锅。没想到装黄金袋子因磨损出洞，令黄金在搬运中纷纷沿路掉落，最后竟堆成爪哇著名的格曼邦金山。当郑和船队上的金块全部运光之后，公主的饭锅却仍未能填满，此时郑和才发现那些装运金块袋子上的窟窿，可惜补救已经来不及了。这令郑和感到十分遗憾，只得向公主致以诚挚歉意。公主被郑和的真诚所感动仍决定嫁他。可是郑和是太监，不能与公主像普通人那样获得鱼水之欢，因此他们就在格曼邦金山的斯罗曼伦·格罗多这个地方通过坐禅方式来谋求精神上的幸福和满足。这个感人肺腑的爱情故事在印度尼西亚民间流传甚广，在爪哇民众心目中，郑和不仅是个潇洒威武而又富有人情味的英雄，而且是一位带来财富与幸福的使者。

至于印度尼西亚民间文学中，关于郑和或郑和船队成员造福当地百姓的神奇传说也很不少。譬如遐迩闻名的爪哇三宝庙的传说就是一个相当典型的例子。三宝庙的建筑宛如一艘倒扣的船。庙前的榕树盘根错节，仿佛是一条乱成一团的插链。庙内有福德正神庙、船舡爷庙、船锚庙、郑和船队的水手们住过的纪念堂等。其中船锚庙内供着一只大铁锚，传说是三宝大人的船队留下的。庙内还有三

---

① 傅维麟. 明书·郑和传. 浙江天一阁藏本：32.
② 袁忠彻. 古今识鉴. 浙江天一阁藏本：41.

宝墩，相传为郑和船队一艘船的沉没处。这些都使人立即想起当年郑和船队抵达"三宝垄"①的繁盛情景。此间还一直流传着郑和船队的领航员王景弘②的故事，王景弘曾多次随郑和出航"下西洋"。有一次王景弘病倒暂住三宝垄附近的森望安休养，等病愈之后再赶上船队。王景弘在当地生活养病期间，主动教当地居民和中国移民用先进技术生产、种地、经商。因此王景弘老死后，当地居民和中国移民把他的墓敬为圣地，并修建了一座纪念性的寺庙。自此三宝垄修建的郑和雕像和王景弘之墓，成了人们膜拜或瞻仰之地。数百年来，这座三宝庙不仅在印度尼西亚，而且在东南亚各地都声名远播，世界各地的善男信女络绎不绝地前来瞻仰凭吊、烧香膜拜，庙内香火鼎盛，终年缭绕。在这座三宝庙前侧，有一口水井，被称为"三宝井"，据说这是当年郑和亲手开掘的。该井又名"龙潭"，长年不竭的井水被人们视为"圣水"，传说可抵御百病，治疗绝症，甚至还能"返老还童，永葆青春"。而在东爪哇泗水贝拉港不远也有一座纪念郑和的庙。庙宇前厅陈列着一支郑和船队的模型。当地人和华侨把它敬作神物，经常前来祈祷，以求降福赐祉，避祸禳灾。在庙宇后厅，有一座巴·拉都的坟茔。拉都原是"女皇"的意思，这里则是郑和的象征。墓侧有一根长 6 米、直径为 60 厘米的圆木柱。当地居民说这是郑和船队遗留下来的圣物。为了表示对郑和的景仰，人们不断向拉都庙献上鲜花、供香、念珠等。

另外在巴利岛邦里县外大约 40 千米处的巴都尔村有一座纪念郑和船队厨师的庙。它位于巴都尔庙的第三殿，建于金达曼尼山上。它高高耸立，俯视着巴达火山和巴都尔湖。这座庙宇虽不富丽堂皇，但是在当地人心目中，却具有庙魂——拉都·苏班达尔，即海港之神的地位。庙内有两尊神像：左边是身着明朝服装的白须老人，右边是手持篮子的女子塑像。庙中祭台上安放着一只铜香炉，上面刻着人们所崇敬的一些中国英雄豪杰和圣贤哲人。墙上挂的是三角形红绸旗，中央则是一条黄龙，还有两枚明朝铜钱和一首毛笔书写的中文诗，写的是三宝厨师的来历。这名厨师的故事也相当具有传奇色彩，传说郑和船队抵巴利岛

---

① 这是因郑和船队多次停靠贸易而形成的一座城镇，当地民众为纪念郑和而将此地命名。

② 王景弘同郑和一样是我国历史上伟大的航海家、外交家。福建漳平人，生卒不详。洪武年间（1368—1398），入宫为宦官。永乐三年（1405）六月，偕同郑和等人首下西洋。永乐五年（1407），二下西洋。宣德五年与郑和同为正使，人称王三保。宣德五年（1430）六月，六下西洋。宣德八年（1433），七下西洋，郑和病逝于印度古里。王景弘率队归返，宣德八年七月初六（1433 年 7 月 22 日）返回南京。宣德九年独立承担第八次下西洋后，再未返归故里。

时，停泊在邦里县海滩，其中有一艘船驶往巴都尔湖。这艘船上有一名江姓厨师，迷恋上了巴利的一位舞女，于是离开船队留下和舞女成婚，之后生了个女儿，取名江金花。江金花长得妩媚娉婷，被巴都尔的国王娶为皇后。后来国王将其国土称作"巴利江"，即由"巴利"和皇后的姓"江"合成。数百年来，在巴利人心目中，江金花作为美艳绝伦的中国公主闻名遐迩。江厨师去世后，当地百姓为纪念他在巴利寺庙外给他建了一个祠堂，庙内至今还陈列着三宝厨师用过的菜刀、拖鞋和竹烟斗。这些遗物均被视为神圣之物，平时珍藏在寺庙附近的九层宝塔内。只在每年巴利历四月纪念海港之神的诞辰日时，上述圣物才向公众展出。其他时间则任何人都不能强迫守庙人打开九层宝塔门，否则将遭到神明惩处。许多巴利人，特别是商人，常来此庙祈求海港之神保佑他们生意兴隆、财源滚滚。同这个故事类似的还有雅加达的三宝水厨庙的传说，也相当动人。在雅加达的安卓尔有座三宝水厨庙，又叫"忠义之船庙"或"浓迎庙"。庙内陈列着两把锋利的宝剑，剑柄上雕刻着精致的图案，相传是三宝太监的遗物。庙内供奉着三宝水厨的神像。相传郑和的船队抵达雅加达的金星港（即今丹戎不碌港）后，船队里一位厨师在观看当地"浓迎舞蹈"演出时，与名叫西迪瓦蒂的舞女一见钟情。当郑和船队离开金星港时，那位厨师不愿再随船队出发，而是留下与西迪瓦蒂喜结良缘。几年以后，三宝太监率领船队再次抵达雅加达，向当地人打听那位厨师的下落。不幸，那位厨师与他的爱妻已双双仙逝。于是郑和便发话道："让这位水厨做当地的一个神来保佑大家吧！"于是人们塑造了"三宝水厨"的神像加以膜拜。每年的巴利历四月和八月，当皎洁的月光洒向大地时，人们便在庙前举行欢快的浓迎舞会，以纪念三宝水厨夫妇。而此时此刻，三宝水厨和西迪瓦蒂的灵魂也会欣然光临。凡是想寻找情侣者，只要不吃猪肉和臭豆（一种豆科植物），到三宝水厨庙祈祷后，便能在三宝水厨神灵的庇佑下如愿以偿，令情人终成眷属，而此庙也就成了当地"月老庙"。这座三宝水厨庙此前鲜为人知，后来安卓尔地区洪水泛滥，众多的房舍纷纷倒塌，惟有此庙安然无恙、傲然屹立。于是人们始信三宝水厨的灵魂可以像神灵一样庇佑当地百姓，这也就是三宝水厨庙至今仍被当地民众视作圣庙的原因所在。此外，井里汶的宋加拉基庙也有一个关于郑和的故事。传传爪哇井里汶附近当时有一条妖蛇不断侵扰井里汶地区的居民，三宝太监铲除了妖蛇，并一夜间建成宋加拉基庙来庇护当地人民。

　　我们再来了解一些与郑和相关的名胜古迹、器物与风俗的传说。郑和在"七下西洋"的过程中留下了许多珍贵遗迹。其中，邦加岛的"郑和足印"就颇富盛名。学者罗井充在《南洋旅行记》中述及，在苏门答腊东侧的邦加岛有块大石，石面下凹，形似足印。据说当年郑和到邦加岛访问时曾立于那块石头上，因用力过猛致石上留下足印。距石块不远处的海中有根木桩，传说这是郑和当年揽船的桩。有意思的是，关于这块留有郑和足印的巨石，还有另一个传说。当年郑和船队路经此处，三宝太监郑和见此地景色优美，船队泊岸后，郑和离船站在这块石头上使了一点法术，顿时从海中浮现出一个岛来，即今日的邦加岛。因为三宝太监行法术时在石头上站得久了些，脚有些麻木了，于是顿了顿脚就留下了这个巨大脚印。在井里汶有一座名叫威勒斯·阿茜的庙。庙后墙壁上有幅画——那是一支飘扬着中国明朝旗帜的船队。在画像边陈列着一只高达 3 米的黑色大锚。此锚是 20 世纪 60 年代在威勒斯·阿茜庙附近发现的。在爪哇淡目有座古老清真寺，为当地伊斯兰圣地。该寺门上刻有中国龙形图案，寺中高悬来自中国的琉璃灯，墙上嵌着装饰瓷盘，传说这些都是三宝大人郑和的遗物。张燮在《东西洋考》还提及其他郑和遗迹："在爪哇之顺塔（今雅加达）有石碇，相传是郑和所遗，重只百斤，但二十余人抬之不起。"《名山藏》则云："二千人也抬之不起。"《海岛逸志·噶喇吧纪略拾遗》亦述及："三宝石。土库口荷兰室中有石笋，长可二三尺，去之复生，相传以为明王三宝下西洋，系船于此。"而印度尼西亚的阿古斯·苏佐第在《三宝大人的遗物》一文中也写道，传说三宝大人访问爪哇期间，在什浪到芝干特的路上，曾留下使用过的手杖，如今这手杖已变成了一根石棍。今天在巴利寺庙的祈祷仪式中，人们仍然使用铜钱的习惯也与郑和有密切关系。据说这些铜钱是郑和访问巴利岛时留下的。此外，巴利人迄今还摹仿郑和拍手招风的习惯。据说天气炎热时，三宝太监郑和常常坐在甲板上拍手招来清凉的风。现在，巴利人还喜欢在酷热时拍手以驱热气、迎凉风。至于郑和赠送给亚齐青铜钟的故事更是脍炙人口。苏门答腊北部亚齐的巴达尔·拉雅博物馆，陈列着一座巨大青铜钟。据传该钟是当年郑和来访时，赠给亚齐的须文达那·巴赛国王的。据《三宝太监简史》记载："1419 年郑和以永乐皇帝的名义赠给（苏门答腊岛上）须文达那·巴赛国王一座巨钟，钟名为'扎格拉·东雅'。"此后每当发生危急事件时，城里便鸣钟报警，告诉大家提高警惕。故当地不少居民亦将该钟视为圣物，他们在钟前祈祷以求赐福。这口巨大的青铜钟今天已成了中国与印度尼西亚友好的象征。

此外，特别值得一提的是关于郑和与两种水果——杜固（音）与榴梿的传说。印度尼西亚有一种形如枇杷的果品——杜固。它的每个果瓣上都仿佛有一个指甲印，相传是三宝大人吃杜固时留下的痕迹。而印度尼西亚水果之王——榴梿，也与郑和有密切关联。《海岛逸志》载："榴梿树如羊桃，实大如柚，剖之，肉颗颗如鸡蛋,色白有核,有香浓浊不堪,妇人嗜之,华人且掩鼻而过焉。"传说当年郑和访问印度尼西亚时,有一次恰遇瘟疫横行,当地民众纷纷祈求郑和救助。郑和于是嘱咐其食榴梿以避瘟疫,人们听了郑和的话吃起了榴梿,结果真的消除了瘟疫。自此以后许多印度尼西亚华人也逐渐如同当地居民一样喜爱上了吃榴梿。至于印度尼西亚各地流传的"舢板跳鱼"的故事亦与郑和有关。传说三宝大人的船队有次抵达爪哇时,忽有一条大鱼蹦上了舢板翻腾,却始终无法重新跃入水中。此时心地善良的三宝大人急忙用手把它抓起投入海中放生。从此这种鱼的脊背上就留下了三宝大人的 5 个指纹。人们管它叫"舢板跳"。在马来语词典中这种鱼叫"ikan talang"(班条鲹),而当地老百姓则把这种鱼叫作"三宝公鱼",其中对三宝太监郑和的纪念之意不言自明。

从以上所述的印度尼西亚民间文学中流传的郑和故事中可见,郑和的形象具有英俊、机智、善良、神奇,又广施恩泽的色彩。而郑和下西洋的目的也同当时西方诸国所推行的殖民主义完全不同,主要是寻求中国与周边国家与地区的和平与友谊,建立和发展友好外交关系、平等互惠的海外贸易关系,传播先进文化和技术,使"海丝"之路沿线国家能够更加国泰民安。在当今全球化的时代大潮中,中国不仅提供了符合当今国际关系的全新的理念,即人类命运共同体的价值理念。人类命运共同体的价值目标,"不是狭隘的国家利益、狭隘的国家安全和国家在国际体系中的主导地位,而是人类命运共同体。这个目标既不像'乌托邦'那样虚无缥缈,也不是像西方殖民主义那样陷入'丛林法则'之中",而是"以共同价值为基础,以独立自主的和平外交为手段,以全球伙伴关系为纽带,秉承共商共建共享的全球治理观,以开放的姿态和高举着和平、发展、合作、共赢的旗帜,来追求人类共同的可持续发展的'天下大同'世界"。而"一带一路"的共建,以及"讲好中国故事,传播好中国声音"的历史召唤和当代需求,带给东南亚诸国新的发展契机、使命和任务。而中国文化要素与东盟各国文化要素在重建"海上丝绸之路"的具体实践中流动、交流、融合,使长久沉睡在历史长河之中的文化要素,在"一带一路"的实践中不断被激活,并焕发出新的生命。"郑和下西洋"的盛举也就在其中被赋予了崭新时代意义。

(作者系福建社会科学院副研究员)

试析福建海洋文化的保护和利用

陆　芸

　　海洋文化是人类对海洋的认识、利用和因有海洋而创造出来的精神的、行为的、社会的和物质的文明生活内涵，其内容十分广泛。福建是中国的海洋大省，海岸线曲折绵长，海域岛礁众多，滩涂面积广大，海洋渔业资源丰富。独特的区位条件和复杂的海洋环境孕育了福建文明的起源、发展与传承。在长期开发、利用海洋的过程中，福建逐渐形成了具有鲜明特色的海洋文化，体现在福建具有类型多样的海洋文化景观，有海洋古遗址文化（深沪湾海底古森林遗址、昙石山文化遗址），海洋军事文化（崇武古城、厦门胡里山炮台、长门炮台群），海神信仰文化（妈祖、临水夫人、通远王等），海洋商业文化（泉州、福州、漳州的海上丝绸之路遗迹）。

　　福建海洋文化景观的形成既有自然环境的影响，又有社会人文环境的影响。早期深沪湾海底古森林遗址保存了 7800 多年历史的油杉树林遗迹，数千年的牡蛎礁，以及可展示古生代、中生代、新生代等漫长地质历史演变过程中形成的多种海蚀变质岩，它们是自然环境变化的产物。昙石山文化遗址显现了原始社会晚期闽人先祖生产、生活和墓葬的状况。其中出土的贝壳说明闽人的渔猎生活，闽人先祖以江海交汇处丰富的水生物为生活的资源。随着生产力水平的提高、生产结构的转变，人们利用海洋、人们开发海洋的能力也不断提高。泉州"海上丝绸之路"遗迹包括了姑嫂塔、石湖塔、洛阳桥、安平桥等许多海外交通史迹，也有开元寺、艾苏哈卜清真寺、草庵摩尼教寺等外来宗教文化遗址，还包括了外销瓷窑址遗址，如磁灶窑系金交椅山窑址、德化窑址，内容丰富，体现了中世纪泉州海纳百川的气势。登上九日山，浏览着众多的摩崖石刻，可以发现许多内容与祈风有关，联系后渚港出土的宋代海船，说明泉州是福建乃至中国海洋商业文化的代表。以湄洲妈祖庙为代表的妈祖文化是福建海洋文化走向全国，乃至世界的代表。北宋宣和年间，宋廷派徐兢等赴高丽，回国后，他写了《宣和奉使高丽图经》，文中记载："宣和五年（1123），给事中路允迪等奉使高丽，因中流震风，七舟俱溺，独路所乘，神降于樯，安流以济，使还奏闻，朝廷特赐'顺济'庙额……"徐兢等人是从宁波出发去高丽的，他们奏请朝廷在山东蓬莱建"顺济庙"，使妈祖由福建区域的神祇，逐渐晋升为全国性的海神，南宋时，杭州、上海建有天妃宫。元代明州（今宁波）建的"灵慈庙"供奉的也是妈祖，随后，明、清历代政府对妈祖都有褒奖，信奉妈祖的庙宇在秦皇岛、大连、广州、汕头、香港、澳门等都可见到，妈祖信仰还随着海员和移民传入了日本、朝鲜，以及东南亚国家。从这些海洋文化遗存来说，福建的社会人文环境对海洋文化的影响更大。

福建海洋文化的形成不是一蹴而就的，有一个漫长的发展过程。福建海洋文化景观主要集中在福州、泉州、漳州、厦门，历史上它们都是港口城市，曾"以港兴市"。福州的港口历史最悠久，它的海洋文化特色在于马尾船政文化，马尾船政文化始于1866年左宗棠、沈葆桢在福建马尾创办的福建船政，其不仅是中国近代造船工业的先驱，也是近代中国以西方教育模式培养学生的开始，体现了中国近代先进科技、高等教育、翻译传播等的丰硕成果。泉州是宋元时期中国"海上丝绸之路"文化的代表，当时繁荣的海外贸易曾吸引了众多外国商人，呈现"市井十洲人""涨海声中万国商"的景象，众多的航海贸易设施和多元宗教文化是泉州海洋文化的特色。厦门是鸦片战争后"五口通商"的口岸之一，20世纪80年代厦门成为中国首批实行对外开放的经济特区之一，其特色在于近代中西合璧的建筑文化，海外华人、华侨将一些国外的建筑艺术用在本土的建筑上，鼓浪屿有"万国建筑博览会"的美誉。

丰富的海神信仰是福建海洋文化的一大特色。由于海洋神秘莫测、自然灾害频发，沿海岸居住的居民很早就对海洋产生了崇拜之情，从早期的龙王、观音，到后期的通远王、妈祖、临水夫人等，这些海神信仰在福建曾经长期并存，并且相互渗透。例如临水夫人原本是妇女儿童保护神兼水神，在福建东部、浙江南部影响较大，后被讹传为天妃之妹，被纳入妈祖信仰体系。其他被纳入妈祖信仰体系的还有龙王、伏波将军等，没被纳入妈祖信仰体系的海神信仰有拿公、陈文龙、圣公爷、巡海大帝等。这些信仰构成了福建海洋文化的多层次文化结构，在福建的不同区域拥有各自的信众，影响到信众的思想意识、生活习俗等方面。随着社会的发展，福建海洋文化对海洋经济的影响也日益加强，从早期的渔业、制盐业，发展到造船业、陶瓷业等，福建海洋经济与海外贸易的联系越来越紧密。福建的海洋文化克服传统农业社会造成的重农轻商、安于现状、因循守旧的思想，培养出福建海商以船为家、不惧远航、爱拼会赢的特点。

福建海洋文化的另一大特点是海防遗址众多。元代以后，尤其是明清两代，严峻的海防形势使朝廷在沿海地区建立了大量的要塞、炮台等防御设施。崇武古城是明代为抵御倭寇而建设的，目前是中国现存最完整的丁字型石砌古城。清政府在福州马尾曾设立长门提督衙门和福州造船厂。福州马尾船政博物馆还保留了清代古炮台。长门炮台群位于连江县琯头镇、闽江口北岸，是闽江口的主要防线，其主建筑是清代的产物。厦门的胡里山炮台是清代洋务运动的产物，保存至今的克虏伯大炮曾被鉴定为"世界现存原址上最古老最大的 19 世纪海岸炮"。龙海市港尾镇南炮台，与胡里山炮台南北对峙，互为犄角，守护着厦门港。这些海防遗址现在成为爱国主义教育基地，是实施全民海权教育的基地。目前，我国东海、南海的海洋权益正受到严峻的挑战，一些海上邻国对历来属于我国的岛屿和海域，提出无理的要求。这些海防遗址提醒我们，捍卫海洋权益十分重要，屈辱的历史不能重现。

近几年，以泉州申报世界文化遗产为契机，福建对福州、泉州、漳州有关海洋文化的遗址做了修缮、环境整治等工作，制定了保护计划，尤其是与"海上丝绸之路"相关的遗址。2019 年 5 月召开的（中国）"海上丝绸之路"联合申遗城市联盟会议加入澳门、长沙后，联盟城市达到 26 个，福建的福州、漳州、莆田是联盟城市。福州的申遗点有 6 个，分别为闽王祠、淮（怀）安窑址、迥龙桥、东岐码头、登文道码头、三峰寺塔。漳州以月港遗址和瓷器窑址为中心申报，月港遗址有明代码头遗址 7 个，分别为饷港码头、路头尾码头、中股码头、容川码头、阿哥伯码头、溪尾码头、店仔尾码头，平和南胜窑和华安东溪窑出产的瓷器是明代漳州外销的主要商品，这两个窑址是漳州的申报点。莆田以妈祖文化发祥地参与申报，湄洲妈祖祖庙和贤良港天后祖祠是申遗点。2020 年 4 月"古泉州（刺桐）史迹"正式更名为"泉州：宋元中国的世界海洋商贸中心"申遗，2021 年 7 月泉州申遗成功，成为中国第 56 个世界文化遗产。

借助申遗的契机，福建文化厅联合相关部门对闽江、晋江、九龙江、汀江等古代河运与"海上丝绸之路"的渊源做了深入的梳理和研究；推进平潭海域、漳州海域等水下沉船的保护和利用，争取设立福建水下文化遗产保护和研究机构。福建依托一些博物馆举办相关展览，向公众介绍海洋文化。福建博物馆联合国内其他博物馆主办的"丝路帆远——海上丝路文物精品展"，比较全面地展示了中国"海上丝绸之路"的历史，先后在 18 个国家 21 个城市展出，还到联合国总部、一些东南亚国家展出，得到了广泛好评。泉州海外交通史博物馆、闽台缘博物馆、泉州华侨华人博物馆等也相继举办了有关航海、华人华侨、外销陶瓷等展览，宣传了福建的"海上丝绸之路"历史和海洋文化。福建衔接国家"丝路书香""丝绸之路影视桥"等工程，举办了"海上丝绸之路"相关论坛、艺术节、电影节、博览会、旅游节等重大活动，如"21世纪海上丝绸之路"国家级研讨会、东亚文化之都·2014泉州活动年暨首届海上丝绸之路国际艺术节、第十四届亚洲艺术节暨第二届海上丝绸之路国际艺术节、首届丝绸之路国际电影节福州分会场和第二届丝绸之路国际电影节（福州主会场）等，多角度、多维度、多层次地向世界宣传福建"海上丝绸之路"文化，讲好福建的海洋故事，宣传了中国的海洋文明。

福建对于海洋文化的利用也体现在福建文艺工作者创作的一些剧作上。福建歌舞剧院创作的大型舞剧《丝海梦寻》讲述了泉州一户人家两代水手远航西亚的故事。此舞剧在泉州、福州、上海、西安、澳门等30个城市公演，还赴联合国总部、联合国教科文组织总部、欧盟总部演出。福建省芳华越剧团的《海丝情缘》讲述了明代中医何春霖远渡重洋，与西班牙姑娘赛莉娅相识、相爱的故事。除中国传统戏剧越剧外，《海丝情缘》还加入了西班牙舞曲、闽南木偶戏等元素。闽剧和歌仔戏是福建的地方传统剧种，福州闽剧传承发展中心艺术出品的闽剧《陈靖姑》讲述了妇幼保护神陈靖姑的故事。陈靖姑信俗走出福州，后来传播到马来西亚、新加坡等东南亚国家，是"海丝"文化的重要内容。厦门歌仔戏研习中心与台湾戏曲音乐协会合作排演的《侨批》，向人们介绍了主人公黄日兴的爱情悲剧，体现了侨批是闽南华侨华人的乡愁记忆。

福建在海洋文化的保护和利用方面走在全国前列，但也面临着一些压力和挑战，压力来自遗产保护和城市开发建设之间的矛盾，挑战来自如何在现代环境下保存好原先的历史风貌。这需要我们认真贯彻"保护为主、抢救第一、合理利用、加强管理"的工作方针，如今，各级政府、各个部门对于文化遗产的认识提高，意识加强，各项措施落到实处，但仍有提升空间，我们要进一步提高全社会保护海洋文化的自觉性，形成人人关心、人人参与、人人有责的良好氛围，统筹好文化遗产保护与城市发展、旅游的关系，一方面要保护好福建的海洋文化遗产，另一方面要在保护中利用。科学的利用有利于保护，也有利于更好的传承。

2021年7月在第44届世界文化遗产大会召开之际举办的"海上丝绸之路遗产的保护和研究"研讨会上，中国国家文物局副局长宋新潮表示中国将继续加强与联合国教科文组织等国际组织、各"海丝"沿线国家的国际协商与合作，共同做好"海丝"的保护，探讨跨国联合申遗策略。国际古迹遗址理事会主席特蕾莎·

帕特里希奥认为"海上丝绸之路"申遗需要制定一个时空框架，要界定各个遗产点对突出普遍价值的贡献和彼此之间的联系，研究遗产点之间在变迁过程的关系。所以"海上丝绸之路"的保护和研究不仅是中国的使命，也是"海丝"沿线国家共同的事业。福建拥有众多的"海丝"遗迹，有关"海丝"保护和联合申遗正在有序推进中。我们要清醒地认识到"海上丝绸之路"文化遗产的保护和利用，是积极落实"21世纪海上丝绸之路"倡议的重要举措，它不仅有利于拓宽中国与"海上丝绸之路"沿线国家的文化交流，也有助于增进友谊，促进民心相通。

（作者系福建社会科学院副研究员）

关于福建海洋非物质文化遗产保护与利用的思考

黄艳平

海洋文化是人类文明的源头，21 世纪是海洋战略和文化战略的竞争时代。党的十八大提出海洋强国战略，海洋文化则是强有力的精神支柱。海洋强国建设与海洋文化建设是两个相互依托、支持的国家战略，世界海洋强国之间的竞争，在一定程度上就是海洋文化的竞争，是海洋思维、海洋意识等文化因素的综合体现，海洋强国建设需要先进海洋文化的支持。伴随着"一带一路"战略的实施，海洋文化遗产保护研究逐渐引起学界重视。

福建是海洋资源大省，海域面积达 13.6 万平方千米，海岸线长达 6128000 米。"八山一水一分田"的地理迫使沿海居民向大海求生，也造就了福建特色的海洋文化。宋元时期泉州就是重要的对外商贸口岸；近代福建更是中西方文化交流的重要桥梁，是中国现代船政和海军舰队的发源地，福建船政学堂培养了近代中国第一批具有西学知识的新型知识分子；妈祖信仰也是联结海峡两岸民众心灵的重要依托。这些都构成了福建沉淀极深的海洋文化，可以说，海洋文化是福建文化中最具特色的文化之一。

一、保护海洋非物质文化遗产意义重大

"海洋文化，广泛意义上是指和海洋有关的文化，缘于海洋而生成的文化，也即人类对海洋本身的认识、利用和因有海洋而创造出来的精神的、行为的、社会的和物质的文明生活内涵。海洋文化的本质，就是人类与海洋的互动关系及其产物。"[1] 如海洋民俗、海洋考古、海洋信仰、与海洋有关的人文景观等都属于海洋文化的范畴。海洋文化与大陆文化是相互影响、相互融合、相互促进的。中华古代文明，就是由大陆文化和海洋文化融合而成的。人类文明是由大陆文化和

---

[1]　曲金良. 海洋文化概论. 青岛海洋大学出版社.

海洋文化共同构成的。海洋文明一词最早出现在李二和《舟船的诞生》一文中，后被国内外学界陆续引用。非物质文化遗产是海洋文化的重要组成部分。海洋非物质文化遗产是指各种以非物质形态存在的与沿海民众生活密切相关、世代相承的传统文化表现形式，包括口头传说、传统表演艺术、民俗活动和节庆礼仪、有关海洋的民间传统知识和实践、传统手工技艺等以及与上述传统文化表现形式相关的文化空间。①

全球性现代化进程中的历史文化遗产与自然文化遗产保护，已经成为现代人类联结、延续历史的最直接的途径，因而已经成为一种世界性文化行动。人类的现代化发展造成传统与历史文化遗产破坏和丢失最为严重的，是当今世界上的沿海各国尤其是其沿海区域，对沿海区域的海洋文化遗产的抢救与保护，在全球性海洋开发浪潮下显得更为迫切和急需，我国的情况亦然。强化国民的海洋文化遗产保护意识，树立正确的人文社会发展导向，加强调查研究，细化政策法规，加大措施力度，是我国海洋文化遗产保护确保成效的关键所在。②

二、福建海洋非物质文化遗产保护现状概述

福建海洋文化资源丰富，富有地域特色的妈祖文化、船政文化，在我国乃至世界海洋文明发展史上具有重要地位，在东南亚等地区更是得到广泛认同。在古老的丝绸之路历史上，福建有着辉煌的海洋地位：泉州是被联合国教科文组织确认的"海上丝绸之路"起点，是宋元时期"海上丝绸之路"的主港，被称为"东方第一大港"。福州长乐太平港是郑和七下西洋的重要基地。漳州月港是明朝中后期"海上丝绸之路"的始发港。现旅居世界各地的闽籍华侨华人达 1580 万人，其中约 80％集中在东南亚，达 1250 多万人。在如此浩瀚的时空背景下，福建的海洋非物质文化遗产精彩而厚重，涵盖了福建沿海各地人民世代相承与群众生活密切相关的优秀传统文化，表现形式丰富，包括：民间习俗，即沿海区域的人们在从事海洋活动或海洋性社会活动中产生的海洋民俗风情；海洋信仰，即涉海民众在长期开发利用海洋的社会实践中自发产生了一套神灵崇拜观念、行为习惯和相应的仪式制度，如妈祖信；海洋节庆活动；民间传统技艺；也包括记录和展示着人类海洋生活、情感、审美的诗歌、词曲、戏剧、小说等文学艺术作品。

海洋非物质文化遗产大多是来自民间的传统文化，对其传承和保护最有效的

---

① 鲍展斌. 中国海洋"非遗"的传承与开发. 中国海洋报，2015 年 4 月 21 日.

② 曲金良. 海洋文化艺术遗产的抢救与保护. 中国海洋大学学报（社会科学版）. 2003（3）.

手段是政府加强引导与支持，民间广泛参与。不过，当前海洋非物质文化遗产的存在诸多不足：一是把保护片面理解为保存。有些非遗保护部门习惯将非物质文化遗产的搜集、整理、拍录视为博物馆收藏式保护，这固然重要，但做成标本存入库房不是我们的最终目的，"非遗"保护真正需要的是活态传承、生态保护。二是海洋非物质文化遗产受到经济发展的冲击严重。以"送王船"为例，送王船是流行于华南沿海的一种特殊的海洋祭祀活动，它以"送船入海"或"海边焚船"的形式祭祀海洋神灵、普度亡魂，是沿海民众祈求平安、慰藉心灵的信仰信俗，闽南和台湾是送王船习俗的核心区域。明清以来，送王船习俗也见于日本、东南亚等闽南籍移民聚居地。可是，随着经济发展，厦门送王船习俗赖以生存的空间有了很大的变化，填海造地使大部分村落远离大海，送王船的活动场地逐渐变小或消失，有的祭奠难以开展。福建省福清市独特的海洋非遗"海族舞"，俗名"弄九鲤"，历经数百年的形成和发展，是福清文化的一颗明珠。由于社会历史变化的原因，海族舞曾一度消失。近年来，随着对非物质文化遗产宣传力度的加大，保护和传承越来越成为社会共识，海族舞才得以重兴，并收录进福清市第一批非物质文化遗产名录中。三是海洋非遗文化失去生存的土壤。近几十年来，每遇经济发展与文物保护冲突，文物保护往往难以招架"经济发展"的至高无上，给文物管理和执法带来极大难度。随着我国新型城镇化建设的持续推进，海洋文化遗产遭到严重的破坏，导致沿海人民群众对传统的海洋文化生活依赖不再十分密切。新建设的城镇、渔村，没有文化内涵，没有文化特色，只是高楼林立、千村一面，美丽渔村将不再美丽。四是民众的海洋文化意识和遗产保护意识淡薄。没有意识，就没有自觉。民众的海洋文化意识得到普遍提升、海洋文化遗产保护意识得到普遍强化之日，才是海洋文化遗产得以全面保护、海洋文化精神得以全面弘扬、当代海洋文化得以全面繁荣之时。[1]

在"一带一路"国家战略下，福建被定位为"21世纪海上丝绸之路核心区"，借助"一带一路"战略，福建与沿线的国家和地区展开了一系列的海洋文化交流合作。同时，在文化遗产保护方面，为配合"海上丝绸之路"申遗工作的推进，针对海洋文化遗产保护采取的一些措施。在文化遗产保护方面，福建各地积极开展文化遗产保护维修和环境整治，加强遗产价值研究，完善相关管理办法，以泉州为例：

福建省较早就着手对泉州海丝遗产进行保护管理。《福建省"海上丝绸之路：

---

[1] 曲金良. 关于我国海洋文化遗产及其保护的几个问题. 东方论坛. 2012 (1).

泉州史迹"文化遗产保护管理办法》自 2004 年 1 月 1 日起就开始施行，由泉州"海丝"遗产所在地县级以上地方人民政府负责组织、协调、监督文化遗产的保护管理工作。按照其保护规划划分为保护区、缓冲区、环境协调区，分级进行保护，并提出保护措施。在宋元时期，泉州就被誉为东方第一大港。泉州在古代"海上丝绸之路"具有举足轻重的历史地位和作用，它是中华文明走向世界的重要出发站，是沿线各国多元文化在中国的交汇交融之地，沿线各个国家的商品在泉州汇聚交易，不同的宗教和文化在泉州和谐共生。1991 年联合国教科文组织组织了专门的"海上丝绸之路"考察团到泉州来考察，认定中国是世界海洋文化的发祥地，福建是"古代海上丝绸之路"的重要发祥地，泉州是"海上丝绸之路"重要的起点城市之一。泉州在"21 世纪海上丝绸之路"的建设中，也将发挥着极其重要的作用。泉州"海丝"遗产包括万寿塔、六胜塔、石湖码头、江口码头（文兴渡、美山渡）、九日山摩崖题刻、真武庙、天后宫、磁灶窑系金交椅山窑址等航海与通商史迹，老君岩造像、开元寺、伊斯兰教圣墓、清净寺、草庵摩尼光佛造像等多元文化史迹，以及德济门遗址、洛阳桥等城市建设史迹。坚持保护为主、抢救第一、合理利用、加强管理的原则，确保"泉州海丝遗产"的真实性和完整性。

三、新时期推进福建海洋文化遗产保护与利用的建议

（一）充分认识海洋文化遗产保护的重要性

人类源于海洋，文化亦源于海洋，由海洋而生成、创造的文化都属于海洋文化。海洋文化是海洋强国战略强有力的精神支柱，非物质文化遗产是海洋文化的重要组成部分，面对海洋非遗保护传承中的积极做法和存在的问题，我们要认清和把握正确的思路和方法。对待历史文化遗产，必须采取科学的态度，抱残守缺或是拆旧建新都是极其不明智的，应该在挖掘和保护当地历史文化资源的同时，取其精华，结合现代科学文明创造性地加以传承和弘扬。

我国海洋文化遗产是我国文化遗产的重要组成部分，国家重视对海洋文化遗产的管理和保护，目前还处于作为"水下文化遗产"的意义层面，对于海滨海岸和岛屿上的"海洋文化遗产"理念上和管理上存在欠缺。全面、系统地揭示与阐释我国海洋文化遗产遗存的价值内涵，强化社会和文物部门对岸上和水下"海洋文化遗产"的整体、系统认识，从而在国家文化遗产保护体系中建构整体、系统的管理保护与价值利用机制，以国家行为维护我国文化遗产资源的安全和相关海

洋权益的安全，是学界和政府理应担负的重大时代责任和历史使命。① 在强化海洋文化遗产保护的战略举措上，一方面要抓紧制定规划，另一方面还要进行广泛持续的科普教育，同时也要加强中外海洋文化交流。

（二）保护海洋非物质文化遗产的"文化空间"

一切文化现象都是历史发展的结果，任何一个民族的文化特性取决于各民族的社会环境和地理环境。在历史不断地演进中，一种文化现象的兴衰更多地体现在其人文要素保存的程度和地理空间的延展性上。保护海洋非物质文化遗产，就要保护其生存土壤，包括人和环境，对海洋文化生态进行整体性、系统性地保护，这是我国对于非遗文化保护模式的创新与尝试，尤其对于闽南地区，应该将海洋非物质文化遗产纳入闽南文化生态保护区的范畴，保护其赖以生存的文化空间。如"送王船"作为东南海疆地带传承已久的海洋文化习俗，有其独特的历史性、地域性和人文性特征，其形成传播、发展、传承离不开特有的"文化空间"和自然环境。因此，保护海洋非物质文化遗产的"文化空间"就是保护其习俗赖以生存的民俗环境。民俗环境的复苏，将大大有利于民众集体记忆的产生，引导民众对于非遗保护的文化自觉。

（三）利用文化产业助力海洋非遗创造性转化、创新性发展

海洋文化产业是指为社会提供海洋文化产品生产和服务的产业。深入挖掘区域海洋文化的内涵，大力推进区域海洋文化产业的发展，将有助于形成全社会关注海洋、保护海洋、开发海洋的良好氛围，有效提升海洋文化的经济效益和社会效益，有助于地区经济发展方式的转变与产业结构的全面升级，提升区域综合竞争力，对把地区建设成为我国文化产业集聚区的战略也具有十分重要的意义。福建应该充分利用自身优势开发利用海洋非物质文化遗产，形成一批海洋文化产业骨干企业；重点发展滨海文化旅游、休闲渔业、海洋文化艺术等行业和海洋文化产品生产经营机制；并加强法规建设和市场管理，促进海洋文化产业的繁荣和健康发展。要开拓思路，广纳资金，建立多元融资渠道，形成有利于海洋文化产业发展的综合性投融资格局。推动海洋文化产业与其他产业融合，促进海洋文化产业多元化经营。

（1）科技创新带动海洋文化产业发展

开发海洋非遗、发展海洋文化产业不能对前人的东西生搬硬套。艺术要创新出精品，海洋文化产业的发展也贵在创新，运用现代科技成果，提高海洋文化产

---

① 曲金良. 关于我国海洋文化遗产及其保护的几个问题. 东方论坛. 2012（1）.

业科技含量。悠久而丰富的海洋非物质文化遗产，如海洋探险文化、海洋生态文化、妈祖信俗文化等需要我们去保护传承，寻找它跨越历史的文化精髓；需要我们去开发创新，赋予它新的时代特征和意义。

（2）影视动漫业与海洋文化融合发展

影视动漫作品是大众喜闻乐见的形式，通过故事内容的讲述，对文化有潜移默化的影响，是传播和发展海洋文化的有力手段。福建省海洋文化资源和影视动漫资源丰富，在影视动漫产业方面，福建近几年都排在全国前列，为利用影视动漫产业发展福建海洋文化产业提供了条件。

（3）培养海洋文化产业的复合型文化人才

福建一要充分依托高校的人才资源优势，培养既能保护传承海洋非遗，又懂创意开发与经营管理的复合型人才，实现海洋非遗传承人与海洋文化产业人才的优化整合。高校也要紧密结合社会需要，主动为地方经济社会发展服务。二要筑巢引凤，营造良好条件和文化氛围，吸引更多有志于从事海洋非遗保护与海洋文化产业开发的人才去沿海的城镇创业。

（四）合理开发、活态传承海洋非物质文化遗产

海洋非物质文化遗产是根植于沿海民间的传统文化，对其传承和保护最有效的手段是以民间为母体，政府加强引导与支持。海洋非物质文化遗产真正需要的是活态传承、生态保护，对于一些有市场效应的非物质文化遗产，可以走保护与市场开发相结合的道路。当然，在对海洋非物质文化遗产进行旅游开发时，应坚持"保护第一，以开发促保护"的原则，努力实现资源保护与旅游开发的和谐发展。海洋文化是美丽渔村的灵魂，多样的海洋文化传承是推进美丽渔村建设的强大动力。在新型城镇化建设进程中，建设美丽新渔村要"让城市融入大自然，让居民望得见山、看得见水、记得住乡愁"，就要加强对海洋文化的挖掘保护融入现代元素传承创新，以不断增强海洋文化与时俱进的适应性，弘扬其深刻的文化内涵和思想精华，不断提升我国文化软实力，促进文化繁荣、社会和谐，不断提升人民群众的幸福感、获得感。

21世纪是国际社会公认的海洋世纪，人类迈向海洋的步伐不断加大，海洋文化和海洋文化产业发展的浪潮也随之涌起。我们应秉持活态传承、生态保护的态度，科学地传承和保护海洋文化遗产，积极发展海洋文化产业，助力海洋文化发展和海洋文化遗产的保护和开发，助力我国"一带一路"的国家战略发展。

（作者系福建社会科学院副研究员）

新时代背景下海洋精神践行的思考

张建青　鄢木秀

我国是一个海洋大国，海岸线漫长，管辖海域广袤，海洋资源丰富。党的十九大报告提出要"坚持陆海统筹，加快建设海洋强国"。习近平强调：要进一步关心海洋、认识海洋、经略海洋，推动我国海洋强国建设不断取得新成就；要求"像对待生命一样关爱海洋"；提出建设"海洋命运共同体"重要理念。新时代背景下，践行海洋精神，大力推进海洋强国建设，对实现中华民族伟大复兴的中国梦和推进社会主义现代化建设具有重要的意义。

一、海洋精神的诠释

（一）海洋精神的内涵

对于什么是"海洋精神"，学术界暂时还没有统一的界定，专家学者们从不同的角度提出了自己的看法。范成功认为，海洋精神是时代的产物，是海洋群体固有的思维方式和内在品质，海洋精神的包容性、开放性、创造性等特征时刻影响着海洋民族的生存与发展，是人海关系中的认识实践关系、价值关系和审美关系的总和，是海洋民族精神中的精华。[①] 刘金明认为，海洋精神仅仅是作为一种精神动力，是海洋民族追求的崇高理想和价值取向，是不屈不挠的海洋探索精神。[②] 王东维认为，海洋精神是与特定时代相联系的海洋群体的思维方式、思想状态、内在品质以及价值追求的统一体。[③] 吕子耀认为，海洋精神要体现爱国、亲海、执着、包容、求索、进取、平凡、宁静等内容。爱国是社会主义核心价值观的核心内容；亲海是海洋人的本分；执着，体现了海洋人有志者事竟成；包容，体现了海洋人的胸怀和气度；求索，体现了海洋人的创新精神；进取，体现

---

① 范成功. 论海洋精神. 金田，2013（7）：400—401.
② 刘金明. 论海洋精神. 南方论刊，2011（12）：8—11.
③ 王东维. 当代海洋精神的解读与诠释. 中国水运，2013（4）：60—61.

了海洋人永不停步、不断创新进取的精神；平凡，海洋工作岗位是平凡的；宁静，是指海洋人有着平和的处世法则。马智宏认为，海洋精神需要体现海的本质、洋的内涵、人的追求，必须显示海的灵动、洋的魂魄、人的境界。海的本质就是"海纳百川"，洋的内涵就是达的水路、厚的气度、济的慷慨、和的禀性。[①]根据当前专家学者们对海洋精神的研究情况，结合当前的大背景、大潮流、大趋势，本文将"海洋精神"定义为：海洋人的内在品质、积极的价值取向、共同信仰和共同追求，是海洋工作者创造出的一面精神旗帜和发展品牌，也是海洋事业发展的内在活力和动力源泉。

海洋精神作为海洋文化的核心，是在长期的涉海实践中形成和发展的，具有历史性、客观性和实践性。对海洋精神的认识可以从时空、内涵和功能三个层面来分析：从时空维度来看，海洋精神具有横向上的开放外向性与纵向上的时代继承性；从内涵维度来看，海洋精神具有多元异质性、先进创新性与动态发展性；从功能维度来看，海洋精神具有极强的民族凝聚力和广泛的普世价值。[②]

（二）海洋精神的主要内容

各个时期的海洋精神的内容有所不同。古代海洋精神内容积淀为：乘风波浪、勇于冒险的开拓创新精神；海纳百川、博大包容的开放交流精神。近代海洋精神内容表现为：勇敢顽强、自强不息的爱国主义精神；艰苦奋斗、劈波斩浪的探险精神。现代海洋精神内容重铸为：同舟共济、万众一心的团队协作精神；求真务实、自强不息的拼搏精神；以海为家、以苦为乐的无私奉献精神。

海洋精神是"郑和精神"在新时期的发扬光大，是长征精神、延安精神等革命精神的继承和发展，是以爱国主义为核心的民族精神和以改革创新为核心的时代精神的生动体现，是新时代航海人的职业精神，在我国海洋事业的发展过程中发挥着重要的基础性和先导性的作用。概而言之，海洋精神的内容主要包括艰苦奋斗、开放包容、团结协作、求真务实、开拓创新精神。

1. 艰苦奋斗精神。艰苦奋斗精神在海洋精神中位列首位。艰苦奋斗精神是一种驱动着人们自强不息、追求奋斗的精神，一种昂扬向上的精神，一种不折不挠的精神。艰苦奋斗精神源于航海事业的艰苦作业环境和热爱祖国的强烈信念。

---

① https：//mp. weixin. qq. com/s? src=3&timestamp=1603374943&ver=1&signature=m-x3sMTlkga 7VHJ4tx-dQAsyG6jay53WyLJKXOxUpo0uXhX84KvXy7bgWIQ48OlKLvEZysq 0ZSKf - mwsfaGCg1hA7j9eeLm9mT0lMB5HJRNoY2N8YdO3CEo - XqhqyZe1tJy8whN2G - zPLC8zue01ccBCD9UU Ingk4oHPi2Myos4=.

② 王东维. 当代海洋精神的解读与诠释. 中国水运，2013（4）：60-61.

2. 开放包容精神。《老子》第三十二章谓："道之在天下，犹川谷之于江海。"《金人铭》谓："江海虽左长于百川，以其卑也；天道无亲，而能下人。戒之哉！"中华民族文化融入海洋元素，具有包容宽恕、含纳万物的气象和胸怀，具有巨大的包容性。从古到今的海洋精神都体现了博大兼容和开放交流的精神。开放指思想开通、解放、包容，是宽容、容纳的意思。开放包容的海洋精神是航海人和平交往的坚定信念，是航海人海纳百川的博大胸襟。改革开放以来我国航海人继承郑和精神，把和平交往开放包容的精神内化于心，推动着航海事业的发展。

3. 团结协作精神。团结协作精神是海洋精神的进一步升华。团结协作精神团队成员为完成共同目标，相互支持、相互协作、相互配合。由航海工作特质决定的团结协作的海洋精神多了一份舍生忘死的伟大情操，这是与建设中国特色社会主义文化相适应的，是建设中国特色海洋精神基本目标的有机组成部分。

4. 求真务实的精神。求真务实的精神体现在航海人用科学发展的视角处理经济发展与海洋之间的关系。求真务实的海洋精神要求航海人坚持用科学先进的眼光看待行业发展，坚持以自信负责的态度面对工作；不断运用新技术，推动海洋事业的发展；正确处理人与自然的可持续关系，加强对海洋环境的保护。

5. 开拓创新精神。开拓创新的海洋精神表现为不断探索的进取意识。航海事业是世界各国争雄的重要领域，是国家综合国力的重要象征。中华人民共和国成立以来，在党和国家的支持下，不断开拓创新，用自己的智慧和汗水开辟了一条从中国走向世界的航海之路。

二、海洋精神的时代价值审视

习近平总书记多次强调要发扬海洋精神，发展海洋经济，实施海洋强国战略。习近平总书记在发给 2019 中国海洋经济博览会的贺信中指出："海洋是高质量发展战略要地。要加快海洋科技创新步伐，提高海洋资源开发能力，培育壮大海洋战略性新兴产业。"习近平总书记还强调："要高度重视海洋生态文明建设，加强海洋环境污染防治，保护海洋生物多样性，实现海洋资源有序开发利用，为子孙后代留下一片碧海蓝天。"海洋精神在新时代背景下具有重要的价值。

（一）开拓探索、和平发展，与时俱进的时代精神

当今世界，全球化是一个趋势。关于全球化时代的文化话题众多，需要坚守开放包容的心态。中华文化因包容和开放具有强大的生命力和凝聚力，在发展史上先后包容了中亚游牧文化、波斯文化、印度佛教文化、阿拉伯文化、欧洲文化

等。如唐朝以一种有容乃大、兼容并蓄的胸襟对待外来文化，使得长安成为当时世界著名的都会和东西文化交流中心。

大国的崛起伴随着海洋化的进程。在推进现代化的过程中，各国都在不断调整自己的海洋战略，逐步建设海洋强国。中国在走向海洋的过程中，始终保持着最大的和平诚意和外交努力，表现出对和平的最大坚守。十八大报告提出提高海洋资源开发能力，发展海洋经济，保护海洋生态环境，建设海洋强国。十九大报告明确要求"坚持陆海统筹，加快建设海洋强国"。建设海洋强国是我国既定的奋斗目标，开拓探索不断创新、尚新图变、与时俱进的精神是建设海洋强国的强大支撑。

海洋精神是以爱国主义为核心的民族精神和以改革创新为核心的时代精神的开拓创新，海洋精神是中华民族力量之源之一。伟大的海洋精神与中华民族精神一脉相承。因此，我们要在科学理论的指导下，注重开发海洋精神，弘扬海洋精神，将海洋精神与"开拓创新、与时俱进"的时代精神相结合，彰显其强大的生命力。

（二）关注海洋、以海图强，统筹兼顾的人海和谐精神

新时期，我国高度关注海洋，发展蓝色经济，加强陆海统筹发展，开发利用海洋资源，维护海洋权益，积极推进国际合作，使蓝色经济成为区域开发新的增长点。我国坚持走和平发展、合作共赢之路，注重与周边国家开展海上合作，提出生态海洋建设，建造美丽海洋。海洋生态文明是我国生态文明建设不可或缺的重要组成部分。走可持续发展之路，注重保护海洋生态环境，达到人海和谐。

目前，人类需要面对全球升温的世纪性难题。寻求可持续发展，就是对家园最好的守望，就是在关怀视野下的明智选择，同时也是终极意义上的人类行为法则。在这样的语境中，中华海洋精神讲求的人海和谐，耕海养海、亲海敬洋、祭海谢洋的实践理性，对于今日的中国和世界具有重要意义和价值。

三、新时代背景下践行海洋精神的几点思考

在新时期，践行海洋精神既是一种现实的需要，也是一种面向未来的责任。我国正处在实现跨越式发展的关键时期，要着眼于中国特色社会主义事业发展全局，统筹国内国际两个大局，坚持陆海统筹，坚持走以海强国、人海和谐、合作共赢的发展道路，通过和平、发展、合作、共赢方式，扎实推进海洋强国建设。

（一）实施海洋强国战略

开发利用海洋是当今世界发展的大趋势，发展海洋经济是放眼全球发展的重

大使命,是适应经济全球化与人类命运共同体条件下,资源利用、产业发展与区域协调需要的重大战略举措。

1. 科学规划海洋经济发展与陆海联动体系。随着开放经济的发展,应把海洋经济提高到更高的国家战略高度,科学规划海洋经济发展与陆海联动体系,从我国国情以及沿海区情出发,面向世界,面向未来,在新形势下,大力发展海洋经济、陆海联动经济,进一步拓展国民经济发展空间,维护国家战略安全;进一步加速形成新的经济增长极、动能区,完善我国沿海整体经济布局;进一步推进海洋生态文明建设,促进海洋经济可持续发展;进一步提高海洋经济国际合作水平,深化我国沿海开放战略,建设现代化强国。

2. 发展"21世纪海上丝绸之路"。在海洋命运共同体这一理念指引下,融入"21世纪海上丝绸之路"建设。"海上丝绸之路"是世界上最为古老的海上航线,是古代中国与世界文化交流和海上交通与贸易的重要通道。它始于秦汉,兴于唐宋,转变于明清,在郑和下西洋之后逐渐消亡。为进一步传承和发扬传统"海上丝绸之路"的时代价值,2013年10月,习近平总书记在访问东盟时提出了"21世纪海上丝绸之路"的战略构想,推动海洋强国战略,同时传承和弘扬丝路文化,加强国际文化交流。发展"21世纪海上丝绸之路",需要政治、经济、文化等各方面共同努力,尤其需要海洋文化作为其发展的理论基石。海洋文化是在探索海洋的过程中,逐渐形成的面对海洋的开放思想和变革精神,以及与海洋的搏斗中形成的坚韧意志和冒险精神。海洋文化的繁荣与海洋经济发展交相辉映。因此,"21世纪海上丝绸之路"的发展需要海洋文化作为其重要支撑,海洋文化的现代价值又需要"21世纪海上丝绸之路"加以展现。特别是各地应发挥特色优势,与沿线国家和地区,在港口建设、海洋经济、能源资源、商贸物流、金融服务、海洋人文交流、海洋生态环保等领域加强合作,实现共赢共享的高质量发展。

3. 构建海洋生态发展屏障。一是控制海洋污染。严格控制陆源污染物入海总量,建设完善的工业废水、生活污水收集管网和处理设施。做好海上流动污染源污染的整治工作,建立和健全海洋环境检测预警体系。二是开展水生生物资源养护。加大海洋生物人工增殖放流力度,严格执行休渔制度,建立完善工程建设项目资源与生态补偿机制。三是开展生物多样化保护。加强生态功能保护区建设,开展海洋濒危、珍稀物种的拯救和保护力度。

(二)全面发展海洋产业

海洋经济作为新型经济体系,是国民经济新的增长点,具有较强的带动区域协调发展的作用。因此，应依靠科技创新，全面发展海洋产业，有效提高产业发展能力。

1. 巩固提升海洋优势产业。推进海洋装备自主化、高端化、智能化，发展大型高端深海钻井装备关键技术，提高海洋油气资源勘探和开发大型装备设计制造能力。发展冷藏集装箱船、邮轮游艇、高端远洋渔船等高技术船舶。突破育种关键技术，培育海水增养殖优质品种和繁育健康苗种。

2. 加快发展海洋高技术产业。实施"智能海洋""透明海洋"工程，加快建设海洋牧场观测网，积极发展深海环境监测探测、海洋卫星遥感等新型技术，建设国家海洋设备质检中心。推动海洋生物医药和生物制品发展，突破活性物质创新药物、海藻类海洋化学药物、海洋功能性食品与化妆品等技术研发，打造仿海洋生物产业集群。大力发展海水源热泵技术、温差发电技术，推进可燃冰开采、储运、应用技术研发和产业化，建设全国性海洋新能源产业基地。积极开发海水淡化、海水直接利用和海水综合利用的关键新材料、新工艺、新技术和新装备。

3. 壮大发展海洋服务业。积极发展远洋远航，推进水陆联运、河海联运，建设区域性水产品交易中心和冷链物流中心。大力发展航运保险、船舶和航运经纪、船舶管理、海事仲裁、海事审计与资产评估及其衍生业态。支持发展涉海金融、融资租赁、商务服务和海洋文化产业。

（三）提升海洋人才素质

建设海洋强国，关键是抓好人才工作。人才资源是重要的战略资源，是推动海洋事业发展、实现建设海洋强国远景目标的第一资源和根本保障。提升海洋产业人才素质，需要航海院校、培训中心、产业、科研机构以及行政管理部门的共同努力，深化校企合作、产教融合。

1. 创新海洋产业人才培育观念。一要树立人才生态文明的观念。要造就具有较高生态文明道德，自觉保护海洋生态环境、节约生态资源，具备一定的海洋化工知识，为和谐海洋做出积极贡献的高素质人才。二要树立人才敬业奉献的观念，使海洋产业从业人才发自内心地意识到工作的价值所在。三要注重人才的创新创业创造素质。2019年全国"两会"期间，习近平总书记在参加福建代表团审议时强调："要营造有利于创新创业创造的良好发展环境。""三创"有其特定内涵，创新侧重理念，创业重在实践，创造强调精神。创新创业创造又融为一体，创造是创新创业的灵魂和动力，创新创业是创造的归属和实践，创新创业创造都是新时代所需要的新面貌和新作为，对于海洋产业人才更是如此。四要注重培养人才开拓创新的能力，使其成为建设海洋强国需要的高层次紧缺型人才。通过树立这四种人才培育的观念，相关院校及部门可以深入理解海洋强国对海洋产业人才素质要求的认识，提高对这些素质要求的重视程度，明确海洋产业人才培育的方针、重点任务和主要举措。

2. 更新海洋产业人才素质的选拔标准。一是要完善海洋产业人才职业资格证书制度，对于海洋产业人才高标准、严要求，资格具备再上岗、资格不够再培训，保证海洋产业人才的知识更新落到实处。行政管理部门应按海洋强国对人才素质的新要求，建立完备的职业资格标准、职业技能水平认证制度、专业技术职称制度并加大推广力度。二是要加强奉献精神的选拔。在选拔海洋产业人才时，不仅应注重其专业知识的扎实与否，还应提高对其奉献精神的选拔力度，选择真正热爱海洋、身心素质好的人才投身海洋产业的工作，使其发自内心地长期为海洋做贡献。

3. 海洋产业人才素质的培育模式。一是要对相关院校的海洋类专业进行质量定期审核管理，确保其开设专业合理、教学质量达标，培养的海洋人才具备生态文明的海洋意识、敬业奉献的海洋精神和开拓创新的能力。二是要对航海院校的教师管理制度进行宏观指导，确保海洋产业教师的专业技术职称评审、聘用和考核办法符合海洋强国的要求。三是要定期举办海洋科技研讨会或评价活动，鼓励海洋人才开拓创新，加强沟通，为各类海洋产业人才创造信息交流和知识更新的平台。四是要鼓励高等院校、科研院所与涉海企业对接，建立高等院校、科研院所、企业高层次人才双向交流任职制度，推行联合培养学生的"双导师"制，使实践真正融入海洋产业人才培育的教学环节。五是要更新海洋产业人才实习模式，建设多种形式的产学研联盟，形成强大的海洋产业人才培育系统。

参考文献

[1] 孙健. 新时代建设海洋强国战略研究述评. 青岛科技大学学报（社会科学版），2020（4）.

[2] 张勇. 提炼海洋精神 培养健康公民——以老坝港小学为例谈地域资源的文化挖掘. 教育观察，2019（17）.

[3] 于凤静，王文权. 丝路精神与中国海洋文化理念的契合性论析. 江淮论坛，2019（1）.

[4] 张开城. 中华海洋精神及其现代价值. 海洋世界，2016（11）.

[5] 闫文璐. 西方海洋精神回顾与总结. 海洋世界，2016（11）.

[6] 尤雪，王文雅，刘军立，秦龙，李振福. 中国特色海洋强国与海洋精神

的互动关系研究. 大连海事大学学报（社会科学版），2014（5）.

　　［7］吴长春，蓝茜，骆嘉琪. 海洋强国战略与海洋产业人才素质培育. 大连海事大学学报（社会科学版），2014（1）.

　　［8］王东维. 当代海洋精神的解读与诠释. 中国水运，2013（4）.

　　（张建青，系福建社会科学院副研究员；鄢木秀，系福建社会科学院助理研究员）

当代年轻人如何传承和弘扬海洋文化

——以妈祖文化传播为例

孙子璇

有一句耳熟能详的话:"有海水的地方就有华人,有华人的地方就有妈祖。"在这句话的背后我们可以深刻感受到,在那个以海为田、以渔为业的时代,随着海商的远洋,把妈祖文化也带到了海外,随着"海上丝绸之路"不断发展。从宋朝路允迪出使高丽、元朝海运漕运、明朝郑和七下西洋,到清朝收复台湾,都体现妈祖文化的发展都与海洋文化息息相关。据统计,截止到2021年有52个国家和地区有妈祖信仰。

随着2009年妈祖信俗被联合国教科文组织列入《人类非物质文化遗产名录》,妈祖文化进入了一个全新的时代,标志着妈祖文化的传播走向了全球。

在目前的妈祖文化活动中,每年三月廿三举办的妈祖祭典,九月初九举行的妈祖海祭以及在台湾地区的妈祖的绕境等,都是依托妈祖庙进行,是传统庙会的非遗展示,每年都吸引着亿万人的关注,是妈祖文化传播影响力最大的活动。

其次是随着互联网的发展,妈祖系列的电影、动画片、文创产品、工艺品等,都在推动着妈祖文化的发展与传播。

从2019年开始,出现了一个全新的妈祖文化传播模式,它在短时间内聚集了一群年轻的妈祖文化爱好者,那就是一瓣香妈祖文化展览馆。一瓣香妈祖文化展览馆位于福建省泉州市惠安县内,是由3名"85后"的年轻人创办,只要通过官方渠道就可以预约参观,不收取任何的费用。这里收藏了不同时代、不同地区的妈祖古造像,是目前国内拥有妈祖古造像最多的展览馆。

随着时代的发展,越来越多的年轻人走进了展览馆、博物馆,去了解国家的历史,了解地区的发展,了解不同时代他们所喜欢的东西的发展历程。在一瓣香,他们可以对比不同时代、不同区域、不同阶层对妈祖造像工艺的追求,从造像的姿态、面相、服饰、色彩、图案等等来解读其更深层次的含义。这就区别于传统的庙会,受众面更加广泛,年龄层跨度更大。本文挑选了几尊藏品在此和大家简单地分享不同时期妈祖造像的特征，同时也会分享一瓣香举办过的相关系列活动，探讨并交流在新时代下，一瓣香传播妈祖文化的心得与经验。

一、以一瓣香妈祖文化展览馆古造像为载体，讲述不同时期妈祖的生动故事

一瓣香从每个朝代的经济、政治、文化背景分析不同时期妈祖造像的变化，从而让参观者更加深入地了解妈祖文化蕴含的核心价值，在欣赏这些古物造像的同时，通过其斑驳沧桑的外观，从视觉上直观感受到其历史的年龄，进一步唤起人们对妈祖古造像、妈祖文物的保护意识。

本文首先举例的这尊古造像，是南宋时期木雕夫人像。1150 年，廖鹏飞所写的《圣墩祖庙重修顺济庙记》中曾经记载妈祖的造型"有女神登樯竿为玄舞状"[1]。这尊藏品与莆田市博物馆中南宋妈祖木雕夫人像以及莆田市文峰宫内南宋妈祖木雕夫人像高度相似。该木雕像高 33 厘米，底部最长 18 厘米、宽 12 厘米。该夫人像，头梳朝天髻，额头开阔，垂耳，面部圆润，略带笑意，身穿大袖袍，肩围云肩，双手自然下垂，线条简洁，平淡自然，呈现一种端庄的宋代妇女静态美。原有的油漆由于日久剥落，依稀还有红色的残漆，底部有部分朽损，但是无损其艺术之美。虽然目前没有更多的历史资料来讲述宋朝时期妈祖的造型，但是从这三尊的妈祖身上不难发现，都是头梳朝天髻、手部放置在腹部、面容和蔼、垂耳的夫人造型。宋光宗封灵惠妃的制诰中提到妈祖"服朱衣而护鸡林之使"的记载，基本上与妈祖实物雕像相对应。南宋诗人刘克庄的《白湖庙》中提到妈祖"青圭蔽朱旒"[2]，这妈祖手持青圭的造型也一直延续下来。

元朝因为漕运发展的需要，新的政权需要一位新的海神，妈祖就从宋朝的妃晋升为元朝的天妃。我们可以看到这尊元朝天妃像妈祖，高 33 厘米，底部最长 15 厘米、宽 9 厘米。她朝天持圭，头戴冠冕，身穿长袍。周伯琦曾在《台州路重建天妃庙碑》中记载，庙里挑选了一个好的日子来迎接妈祖的新神像，对于妈祖神像做了一番介绍："冠服尊严，绘饰炳焕……广莫兮披披，纷珠盖兮拂虹霓……"[3]从周伯琦的这段话中，我们可以了解当时妈祖的形象是头带冠冕、披着长袍、庄严肃穆。

明朝由于倭寇猖獗，实行了海禁，所以明朝妈祖的敕封仅仅只有 2 次。郑和

---

① 蒋维锬. 妈祖文献资料. 福建人民出版社，1990：1.
② 蒋维锬. 妈祖文献资料. 福建人民出版社，1990：16.
③ 蒋维锬. 妈祖文献资料. 福建人民出版社，1990：49.

七下西洋，不仅仅把茶叶、丝绸、陶瓷等向海外传播，也把妈祖文化带到了海外。在明朝妈祖的身份也在这个时候丰富了起来。其中对妈祖形象最为详细记载的是《太上老君说天妃救苦灵验经》①。这尊妈祖是明朝时期铜制的妈祖像，高17厘米，底部最长10厘米、宽6厘米。她身穿方心曲领的祭祀服装，头戴梁冠，双手朝天持圭。在她的跟前还有一对仕女。由于时间久远，妈祖所坐的椅子已经被破坏了，前一位藏家用木头给妈祖重新安了一个支架，用以支撑妈祖。我们猜测其是以前在进行特殊仪式时使用的。这尊妈祖像的包浆均匀，说明她经常被使用、摩擦。并且这尊造像小巧，方便携带。还有一种推测是这尊妈祖像是大户人家家里供奉的，因为每一尊妈祖像都是纯手工打造，采用铜来制作，价格不菲，一般人家很难承担。

清朝妈祖文化的发展可以说达到了一个繁荣的阶段。这尊木雕妈祖古造像为天后形象，高28厘米，底部最长12厘米、宽13.5厘米。其是目前藏文保存最完整的一尊妈祖古造像。根据开藏后的文字上记载，这尊妈祖是在光绪十一年，也就是1885年入藏，配有五色线、镜子、剪刀以及一张藏文，代表着她的五脏六腑，以前的人会用五谷杂粮来代替。这尊妈祖估计是大庙、大户人家供奉的。从藏文中看出这尊妈祖祈求的是风调雨顺，是一个比较大的愿景。而庶民家庭，一般会祈望平安健康等。

这尊清朝妈祖古造像当时随着福建的商人，从福州出发，去到日本，在日本的福建会馆中供奉。随着日本的福建会馆的没落，其流落到日本藏家手中。经过多次的协商，我们才从日本藏家手中高价请回祖国。这尊木雕刻像高28厘米，底部最长10厘米、宽12厘米，眉目清秀，丹凤眼，开脸端庄高雅，头戴冠冕，双手朝天持圭。清康熙二十三年（1684），妈祖被敕封为天后，该造像是典型的天后像。木雕刻像保存完好、金漆犹存，大面积采用油线工艺，把蟒袍上的图案展现得活灵活现、气势磅礴。这尊妈祖与日本长崎天后宫内的妈祖非常相似，同样是金脸，代表着官方与权威。

这尊是清朝晚期的妈祖古造像当时随着台湾的商人远洋，来到了菲律宾。他们建了同乡会，在同乡会中供奉。我们在菲律宾的拍卖会上遇到了这尊妈祖，高价将其请回祖国。现在在一瓣香，大家随时可以欣赏到这尊妈祖。这尊妈祖高25厘米，底部最长宽19厘米、宽15厘米。这尊妈祖头戴金乌，金乌象征着光明和自由。妈祖面容慈祥，红脸，身穿漆线雕刻的蟒袍，庄严肃穆。

---

① 蒋维锬.妈祖文献资料.福建人民出版社，1990：57.

我们把清朝妈祖造像，按不同地区、不同的造型特征做了一个归纳。第一类是手持灵芝的妈祖，这一形象的妈祖大部分出现在潮汕地区。由于当地经常暴发瘟疫，百姓切盼神赐妙药，于是民间匠师塑造了手持灵芝的妈祖，用以祈求平安健康。第二类是抱寿体的妈祖，由于以前女性的神不可以给大家看到皮肤，所以民间匠师就塑造了这种抱寿体的妈祖寓意的健康长寿，这种形制大部分集中在泉州、漳州地区。第三类为朝天持圭的妈祖形象，这是从宋朝开始流传下来的妈祖形象，主要集中在闽南、闽中地区。第四类为左手或者右手持笏，主要集中在潮汕饶平地区。妈祖造像大部分是由人工雕刻，但是可以看出每一尊妈祖都是每一位民间匠师心中对妈祖一份爱的呈现。

　　回顾收集这些藏品的过程，我们感受到妈祖信仰的伟大。在这 1000 多年的漫长时空里，妈祖文化的传播不断丰富与完善，并以海纳百川的强大感召力和悲天悯人的情怀，安抚着不安的心灵，激励人们勇于面对自然，面对生命，面对未来。

二、通过移动展览馆的模式，举办妈祖古造像世界巡展，让妈祖文化走进各大的城市，让不同地区的人了解妈祖的故事

　　一瓣香妈祖文化展览馆从 2020 年开始，就开始启动世界巡展系列活动。已经在福州、上海等地举办不同规模的妈祖古造像巡展。传统的文物大都会通过博物馆的模式去展示，而一瓣香作为一家民办非企业机构，由民间发起，其灵活性相较于博物馆更大，可以选择的场地更多，空间大小以及展品的数量也可以调节。通过移动展厅的模式，把每个朝代妈祖的造像带到不同城市，通过讲故事的模式让更多人去聆听这千百年来每一尊妈祖的故事，让无法前来一瓣香妈祖文化展览馆的人可以在自己的城市中感受妈祖文化。

三、把立馆宗旨"敬循妈祖之爱，明德智，共善举，传承忠孝礼节，传播妈祖大爱精神"融入丰富多彩的妈祖礼仪活动

　　"有服章之美谓之华，有礼仪之大故称夏。"妈祖文化是中国优秀传统文化之一。一瓣香结合妈祖的核心"立德、行善、大爱"的精神在展览现场举办一瓣香特色的成人礼、开笔礼活动，让年轻的群体融入妈祖文化传播的大家庭中，学会感恩父母，感恩师长。一瓣香不仅通过静态的妈祖古造像展示，还通过动态的妈祖礼仪活动，让展览的内容更加丰富多彩活动。正是因为有这些丰富多彩的妈祖文化活动，让越来越多的年轻人加入妈祖文化传播的队伍中。对于青年的价值观建立有一个积极的引导作用。

　　一瓣香妈祖文化展览馆通过古造像故事分享，妈祖古造像世界巡展以及举办一瓣香特色的妈祖系列活动，不断聚集着一群热爱祖国、热爱生活、热爱妈祖的人，一瓣香的粉丝横跨 6 岁到 80 岁，是一种全新的传播模式。妈祖文化是一种跨时代的文化，在新时代我们强烈需要这种民族自信、文化自信，同时需要不断激励大众向善、心存感恩地追求美好的生活愿景。立足与时俱进、持续发展的起点，回望妈祖文化发展进程，一瓣香认为新时代妈祖文化核心还是关怀人心、关切当下、关注未来，并以更强大的愿力和视野去行立德、行善、大爱的善事义举。妈祖来自人间，我们相信人人都能成为人间妈祖。这就是长久以来一瓣香坚持与传播的理念。

　　（作者系一瓣香妈祖文化展览馆创办人兼馆长，惠安县妈祖文化研究会副会长兼秘书长）

福建传统海上信仰与敬神仪轨研究[①]

林 瀚

在传统航海过程中，风雨骤起、搁浅触礁等飘风海难事件时有发生，人们出于对海洋的恐惧与敬畏，最终从大海的虚像中幻化出海神的人格化形象，如山东的东海龙王[②]、福州的水部尚书[③]、莆田湄洲岛的妈祖[④]、泉州的通远王[⑤]、广州

① 原载于《宁德师范学院学报》2019年第2期。国家社会科学基金青年项目"台湾的族群互动与政治认同研究"（16CZS076）。

② 叶涛. 海神、海神信仰与祭祀仪式——山东沿海渔民的海神信仰与祭祀仪式调查. 民俗研究，2002（3）. 张敏. 古代山东的海神信仰研究. 中国海洋大学硕士论文，2011. 于晓雨. 山东荣成院夼村龙王信仰与祭海仪式研究——以民间信仰发生、功能论为视角. 山东大学硕士论文，2016.

③ 任翔群. 水部尚书·镇海王·册封琉球. 福建论坛，1996（1）. 肖群英. 祖先·神明·民族英雄——陈文龙崇拜与莆田玉湖陈氏家族的文化实践. 厦门大学硕士论文，2009. 江鹏峰. 福建地区陈文龙信仰及其社会功能. 福建质量管理，2013（7）.

④ 朱天顺. 妈祖信仰的起源及其在宋代的传播. 厦门大学学报，1986（2）. 郑衡泌，俞黎媛. 妈祖信仰分布的地理特征分析. 福建师范大学学报，2007（2）. 吴晓美，周金琰. 浮动的"中心"：湄洲岛妈祖信仰空间考察. 民俗研究，2015（1）. 妈祖文献整理与研究丛刊编纂委员会. 妈祖文献整理与研究丛刊，鹭江出版社，2014.

⑤ 黄晖菲. 九日山通远王海神信仰初探. 福建省首届海洋文化学术研讨会论文集，2007. 邱铁辉. 福建海神信仰与祭祀仪式. 福建师范大学硕士论文，2007. 高黎. 宋元时期泉州地区海神信仰的变迁——以通远王、妈祖为例. 华侨大学硕士论文，2011. 谢应祥，王元林. 泉州海神通远王源流与信仰流变新探. 海交史研究，2017（2）.

的南海神①、西江流域的龙母②、北部湾的伏波将军③、海南的兄弟公④等。这些海神或水神有些原本就是远古神灵或祖先，有些是地域龙蛇崇拜的身份重塑，有些则是从人到神的转化。

就参与祭祀的角色而言，既有浮海捕鱼的渔民，也有往来各洋港口的海商，更有主持王朝祀典仪式的官员。在飘风海上、危难将临之际，有的齐呼神号，有的崩角稽首，有的焚香设拜，由此也逐渐形成一套丰富而完备的祭祀仪轨。虽然海上遇到风浪等危险最后得以脱险的总是少数，但正是这些得救的乘舟之人，最终成为各种神明显灵故事版本的传诵者与加工者。在经过不同灵验故事的叠加后，也就完成了一次次的神性加注。这些最初被塑造出来的海神在人们的记忆中也就被日益强化。各个地域所进行的造神运动，最终也就促成了海神队伍的日益壮大。

就福建传统海神的研究，已有相当多的学术积累⑤，不过仍有一定的学术空间可以继续延伸。本文拟对福建传统海神信仰体系、传说及仪式进行梳理，进而加深对古代海上船民的生活、海上信仰形成及传播的理解，同时希望能有助于我们加深对古代"海上丝绸之路"的认识。荒疏之处，尚祈博雅诸君有以教之。

一、各祀其神与众神会祭

中国海岸线漫长、港口棋布，因地域文化差异，所祀海神各不相同。在山东，除了主祀龙王外，本土海神还有民间仙姑、刘公刘母、鲸鱼海鳌；在宁波，主要海神人物有鲍盖、黄晟、罗清宗、观音、妈祖、姜毛二神、如意娘娘等；在舟山，主祀海神有网神、观音等；就泉州的主要海神而言，则经历了南安延福寺

① 王元林. 国家祭祀与海上丝路遗迹：广州南海神庙研究. 北京：中华书局，2006.
② 陈玉霜. 岭南龙母文化地理研究. 暨南大学硕士论文，2006. 张凤娇. 北海外沙海神信仰与祭祀仪式研究. 广西民族大学硕士论文，2014. 黄付艳. 西江流域龙母信仰文献整理与研究探析. 梧州学院学报，2015（6）.
③ 王元林. 明清伏波神信仰地理新探. 广西民族研究，2010（2）. 钟柳群. 伏波祭祀圈中的村际关系——以钦州市乌雷村与三娘湾两村为例. 广西民族大学硕士论文，2009.
④ 李庆新. 海南兄弟公信仰及其在东南亚的传播. 海洋史研究，2017（1）. 王利兵. 流动的神明：南海渔民的海神兄弟公信仰. 中山大学学报（社会科学版），2017（6）.
⑤ 谢必震. 古代福建沿海居民的海神信仰. 福建师范大学学报，1998（2）. 林国平. 福建古代海神信仰的发展演变. 福建省首届海洋文化学术研讨会论文集，2007. 邱铁辉. 福建海神信仰与祭祀仪式. 福建师范大学硕士论文，2007. 李玉昆. 妈祖史迹研究. 北京：中国文联出版社，2009. 林国平. 海神信仰与古代海上丝绸之路——以妈祖信仰为中心. 福州大学学报，2017（2）.

通远王、法石真武庙玄天上帝、泉州南门天后宫妈祖的发展过程。

南宋绍兴年间李邴在《水陆堂记》中就提到："泉之南安，有精舍曰'延福'。其刹之胜，为闽第一院。有神祠曰'通远王'。其灵之著，为泉第一。每岁之春冬，商贾市于南海暨番夷者，必祈谢于此。"① 民国《南安县志》也记到："九日山在县西三里……山麓有寺曰'延福'，晋太康中所创，去山二里许，唐大历三年（768）移建今所……一曰灵乐祠，谓指木之叟，盖乐山之神，为祠以祀之。水旱疫疠，海舶祈风，辄见征应。宋时累封'通远王'，赐庙额'昭惠'，其后迭加至'善利广福显济'。"② 九日山上祈风石刻亦可与之相互参证。在《安海志》中保存的宋人王国珍《昭惠庙记》中，也写到通远王以海神的身份被行舟之人供奉着，其文曰："吾泉以是德公为多，凡家无贫富贵贱，争像而祀之，惟恐其后。以至海舟番舶，益用严恪。公尝往来于烈风怒涛间，穆穆瘁容于云表。舟或有临于艰阻者，公易危而安之，风息涛平，舟人赖之以灵者十常八九。"③ 是故海舟番舶为祈顺风得利、海道清宁，皆将通远王列为海神进行祭拜，使其完成了从山神到海神的蜕变。

万历《泉州府志》载："玄帝庙，在郡城东南石头山，庙枕山漱海，人烟辏集其下，宋时为郡守望祭海神之所。"④ 乾隆《泉州府志》记曰："真武庙，在府治东南石头山上，宋时建，为郡守望祭海神之所。"⑤ 殿中祀玄天上帝，披绿袍，戴金冠，一手仗剑，一手按袍，一足倚椅翘起，一足则踏龟蛇。龛上匾题"掌握玄机"，系乾隆年间提督马负书所题。其庙除主祀玄天上帝外，还配祀有南、北斗星君、章平侯等。在今山门后有一大盘石，为明嘉靖十二年（1533）晋江知县韩岳所立石碑一通，上刻"吞海"两字。宋代泉州海外交通繁盛，当时玄天上帝也已被供奉为祭海的对象。从北宋到南宋前期，祭海多是在法石的真武庙举行。

到南宋庆元二年（1196），在泉州城南"笋江、巽水二流之汇，蕃舶客航聚集之地"建起顺济宫（天后宫），祭海的主祭对象才逐渐被妈祖所替代。就泉州天后宫妈祖的配神而言，除了千里眼、顺风耳两神将外，在大殿东西两廊又列二十四司，奉祀玄天上帝、北斗星君、雷声普化天尊、雷部毕元帅、王灵官大帝、

① 李邴. 水陆堂记//黄柏龄. 九日山志. 晋江地区文化局、文管会，1983：144.

② 民国南安县志//中国地方志集成·福建府县志（辑28）. 上海书店出版社，2000：16.

③ 佚名. 安海志. 上海书店出版社，1992：236.

④ 阳思谦，修. 徐敏学，吴维新，纂. 万历泉州府志. 学生书局，1987：1803.

⑤ 怀荫布，修. 黄任，郭赓武. 乾隆泉州府志//中国地方志集成·福建府县志（辑22）. 上海书店出版社，2000：386.

水德星君、福佑帝君、四海龙王、五文昌夫子、吕仙公、清水祖师、裴仙公、九仙祖、李仙公、中坛元帅、文武尊王、临水夫人、七娘夫人、田都元帅、福德正神、福禄寿星、鄞仙姑、纪王爷、苏王爷、康王爷、温王爷、广泽尊王、都天圣君诸神祇。①

妈祖之所以能从莆田的地域性海神，拓展到中国东南海域，进而成为环中国海海域最具影响力的海神，随后又伴随着移民与商贸传播到东南亚，又是与渔民、商人、官员的共同推动分不开，许许多多妈祖显应海上的故事，更为妈祖盖上一层神秘的面纱。

在明清两代册封使所撰出使琉球文献中，就记录下许多这样的妈祖故事。徐葆光所撰《中山传信录》中，对陈侃、郭汝霖、萧崇业、夏子阳、杜三策、张学礼、汪楫等册封使有关封舟救济灵迹皆有记载，兹节录数则如下：

嘉靖十三年（1534），册使陈给事侃（陈侃始有记，故自侃始）、高行人澄舟至姑米山，发漏；呼祷，得塞而济。归值飓，桅樯俱折；忽有红光烛舟，乃请笼起柁。又有蝶、雀示象。是夕风虐，冠服祷请立碑；风乃弛。还，请春秋祀典。

崇祯元年（1628），册使杜给事三策、杨行人抡归舟飓作，折柁牙数次，勒索皆断。舟中三人共购一奇楠，高三尺，值千金；捐刻圣像。俄有奇鸟集樯端，舟行若飞，一夜抵闽云。

本朝康熙二年（1662），册使张兵科学礼、王行人垓归舶过姑米，飓作暴雨，船倾侧，危甚；柁左右欹侧，龙骨半折。忽有火光荧荧，霹雳起，风雨中截断仆桅，舵旋不止，勒索皆断。祷神起柁，三祷三应，易绳下柁。时有一鸟，绿觜红足若雁鹜，集战台；舟人曰："天妃遣来引导也！"遂达定海。

今封舟开洋，风少偏东；祷，立正。多用卯针，船身太下，几至落漈；遂虔祷，得改用乙辰针。又笼许二十八日见山，果见叶壁；船下六百余里，欲收那霸非西北风不能达，祷之立转，一夜抵港。舟回至凤尾山，旋风转，船篷柁俱仄；呼神，始正。至七星山，夹山下柁；五更，飓作走柁，将抵礁。呼神，船始少缓，始得下柁；人皆额手曰："此皆天妃赐也！"②

在海上遇到危难时，舟人、官员有时也会通过扶鸾降箕的方式寻求神明的指示。陈侃、高澄出使琉球时遇到大风浪，就曾扶鸾降箕，而箕卜的结果是天妃派遣临水夫人相助。"奈东北势猛，舟难与角。震荡之久，遂致大桅箍折，遮波板

① 黄炳元. 泉州天后宫. 泉州闽台关系史博物馆、泉州天后宫修缮基金董事会，1990：17.

② 徐葆光. 中山传信录//台湾文献丛刊（第九辑）. 大通书局，1987：27－29.

崩；反侧弗宁，若不可一息存者，众心惊惧。乃焚香设拜，求救于天妃之神。时管军叶千户平日喜扶鸾，众人促其为之。符咒方事，天妃降箕，乃题诗于灰上曰：'香风惊动海中仙，鉴尔陈、高意思专！谁遣異神挠海舶，我施阴骘救官船。鹏程远大方驰步，麟阁勋名待汝还！四百人中多善类，好将忠孝答皇天！'诗毕，复判曰：'吾已遣临水夫人为君管舟矣，勿惧！勿惧！'达旦，风果转南，舟亦无恙。"[①] 为了便于祭祷神灵，封舟之上设有专门的神堂，以做祭神之所。现在我们仍能从《琉球国志略》一书所保存的封舟图中，看到船上的"神堂"与"神灯"所处方位。而就普通渔船还有小船来说，则是用金纸，将从庙里求得的香灰包好，放在船舱内干燥处，据说也能起到护佑船只的作用。[②]

正如《西洋番国志》一书提到的："当洋正行之际，烈风陡起，怒涛如山，危险至极。舟人惊骇，仓忙无措，仰赖神灵显然临庇，宁帖无虞。"[③] 就舟人船上的信仰来说，常祀协天大帝、天妃、舟神等。协天上帝即指关羽。而至于舟神，"不知创自何年，然舶人皆祀之"。以上三神为往来舶中所常祀，昼夜香火不绝，且有专人负责司香。"特命一人为司香，不他事事。舶主每晓起，率众顶礼。每舶中有惊险，则神必现灵以警众，火光一点，飞出舶上，众悉叩头，至火光更飞入幕乃止。是日善防之，然毕竟有一事为验。或舟将不免，则火光必扬去不肯归。"[④]

而就舟人所祀神明来说，则不只限于上面所提到的。正如前文提到的，风浪诡谲的大海使人产生恐惧，为了寻求心灵的慰藉，舟人常常是遇神拜神，只要是与航行有关的神明皆会祭拜。"申刻，风雨晦冥，雷电雨雹欻至，移时乃止。是夜，就山张幕，扫地而祭，舟人谓之祠沙，实岳渎主治之神，而配食之位甚多。"[⑤] "二十六日戊寅，西北风劲甚……麓中有萧梁所建宝陁院，殿有灵感观音。昔新罗贾人往五台，刻其像欲载归其国，暨出海遇焦，舟胶不进，乃还置像于焦。上院僧宗岳者，迎奉于殿，自后海泊往来，必诣祈福，无不感应，而增饰之。旧制，使者于此请祷，是夜，僧徒焚诵歌呗严，而三节官吏兵卒，莫不虔恪作礼，至中宵，星斗焕然，风幡摇动，人皆欢跃，云风已回正南矣。"[⑥] "臣窃惟

① 萧崇业.使琉球录//台湾文献丛刊（第三辑）.大通书局，1987：103、125.
② 访谈于惠安大岞村张国辉师傅家中，2015 年 7 月 31 日.
③ 巩珍，著.向达，校注.西洋番国志.中华书局，2012：5-6.
④ 张燮，著.谢方，点校.东西洋考.中华书局，2008：186.
⑤ 徐兢.宣和奉使高丽图经.商务印书馆，1937：119、119、134、119、120、121.
⑥ 徐兢.宣和奉使高丽图经.商务印书馆，1937：119、119、134、119、120、121.

海道之难，甚矣。以一叶之舟，泛重溟之险，惟恃宗社之福，当使波神效顺以济，不然，则岂人力所能至哉……若遇危险，则发于至诚，虔祈哀恳，无不感应者。比者，使事之行，第二舟至黄水洋中，三柂并折，而臣适在其中，与同舟之人，断发哀恳，祥光示现，然福州演屿神，亦前期显异，故是日舟虽厄，犹能易他柂，既易，复倾摇如故。"①

船只往来经过于珠江口外的万山群岛时，还要将都公请祀舟中。"都公者，相传为华人，从郑中贵抵海外归，卒于南亭门。后为水神，庙食其地。舟过南亭必遥请其神，祀之舟中。至舶归，遥送之去。"②清朱仕玠在《海东剩语》中也提到："至七洲洋，茫无岛屿，为通西洋必经之道。隆冬之际，北风迅发，至此暖气融融，人穿单衣。中外之界，自此分矣。乃具牲馔、笼金钱，陈于木板，投诸海面焚之，以礼海神。继鸣金鼓，焚楮帛，以礼所过名山之神。"③

在《厦门港纪事》中，还保留着一份自厦门往盖州的"敬神"单：

大担妈祖，三盘六使爷，石岛妈祖，顺风相送神福。

金门城利王爷，白带门妈祖，青山头王爷。

磁头妈祖，精枝所妈祖，威海妈祖。

圳里王爷，旗头佛祖土地，菜碗庙岛妈祖。

湄洲妈祖，洋山老爷，到浅海神爷。

平海妈祖，上海洋老大，菜碗。东佑妈祖，或往盖州。

宫仔前妈祖，吾商妈祖。

许屿内妈祖，诸位神福。

慈澳妈祖，大洋开针好事，神福菜碗或往胶洲。

北家头九使爷，青岛妈祖，或往天津。

北关妈祖，码头水土地。④

藏于英国伦敦大学图书馆的《[安船]酧献科》，据考证为清代漳州海澄造船过程中道士所使用的科仪书，在该抄本中详细记录了"往西洋""往东洋""下南""上北"四条国内外航线沿途所经地点及宫庙，其中也颇多祭祀港口妈祖及土地公的情况。

① 徐兢.宣和奉使高丽图经.商务印书馆，1937：119、119、134、119、120、121.
② 张燮，著.谢方，点校.东西洋考.中华书局，2008：186.
③ 朱仕玠.小琉球漫志//台湾文献丛刊（第一辑）.大通书局，1987：56.
④ 窦振彪，撰.陈峰，辑注.厦门港纪事//厦门海疆文献辑注.厦门大学出版社，2013：192.

如"往西洋"条所记："往潮州，广东南澳（顺［济］宫天妃），外彭山，大尖，小尖，东姜山，弓鞋山，南停门，乌偖［猪］山，七州洋，泊水（都功林使总管），浊［独］偖［猪］山，交址［趾］也（招神）。"①

在"下南"条中，则记有："娘妈宫（妈祖），海门（妈祖、大道［公］），圭屿（土地［公］），古［鼓］浪屿（天妃），水仙宫（水仙王），曾厝安［垵］（舍人公），大担（妈祖），浯屿（妈祖），旗尾（土地公），连江（妈祖），井尾（王公），大境（土地公），六鳌（妈祖），州门（天妃），高螺（土地公），铜山（关帝），宫前（妈祖），悬钟（天后），鸡母澳（土地公），南澳（天后），大蓝袍（天后），表尾（妈祖），钱澳（土地［公］），靖海（土地［公］），赤澳，神前（土地［公］），甲子（天后），田尾（土地［公］），遮浪（妈祖），龟灵（妈祖），线尾（土地［公］），大、小星（土地［公］），福建头（二老爷），蟆头门（妈祖），尪香炉（妈祖），大、小急水（土地［公］），□女庙（天妃），虎头门（天后），草尾（土地［公］），宝朱［宝珠］屿（土地［公］），广东（河下天后）。"②

此外，我们还可以从海道针经中保留下来的"下针神文"中所列的神灵名单，看到海神群体的庞大：

谨启诚心拜请，某年某月今日今时四直功曹使者，有功传此炉内心香，奉请历代御制指南祖师，轩辕皇帝，周公圣人，前代神通阴阳仙师，青鸦白鹤仙师，杨救贫仙师，王子乔圣仙师，李淳风仙师，陈抟仙师，郭朴仙师，历代过洋知山知沙知浅知深知屿知礁精通海道寻山认澳望斗牵星古往今来前传后教流派祖师，祖本罗经二十四向位尊神大将军，向子午酉卯寅申巳亥辰戌丑未乾坤艮巽甲庚壬丙乙辛丁癸二十四位尊神大将军，定针童子，转针童郎，水盏神者，换水神君，下针力士，走针神兵，罗经坐向守护尊神，建橹班师父，部下仙师神兵将使，一炉灵神，本船奉七记香火有感明神敕封护国庇民妙灵昭应明着天妃，暨二位侯王、茅竹筴仙师，五位尊王杨奋将军，最旧舍人，白水都公，林使总管，千里眼顺风耳部下神兵，擎波喝浪一炉神兵，海洋屿澳山神土地里社正神，今日下降天神纠察使者，虚空过往神仙，当年太岁尊神，某地方守土之神，普降香筵，祈求

---

① 佚名. ［安船］酌献科//陈佳荣，朱鉴秋. 中国历代海路针经. 广东科技出版社，2016：867、871.

② 佚名. ［安船］酌献科//陈佳荣，朱鉴秋. 中国历代海路针经. 广东科技出版社，2016：867、871.

圣杯。①

在《指南正法》中《定罗经中针祝文》还提到："鬼谷、孙膑先师，袁天罡，神针大将，夹石大神，换水童郎，水盏圣者，起针神兵，位向守护尊神，目龙杠棋一切神兵，本船随带奉祝香火一切尊神等。②"《指南广义》中也还有"东西南北中央五方报事直符使者，九天玄女，马头陀、张仲坚、李定、柳仙列位先生，掌针大将、转针郎官，叶石大神，巡海夜人，海上虚空过往神明等"③。

值得一提的是，风作为木帆船时代的主要航行动力，也是船只遭风漂流沉没的最大威胁，其中又以风暴对船只的危害最大，所以舟人常以出海经历的风暴信期，附以神明故事，便于记诵。正如道光《厦门志》所提到的："月别有暴，或先期即至，或逾时始发，不出七日之内。大约按其信期，系以神明故事，便于省记。④"兹选取闽粤台三地四种文献所涉风暴信期列表如下：

中国沿海闽粤台三地风暴信期表

时间	《厦门港纪事》	泉州《航海指南》	《香祖笔记》（台湾）	《南澳志》
正月初三日	真人暴			
初四日	接神暴		接神飓	接神飓
初九日	天公暴	玉皇报	玉皇飓	玉皇飓
十三日	关帝暴	关帝报	关帝飓	关帝飓
十五日	上元报			
十六日		相公报		
十八日	捣灯暴			
廿四日	小妾暴			
廿五日	六位王暴			
廿八日	洗炊笼暴			
廿九日	乌狗暴	龙王会朝报	乌狗飓	乌狗飓
二月初二日	土地公暴		白须飓	白须飓

---

① 佚名，著.向达，校注.两种海道针经（顺风相送）.中华书局，2012：23.

② 佚名，著.向达，校注.两种海道针经（指南正法）.中华书局，2012：109.

③ （琉球）程顺则.指南广义.琉球大学图书馆藏本.

④ 周凯，修.凌翰，等，纂.道光厦门志.成文出版社，1967：91.

续表

时间	《厦门港纪事》	泉州《航海指南》	《香祖笔记》（台湾）	《南澳志》
初七日	春期暴			
初八日	张大帝暴			
初九日		春期报		
十四日		老君报		
十七日		马和尚过江报		
十九日	观音暴	观音报		
廿九日	龙神朝天暴/陈风信	龙王会玉皇报		
三月初一日	真武暴			
初三日	玄天上帝暴	玄天上帝报	上帝飓	上帝飓
初七日		阎王报		
初八日	阎王暴			
十五日	真人暴	真君报	真人飓	真人飓
十八日	后土暴			
廿三日	妈祖暴	妈祖报	马祖飓	妈祖飓
廿八日	东岳暴/诸神朝上帝暴			
四月初一日	白龙暴	龙船报		
初八日	佛仔暴		佛子飓	佛子飓
十二日	苏王爷暴			
十四日	纯阳暴			
廿三日	太保暴	太保报		
廿五日	龙神太白暴			
廿八日		太子报		
五月初三日	南极暴			
初五日	屈原暴		屈原飓	屈原飓
初七日	朱太尉暴			
初九日		屈原报		

续表

时间	《厦门港纪事》	泉州《航海指南》	《香祖笔记》（台湾）	《南澳志》
十三日	关帝暴	帝爷报	关帝飓	关帝飓
十六日	天地暴			
十八日	天师暴			
廿一日	龙母暴	龙王见母报		
廿九日	威显暴			
六月初六日	崔将军暴			
十二日	彭祖暴	彭祖报，最验	彭祖飓	彭祖飓
十八日	池王爷暴		彭婆飓	彭祖婆飓
十九日	观音暴			
廿三日	小姨暴			
廿四日	雷公暴，极崔		洗炊笼飓	洗炊笼飓
廿六日	二郎暴			
廿八日	大姨暴			
廿九日	文丞相暴			
七月初七日	乞巧暴			
十五日	中元暴		鬼飓	鬼飓
十八日	王母暴/神煞交会暴			
廿一日	普庵暴			
廿七日		袖煞报		
廿八日	圣猴暴			
八月初一日			灶君飓	灶君飓
初五日	九星暴			大飓旬
十四日		橄榄报		
十五日	中秋暴/伽蓝暴		魁星飓	魁星飓
二十日	神龙大会暴			
九月初九日	中阳暴	重阳报		

续表

时间	《厦门港纪事》	泉州《航海指南》	《香祖笔记》（台湾）	《南澳志》
十六日	张良暴		张良飓	张良飓
十七日	金龙暴			
十九日	观音暴		观音飓	观音飓
廿日		东岳帝报		
廿五日		舵工报		
廿七日	冷风暴			
十月初一日		水仙报		
初五日	风神暴			
初六日	天曹暴			
初十日	水仙王暴		水仙王飓	水仙王飓
十五日	下元暴			
廿日	东岳朝天暴			
廿六日	翁爷暴		翁爹飓	翁爹飓
廿九日		西岳圣帝报		
十一月初五日	淡帽佛暴	静姑报		
十四日	水仙暴			
廿七日	普庵暴		普庵飓	普庵飓
廿九日	南岳朝天暴			
十二月初三日	乌龟暴			
十三日		分年报		
廿四日	送神暴	扫座报	送神飓	送神飓
廿九日	火盆暴		火盆飓	火盆飓

就上表所列风暴信期，有称为"暴"，又有称为"报"，还有称为"飓"，这些其实只是地域内部称呼的差异，其所指都是当地船只活动范围内一年中基本会遇到的风暴。而同一时期风暴信期称呼的不同，则是地方性知识特征差异的外在表征。海上作业的渔民及往来大洋的官商船只，每逢遇到这些日子，基本都不会贸然出海捕捞或航行，确实无法寻求安全的港澳靠泊的，也会在航行过程中格外

小心。正因沿海各地澳头渔民都有不同的遭风经历，当地渔民所记录下的海上遇难日期也就不同。这也就能解释为什么有的地方一年风暴信期特别多，有的地方相对会少些。

二、敬神仪轨与海上习俗

船只开洋和归航时，官员或船员都会做相关祭神与"放洋"仪式。萧崇业在出使琉球时就曾题奏："敕下礼部，行令福建布政司于广石海神庙备祭二坛：一举于启行之时而为之祈，一举于回还之日而为之报。使后来继今者，永著为例；免致临时惑乱、事后张皇，而神之听之，亦必有和平之庆矣。"① 在《指南广义》中也记录下敬奉妈祖的一整套规仪及祝文，这包括《请天妃安享祝文》《请天妃登舟祝文》《请天妃入庙祝文》《天妃诞辰及节序祝文》《祭天妃仪注》，就敬奉妈祖的祭祀仪式程序及主要事项开列如下："前期一日斋戒，沐浴更衣，不饮酒，不茹荤，不吊丧、问疾、听乐。凡凶秽之事，皆不可预。执事者，陈器具馔，厥明行事（腊月念四送神、正月初回接神俱用昏时）。是日，预祭大小官员，各着冠服盥洗，就位，上香，参神，四拜。初献爵读祝文（祝跪主祭左读）。亚献爵，终献爵，辞神，四拜。焚祝文并楮钱，众皆移身视焚纸。班首执爵，祭酒于纸炉中。讫，一揖，各复位饮福酒，礼毕。"②

嘉庆年间出使琉球的李鼎元在《使琉球记》中，也记录下出港前奉请妈祖登舟的仪式："十六日戊辰，晴。黎明至冯港，恭请天后行像并翠公登舟祭，用三跪九叩首礼。命道士举醮祭桅，行一跪三叩首礼；道士取旗祝之，噀以酒，合口同言'顺风吉利'。余与介山默祷于天后，以笅卜两舟吉凶。"③

在古代，闽南地区大型木帆船出洋远航，在出港前还要举行隆重的"放洋"仪式。所谓"放洋"，是船只在开洋前，事先要用竹篾和布糊制一艘与本船样式相同的布船。其长丈余，以篾为骨架，以布糊为船身，并漆上桐油，画上龙目。船上伙计水手各司其职，在彩船上准备好各种相对应的工具，如桨、橹、锅具等物，由艄公定下罗盘方位。此仪式过程颇为肃穆，船上任何伙计都不能询问或观看。出海时，先将布船顺流放出，即为"放洋"，取出洋顺风顺流，一路平安

---

① 萧崇业. 使琉球录//台湾文献丛刊（第三辑）. 大通书局，1987：103、125.

② （琉球）程顺则. 指南广义. 琉球大学图书馆藏本.

③ 李鼎元. 使琉球记//近代中国史料丛刊（第48辑）. 文海出版社，1989：89.

之意。①

舟人海上遇险时，除了祭祷神灵护佑外，也会通过"作彩舟"、上"龙神免朝"书、"划水仙"等作为禳厌破解之法。要是在航行中捞到骸骨或浮尸时，还要通过"做海醮"的仪式来安置亡故之人。而如果是出现"不得尸葬"的情况，则需要以"引水魂"的方式来接引亡魂。

所谓"作彩舟"，又称"放彩船"，是船民以木刻小舟代替船只，投诸大洋以禳人船之灾的方式。徐兢在《宣和奉使高丽图经》"沈家门"条中就提到："每舟各刻木为小舟，载佛经糇粮，书所载人名氏，纳于其中，而投诸海，盖禳厌之术一端耳。"② 元代汪大渊在《岛夷志略》"灵山"条也写到："舶至其所，则舶人齐沐三日。其什事，崇佛讽经，燃水灯，放彩船，以禳本舶之灾，始度其下。"③在《东西洋考》一书中也载："灵山石佛，头舟过者，必放彩船和歌，以祈神贶。"④

明万历册封使夏子阳在《使琉球录》一书中，也有两处提到了"作彩舟"祷神以为禳厌的情况。其一为追记郭汝霖见闻："嘉靖四十年（1561），使臣郭汝霖、李际春行至赤屿无风，舟不能行。当昼，有大鱼出跃如巨舟，旁有数小鱼夹之；至暮，舟荡甚。皆谓无风而船如此，事诚可怪！乃施《金光明佛经》一部并作彩舟畀之舱口，而风忽南来，得保无虞。"⑤ 其二则为其自身经历："（八月）二十七日，风忽微细，舟不行，而浪反颠急；舟人以为怪事，请作彩舟禳之，而仍请余辈拜祷于神。甫拜毕，南风骤起，人咸异焉。午后，过钓鱼屿。"⑥

朱仕玠在《海东剩语》中也写到："至烟筒大佛山。山环列，嶂中一山有石突出，远望如人立其巅；非风利不得过。舟行至此，先以木板编竹为小船，帆用杂色彩纸，陈牲馔、香烛、金钱以祭；祭毕，将牲馔等物置小船中，放诸海以厌之。其小船瞬息前飘不见，则过此平安，谓之放彩船。"⑦

至于上"龙神免朝"书，则是通过符、箓、牒、书等形式，祈求海晏风平。徐兢等人自高丽返回中国时，经过海驴焦，书中就提到："二十八日庚辰，天日

① 刘浩然. 闽南侨乡风情录. 香港闽南人出版有限公司，1998：258. 258－259. 292－293.

② 徐兢. 宣和奉使高丽图经. 商务印书馆，1937：119、119、134、119、120、121.

③ 汪大渊，著. 苏继顽，校释. 岛夷志略校释. 中华书局，1981：223.

④ 张燮，著. 谢方，点校. 东西洋考. 中华书局，2008：186.

⑤ 夏子阳. 使琉球录//台湾文献丛刊（第三辑）. 大通书局，198：249－250、222、226.

⑥ 夏子阳. 使琉球录//台湾文献丛刊（第三辑）. 大通书局，198：249－250、222、226.

⑦ 朱仕玠. 小琉球漫志//台湾文献丛刊（第一辑）. 大通书局，1987：56.

清晏，卯刻，八舟同发，使副具朝副，与二道官，望阙再拜。投《御前所降神霄玉清九阳总真符箓》，并《风师龙王牒》《天曹直符》《引五岳真形》，与《止风雨》等十三符讫，张篷而行。"①

萧崇业前往琉球途中，遇到大风浪，随行副使谢杰就曾书"龙神免朝"牌以制风："方舟之将至夷也，忽海波顿裂，深黑不可测；役之老成者曰：'此龙神迎诏也。'顷之，涎涌如白塔，高可数十丈。涎尽处，突起白虹直至天表，且不翅千余丈。如是者三，有若鼎足然。虹尽处结成黑云，大可盈亩；须臾；骤广。众请发牌止之，正使以为幻；人心汹汹惧甚，啧有烦言。余以安众心为请，始勉为书'诏敕在船，龙神免朝'八字；牌一发，即云散于天、涎归于海，其去来若可呼而应者；盖皆朝廷之宠灵使然也。'威震殊俗，百神呵护'；古语不信然乎哉！"② 夏子阳自琉球回国途中，也曾做檄文以告龙王："浪大风横，人益恐惧。余等乃为檄告龙王，词用严切。顷乃波涛稍定，舟亦御风荡行。"③

康熙年间出使琉球的张学礼在海上也有惊险的经历："十九日，将近伊蓝埠，有二龙悬挂，尾、鬣俱见；风云四起影播，荡谲摇曳。大桅决，铁箍已失二三；舟中人怖绝，恍惚晦冥，似有天吴、海童奔逸左右者。守备王祚昌、魏文耀告曰：皇灵远降绝域，百神来集；速出'免朝牌'示之"！牌悬，如故也。顷之，乃悟；易墨以朱，一悬鹢首、一投于海中。天渐开、云渐散，风仍大作。土人称此是龙潭，不可泊；转至山南。"④

就"划水仙"而言，是出海船民在海上遇到大风浪时，摹仿龙舟竞渡的场景，以祈祷水仙王救助出险的仪式。"划水仙者，众口齐作钲鼓声，人各挟一匕箸，虚作棹船势，如午日竞渡状；凡洋中危急，不得近岸，则为之。"⑤ 在闽台两地海边，经常可以看到水仙宫庙，祭祀的神灵为大禹、伍子胥、屈原、王勃、李白等5位，这些人的生平事迹也都与水有关，他们也被统称为"水仙王"。郁永河在《海上纪略》中尚保留其所听闻的海上遇险，后以"划水仙"得救的两则事例：

余于台郡遣二舶赴鸡笼淡水，大风折舵，舶复中裂，王君云森居舟中，自分

① 徐兢. 宣和奉使高丽图经. 商务印书馆，1937：119、119、134、119、120、121.
② 谢杰.《琉球录》撮要补遗//台湾文献丛刊（第三辑）. 大通书局，1987：277－278.
③ 夏子阳. 使琉球录//台湾文献丛刊（第三辑）. 大通书局，198：249－250、222、226.
④ 张学礼. 使琉球记//台湾文献丛刊（第三辑）. 大通书局，1987：6.
⑤ 郁永河，撰. 方豪，点校. 裨海纪游·卷中//台湾文献丛刊（第七辑）. 大通书局，1987：21、61.

必死；舟师告曰："惟有划水仙可免"；遂披发与舟人共蹲舷间，以空手作拨棹势，而众口假为钲鼓声，如五日竞渡状，顷刻抵岸，众喜幸生，水仙之力也。余初不之信，曰："偶然耳！岂有徒手虚棹而能抗海浪、逆飓风者乎"？顾君敷公曰："有是哉！曩居台湾，仕伪郑，从澎湖归，中流舟裂，业已半沈，众谋共划水仙，舟复浮出；直入鹿耳门，有红毛覆舟在焉，竟度舟底。久之，有小舟来救，众已获拯，此舟乃沈。抑若有人暗中持之者，宁非鬼神之力乎"？迨八月初六日，有陈君一舶自省中来，半渡遭风，舟底已裂，水入舱中，鹢首欲俯，而舵又中折，辗转巨浪中，死亡之势，不可顷刻待。有言划水仙者，徒手一拨，沈者忽浮，破浪穿风，疾飞如矢；顷刻抵南嵌之白沙墩，众皆登岸，得饭一盂，稽颡沙岸，神未尝不歆也。陈君谓当时虽十帆并张，不足喻其疾，鬼神之灵，亦奇已哉！[1]

海上船只经过经常发生的海难的地方，也会祭祀亡魂以保船只平安。在《宣和奉使高丽图经》中就提到："黄水洋，即沙尾也，其水浑浊且浅。舟人云，其沙自西南而来，横于洋中千余里，即黄河入海之处。舟行至此，则以鸡黍祀沙，盖前后行舟过沙，多有被害者，故祭其溺死之魂云。"[2]

在闽南地区，船民会将那些从海中网取的大鱼骨、大兽骨，尤其是人的骨头进行特别安置，这些骸骨一般都会在返航回港后被供奉于海边的神庙中。因为船民认为既然捞到这些骸骨，那就说明有缘，也会认为这是"彩气"，不可随意丢弃。当地人将这种骸骨称为"好兄弟""头目公""阴公"等。而沿海各村落这些安放海上遗骸的小庙，又被称为"阴公"庙、海头宫。随着宫庙中骸骨的增加，每隔几年就会举行"做海醮"的方式，安葬这些"好兄弟"。逢年过节，附近民众也会在海滩上用五味碗、银服焚烧供奉这些"好兄弟"。在厦门一带，除称"好兄弟"外，还有称"好姐妹"的。

据刘浩然先生调查：在闽南地区，如果船只出洋发现浮尸，必须先烧些纸头钱，即将尸体捞起放在甲板上，待船行至海岸登陆后，再加以埋葬。凡船只载有尸体的，要进港时，须事先派人通知全港各船，均用黑布把船目蒙上，以表示哀悼之意。要是船行海上，碰到船上有人突然亡故，则须将其尸体用被单包裹，在船尾将尸体放入海中，俗称"水葬"，亦有将尸体转入麻袋之中，并加入一些煤块，然后沉入海底者。对于出洋满载而归的船只来说，船主还要备办廿四味筵碗

① 郁永河，撰. 方豪，点校. 裨海纪游·卷中//台湾文献丛刊（第七辑）. 大通书局，1987：21、61.

② 徐兢. 宣和奉使高丽图经. 商务印书馆，1937：119、119、134、119、120、121.

孝敬天公和妈祖,并备香、金、烛、炮敬献。敬神之时,需另备一大海碗,并从廿四味中各夹取一些放入大海碗中,待敬献礼毕烧金之时倒入海中,以孝敬"好兄弟"。焚烧金纸时,金纸要卷成圆筒形,称为"一卷金",放在甲班上边烧边说"让好兄弟得",然后艄公高喊:"满载!顺风!"①

对于"做海醮",民间也有一套完整的仪式。首先要糊一只大型纸船,俗称"彩舟",舟上供奉"王爷"的纸塑神像,且须供奉三牲酒礼,除此之外,船中还配备有柴米油盐、碗筷杯盘等日常食用所需物品及纸剪衣物。吉日一到,会请道士以张天师的名号贴出榜文,恭请各路神灵,并在"阴公"庙、海头宫内置办三牲酒果筵席,由道士摆坛做法,在诵经礼忏、仗剑步罡等法事完成后,将彩舟请出巡境,这时每家每户都会在门前摆放案桌,置办酒礼三牲,焚香拜迎。舟上乩童半身赤裸,手中执斧持剑击打身体,口中喃喃作语,也有以铁条穿颊的,仪式场景颇为恐怖。彩舟巡境结束后,会被送到海边焚化,海醮仪式至此才算结束。当地认为王爷能保海上平安,而供奉的"好兄弟"也得以超度。②

对于海上罹难而"不得尸葬"的亡故者,则需要以"引水魂"的仪式来接引亡魂。关于"引水魂"仪式的具体过程,是先将死者的姓名、生辰及出事时间写在招魂幡上,同时竖一根带叶子的青竹,竹顶挂一面小锣或放一只白公鸡,同时在竹上挂白布与死者的衣服。前面摆设五菓六斋、三牲酒醴及纸船等物。这种仪式还要请道士做法念咒或请和尚唱念经文,同时要抬出当境境主或者其他神佛前来协助,并让死者的亲人抓住青竹转动。如果青竹倒了或者白公鸡飞走了,就被认为可能是溺死者的魂被引回来了,经占卜确定后,即可以将纸船焚烧,再把青竹烧成灰装在缸里作为骨灰,捧回祖厝。③ 这样死者就能入土为安,而不会成为无主孤魂,且可在祖厝立神主牌位。

三、结语

海洋作为人类在陆地以外另一个重要的活动空间,不同地域文明通过人与船,将海洋与陆地联系起来,这也使阻隔重洋的陆地交流成为可能。这些海上信仰在现在看来,很多是怪力乱神、荒诞不羁之说,但当人类面对海上那种大自然狂野的原始力的时候,无助、恐慌等情绪的产生是人的本能反应,正是这种来自

---

① 刘浩然. 闽南侨乡风情录. 香港闽南人出版有限公司,1998:258. 258—259. 292—293.

② 刘浩然. 闽南侨乡风情录. 香港闽南人出版有限公司,1998:258. 258—259. 292—293.

③ 陈垂成. 泉州习俗. 福建人民出版社,2004:95—96.

神灵的信仰力量，成为人们摆脱绝望，奋力求生的内在动力。而对那些海上遗骸的妥善安葬，更是人本主义的体现，是对逝者的尊重，更是一种人心向善的关怀。时至今日，我们仍可以从这些海上信仰的传播与交流中得到许多有益的启示。

（作者系福建省泉州海外交通史博物馆副馆长、潮汕历史文化研究中心青年委员会委员）

东海区海洋文化产业投入产出表的编制与应用

郑珍远　张棣荔　郑姗姗

一、引言

21 世纪海洋已成为各海洋大国的重点战略发展方向，我国紧扣时代发展脉搏，确立了建设海洋强国和"21 世纪海上丝绸之路"的战略目标，海洋在经济发展中的地位不断凸显。海洋文化产业的研究作为海洋主题研究的重要组成部分，日益受到国内外专家学者的关注。海洋文化产业是指与海洋活动相关的一切文化生产和服务活动的总和。但在我国，现有的研究海洋文化产业的成果大多侧重于对理论的探讨，对海洋文化产业进行实证分析的研究成果不多。作为海洋经济发展的驱动力和智力支撑，探索海洋文化产业的发展方向有利于充分发挥海洋经济的增长引擎作用，因而有必要对海洋文化产业进行研究。

二、文献综述

从海洋文化的概念来看，从 20 世纪 90 年代起国内学者开始聚焦海洋文化的研究。1997 年中国海洋大学成立了我国第一个海洋文化研究所。但目前，海洋文化的研究仍处于方兴未艾的阶段，关于海洋文化的定义尚未有统一的说法。作为中国海洋文化的奠基人和海洋文化学科建设的积极倡导者，曲金良教授 1999 年编著的《海洋文化概论》一书中将海洋文化定义为："海洋文化作为人类文化的一个重要构成部分和体系，是人类认识把握海洋，调整人和海洋的关系，在开发利用海洋的实践过程中形成的物质成果和精神成果的总和。"《海洋文化概论》也是国内首本详细阐述海洋文化的本质、内涵、特征，提出海洋文化学的学科构建的论著。随后在 2003 年曲教授的《海洋文化与社会》一书中，海洋文化的概念被简化为："海洋文化，就是有关海洋的文化；就是人类缘于海洋而生成的物质的、精神的、社会的和行为的文明化生活内涵。"

从海洋文化产业的概念来看，张开城教授和徐质斌教授依托 2005 年在中国

205

湛江举行的海洋国际论坛，汇编《海洋文化与海洋文化产业研究》一书，从文明、产业、历史和经济 4 个部分对我国海洋文化的发展历史与现状进行分析，并将海洋文化产业定义为："从事涉海文化产品生产和提供涉海文化服务的行业。"苏勇军将海洋文化产业定义为："为满足社会公众需求，以海洋文化资源为基础，生产涉海文化产品和提供涉海服务的产业。"

本文首先在梳理国内外专家学者的研究现状和相关理论的基础上，界定海洋文化产业的内涵，确定海洋文化产业的分类；其次结合东海区相关年鉴数据和经济普查数据对海洋文化产业进行系数剥离，编制海洋文化产业投入产出表；再次，从产业类型性质分析、产业关联效应分析方面，横向比较东海区四省市海洋文化产业的发展情况；最后，归纳实证分析结果，揭示问题并提出相应的政策建议。

三、海洋文化产业投入产出表的编制

（一）海洋文化产业的界定

本文海洋文化产业的分类是在综合研究《文化及相关产业分类（2012）》《海洋及相关产业分类（2006）》《第一次全国海洋经济调查标准规范》中的《海洋及相关产业分类（调查用）（2014）》三大分类标准的基础上，以专家学者的研究成果作为参考依据，充分考虑数据的可获得性和海洋文化产业的特性，将海洋文化产业划分为休闲渔业、海洋旅客运输业、海洋旅游业、海洋科学研究业、海洋教育业、海洋技术服务业、海洋信息服务业、海洋工艺品制造业、海洋批发与零售业和涉海服务业 10 个产业部门。

（二）海洋文化产业的分解

由于现有的全口径投入产出表中没有现成的海洋文化产业，因此要从投入产出各个部门中将海洋文化产业剥离出来。全口径投入产出表可以分为非海洋文化产业和部分属于海洋文化产业的产业，后者需要运用剥离系数法对海洋文化产业进行剥离。剥离系数法是指以国民经济行业数据为基础，对各影响因素进行综合比较，确定产业的剥离系数。常见的剥离方法有：完全剥离法、相关分析剥离法、部门（行业）比重剥离法、企业比重剥离法、统计面积比重剥离法、统计调查剥离法等。本文选用部门（行业）比重剥离法，按照海洋文化产业的产值占某一部门（产业）的产值的比重进行系数剥离。剥离系数的理论公式为：

$$\mu_i = \frac{i \text{ 部门属于某产业的值}}{i \text{ 部门相应总值}} \qquad \text{公式（1）}$$

东海区四省市海洋文化产业系数表间见表 1 所示：

表 1 东海区海洋文化产业系数剥离表

分解前投入 产出部门	分解前 代码	分解后投入 产出部门	分解后 代码	福建省	上海市	江苏省	浙江省
渔业	04004	休闲渔业 01	01	0.004445	0.014195	0.030000	0.015216
		渔产品 *	04004 *	0.995555	0.985805	0.970000	0.984784
水上运输	55106	海洋旅客运输 业 02	02	0.022807	0.022807	0.022807	0.022807
		水上运输 *	55106 *	0.977193	0.977193	0.977193	0.977193
住宿	61112	海洋旅游业 03	03	0.823186	0.725603	0.839365	0.842967
		住宿 *	61112 *	0.176814	0.274397	0.160635	0.157033
餐饮	62113	海洋旅游业 03	03	0.811615	0.749407	0.865178	0.873113
		餐饮 *	62113 *	0.188385	0.250593	0.134822	0.126887
文化艺术	87135	海洋旅游业 03	03	0.998619	0.359833	0.444908	0.515776
		文化艺术 *	87135 *	0.001381	0.640167	0.555092	0.484224
娱乐	89137	海洋旅游业 03	03	0.034154	0.074898	0.308536	0.090935
		娱乐 *	89137 *	0.965846	0.925102	0.691464	0.909065
商务服务	72121	海洋旅游业 03	03	0.006239	0.006259	0.002872	0.006040
		商务服务 *	72121 *	0.993761	0.993741	0.997128	0.993960
研究和试验 发展	73122	海洋科学研究 业 04	04	0.009438	0.021112	0.003838	0.004665
		研究和试验发 展 *	73122 *	0.990562	0.978888	0.996162	0.995335
教育	82130	海洋教育业 05	05	0.014170	0.016904	0.010416	0.008533
		教育 *	82130 *	0.985830	0.983096	0.989584	0.991467
专业技术 服务	74123	海洋技术服务 业 06	06	0.000533	0.004608	0.000436	0.001939
		专业技术服务 *	74123 *	0.999467	0.995392	0.999564	0.998061
科技推广和 应用服务	75124	海洋技术服务 业 06	06	0.072943	0.065014	0.102276	0.022481
		科技推广和应 用服务 *	75124 *	0.927057	0.934986	0.897724	0.977519

续表

电信和其他信息传输服务	63114	海洋信息服务业 07	07	0.037853	0.030071	0.152197	0.063688
		电信和其他信息传输服务 *	63114 *	0.962147	0.969929	0.847803	0.936312
软件和信息技术服务	65115	海洋信息服务业 07	07	0.019931	0.097494	0.055406	0.028594
		软件和信息技术服务 *	65115 *	0.980069	0.902506	0.944594	0.971406
新闻和出版	85133	海洋信息服务业 07	07	0.020867	0.004961	0.007744	0.009132
		新闻和出版 *	85133 *	0.979133	0.995039	0.992256	0.990868
文教、工美、体育和娱乐用品	24038	海洋工艺品制造 08	08	0.712847	0.436865	0.565072	0.537003
		文教、工美、体育和娱乐用品 *	24038 *	0.287153	0.563135	0.434928	0.462997
批发和零售	51103	海洋批发与零售业 09	09	0.025164	0.028318	0.027933	0.029370
		批发和零售 *	51103 *	0.974836	0.971682	0.972067	0.970630
居民服务	79128	涉海服务业 010	010	0.118488	0.182138	0.163394	0.291027
		居民服务 *	79128 *	0.881512	0.817862	0.836606	0.708973
其他服务	80129	涉海服务业 010	010	0.621182	0.701171	0.820490	0.527322
		其他服务 *	80129 *	0.378818	0.298829	0.179510	0.472678
公共管理和社会组织	90139	涉海服务业 010	010	0.003131	0.019121	0.004303	0.002574
		公共管理和社会组织 *	90139 *	0.996869	0.980879	0.995697	0.997426
公共设施管理	78127	涉海服务业 010	010	0.368264	0.033764	0.044188	0.230869
		公共设施管理 *	78127 *	0.631736	0.966236	0.955812	0.769131

资料来源：2012 年东海区四省市 139 部门投入产出表、2013 年东海区四省市统计年鉴、2013 年东海区四省市第三次经济普查数据、《中国渔业统计年鉴（2013）》《中国科技统计年鉴（2013）》《中国海洋统计年鉴（2013）》《2013年交通经济运行情况报告》。

（三）海洋文化产业的投入产出表的编制

海洋文化产业投入产出表的编制基础是五年一度的投入产出表。由于最新编制的 2017 年各省份的投入产出表尚未正式出版，本文以 2012 年东海区（福建省、上海市、江苏省和浙江省）投入产出表为基础，将休闲渔业、海洋旅客运输业、海洋旅游业、海洋科学研究业、海洋教育业、海洋技术服务业、海洋信息服务业、海洋工艺品制造业、海洋批发与零售业和涉海服务业 10 个海洋文化产业细项产业部门合并成 1 个总体的海洋文化产业部门。将非海洋文化产业和剥离海洋文化产业后剩余的部门参考《2017 年国民经济行业分类（GB/T 4754-2017）》和《中国 2010 年投入产出表编制方法》划分成 39 个产业部门，共计 40 个产业部门。之后根据海洋文化产业剥离系数将海洋文化产业从现有的投入产出表中剥离出来，试编出 4 张东海区 40×40 部门的海洋文化产业投入产出表。

四、东海区海洋文化产业的产业类型性质分析

（一）东海区海洋文化产业的产业类型性质总体分析

从福建省来看，中间产品型基础产业共有 6 个，占总体产业的 15%；中间产品型产业共有 22 个，占总体产业的 55%；最终需求型产业共有 7 个，占总体产业的 17.5%；最终需求型基础产业共有 5 个，占总体产业的 12.5%。福建省海洋文化产业为中间产品型产业，是具有高附加值、高带动能力的生产服务业。

从上海市来看，中间产品型基础产业共有 4 个，占总体产业的 10%；中间产品型产业共有 24 个，占总体产业的 60%；最终需求型产业共有 11 个，占总体产业的 27.5%；最终需求型基础产业共有 1 个，占总体产业的 2.5%。上海市海洋文化产业为中间产品型产业，是具有高附加值、高带动能力的生产服务业。

从江苏省来看，江苏省中间产品型基础产业共有 4 个，占总体产业的 10%；中间产品型产业共有 21 个，占总体产业的 52.5%；最终需求型产业共有 10 个，占总体产业的 25%；最终需求型基础产业共有 5 个，占总体产业的 12.5%。江苏省海洋文化产业为中间产品型产业，是具有高附加值、高带动能力的生产服务业。

从浙江省来看，中间产品型基础产业共有 5 个，占总体产业的 12.5%；中间产品型产业共有 20 个，占总体产业的 50%；最终需求型产业共有 12 个，占总体产业的 30%；最终需求型基础产业共有 3 个，占总体产业的 7.5%。浙江省海洋文化产业为最终需求型产业，是具有低附加值、高带动能力的生产服务业。

从总体来看，东海区海洋文化产业总体上属于中间产品型产业，但分省市来

看，福建省、上海市和江苏省的海洋文化产业均属于高附加值、高带动能力中间产品型产业，在生产领域作用较大，浙江省的海洋文化产业属于低附加值、高带动能力最终需求型产业。

表 2　东海区海洋文化产业类型性质图

最终需求型产业	中间产品型产业
（中间需求＜0.5，中间投入＞0.5） 福建省：NO5、NO15、NO16、NO18、NO19、NO25、NO37 上海市：NO3、NO5、NO14、NO15、NO25、NO26＊、NO33＊、NO34＊、NO37、NO38＊、NO39＊ 江苏省：NO5、NO14、NO15、NO16、NO18、NO25、NO33＊、NO34＊、NO37、NO38＊ 浙江省：NO3、NO5、NO13、NO14、NO15、NO19、NO25、NO28＊、NO34＊、NO37、NO38＊、O	（中间需求＞0、5，中间投入＞0、5） 福建省：NO2、NO3、NO4、NO6、NO7＊、NO8、NO9、NO10、NO11、NO12、NO13、NO14、NO17、NO20、NO21、NO22、NO23、NO24、NO27＊、NO28＊、NO32＊、O 上海市：NO1＊、NO4、NO6、NO7＊、NO8、NO9、NO10、NO11、NO12、NO13、NO16、NO17、NO18、NO19、NO20、NO21、NO22、NO23、NO24、NO27＊、NO28＊、NO29＊、NO32＊、O 江苏省：NO2、NO3、NO4、NO6、NO7＊、NO8、NO9、NO10、NO11、NO12、NO13、NO17、NO19、NO21、NO22、NO23、NO24、NO27＊、NO28＊、NO32＊、O 浙江省：NO2、NO4、NO6、NO7＊、NO8、NO9、NO10、NO11、NO12、NO16、NO17、NO18、NO20、NO21、NO22、NO23、NO24、NO27＊、NO32＊、NO33＊
最终需求型基础产业	**中间产品型基础产业**
（中间需求＜0、5，中间投入＜0、5） 福建省：NO29＊、NO31、NO33＊、NO36＊、NO39＊ 上海市：NO36＊ 江苏省：NO29＊、NO31、NO35＊、NO36＊、NO39＊ 浙江省：NO31、NO36＊、NO39＊	（中间需求＞0.5，中间投入＜0.5） 福建省：NO1＊、NO26＊、NO30、NO34＊、NO35＊、NO38＊ 上海市：NO2、NO30、NO31、NO35＊ 江苏省：NO1＊、NO20、NO26＊、NO30 浙江省：NO1＊、NO26＊、NO29＊、NO30、NO35＊

（二）东海区海洋文化产业的产业类型性质分细项分析

分细项来看，在福建省海洋文化产业中，中间产品型基础产业共有 4 个，数量占海洋文化产业的 40%，分别为休闲渔业、海洋科学研究业、海洋批发与零售业和涉海服务产业；中间产品型产业共有 2 个，数量占海洋文化产业的 20%，分别为海洋旅客运输业和海洋旅游业；最终需求型产业共有 2 个，数量占海洋文化产业的 20%，分别为海洋技术服务业和海洋工艺品制造业；最终需求型基础产业共有 2 个，数量占海洋文化产业的 20%，分别为海洋教育业和海洋信息服务业。

在上海市海洋文化产业中，中间产品型产业共有 5 个，数量占海洋文化产业的 50%，分别为海洋旅客运输业、海洋旅游业、海洋信息服务业、海洋工艺品制造业和涉海服务产业；最终需求型产业共有 4 个，数量占海洋文化产业的 40%，分别为休闲渔业、海洋科学研究业、海洋技术服务业和海洋批发与零售业；最终需求型基础产业仅有 1 个，数量占海洋文化产业的 10%，为海洋教育业。

在江苏省海洋文化产业中，中间产品型基础产业仅有 1 个，数量占海洋文化产业的 10%，为海洋批发与零售业；中间产品型产业共有 4 个，数量占海洋文化产业的 40%，分别为海洋旅客运输业、海洋旅游业、海洋工艺品制造业和涉海服务产业；最终需求型产业仅有 1 个，数量占海洋文化产业的 10%，为海洋科学研究业；最终需求型基础产业共有 4 个，数量占海洋文化产业的 40%，分别为休闲渔业、海洋教育业、海洋技术服务业和海洋信息服务业。

在浙江省海洋文化产业中，中间产品型基础产业共有 2 个，数量占海洋文化产业的 20%，为海洋批发与零售业和涉海服务业；中间产品型产业共有 4 个，数量占海洋文化产业的 40%，分别为海洋旅客运输业、海洋科学研究业、海洋技术服务业和海洋信息服务业；最终需求型产业共有 2 个，数量占海洋文化产业的 20%，分别为海洋旅游业、海洋工艺品制造业；最终需求型基础产业共有 2 个，数量占海洋文化产业的 20%，分别为休闲渔业和海洋教育业。

从总体来看，东海区海洋文化产业以高附加值，高带动能力的中间产品型产业为主，但区域内发展不平衡，福建省中间产品型产业占比远低于其余三省市。分产业来看，东海区四省市的海洋旅客运输业均为中间产品型产业，产业辐射能力强，而海洋教育产业均为最终需求型基础产业，其产业附加值和带动力亟需提升。

表 3　东海区海洋文化产业产业类型性质细项图

最终需求型产业	中间产品型产业
（中间需求＜0.5，中间投入＞0.5） 福建省：06、08 上海市：01、04、06、09 江苏省：04 浙江省：03、08	（中间需求＞0.5，中间投入＞0.5） 福建省：02、03 上海市：02、03、07、08、010 江苏省：02、03、08、010 浙江省：02、04、06、07
最终需求型基础产业	中间产品型基础产业
（中间需求＜0.5，中间投入＜0.5） 福建省：05、07 上海市：05 江苏省：01、05、06、07 浙江省：01、05	（中间需求＞0.5，中间投入＜0.5） 福建省：01、04、09、010 江苏省：09 浙江省：09、010

五、东海区海洋文化产业的产业关联效应分析

（一）东海区海洋文化产业的产业关联效应总体分析

从福建省来看，敏感关联型产业共有 8 个，占总体产业的 20%；影响关联型产业共有 14 个，占总体产业的 35%；属于迟钝关联型产业共有 12 个，占总体产业的 30%；感应关联型产业共有 6 个，占总体产业的 15%。福建省海洋文化产业为感应关联型产业，即属于强制约力、弱辐射力的产业部门。

从上海市来看，敏感关联型产业共有 7 个，占总体产业的 17.5%；影响关联型产业共有 13 个，占总体产业的 32.5%；迟钝关联型产业共有 15 个，占总体产业的 37.5%；感应关联型产业共有 5 个，占总体产业的 12.5%。上海市海洋文化产业为迟钝关联型，即需求拉动力小，供给推动力小或属于弱制约力、弱辐射力的产业部门。

从江苏省来看，敏感关联型产业共有 8 个，占总体产业的 20%；影响关联型产业共有 12 个，占总体产业的 30%；迟钝关联型产业共有 13 个，占总体产业 32.5 的%；感应关联型产业共有 7 个，占总体产业的 17.5%。江苏省海洋文化产业为迟钝关联型产业，即需求拉动力小，供给推动力小或属于弱制约力、弱辐射力的产业部门。

从浙江省来看，敏感关联型产业共有 8 个，占总体产业的 20%；影响关联型产业共有 15 个，占总体产业的 37.5%；迟钝关联型产业共有 14 个，占总体产业的 35%；感应关联型产业共有 3 个，占总体产业的 7.5%。浙江省海洋文化产业

为迟钝关联型产业，即需求拉动力小，供给推动力小或属于弱制约力、弱辐射力的产业部门。

从总体来看，东海区的产业部门集中在需求拉动力大、供给推动力小的的影响关联型产业和需求拉动力小、供给推动力小的迟钝关联型产业上。但分省市来看，福建省海洋文化产业属于感应关联型产业，上海市、江苏省和浙江省海洋文化产业均属于迟钝关联型产业，东海区海洋文化产业的制约力和辐射力有待发展。

表4　东海区产业关联性质分析图

感应关联型	敏感关联型
（影响力系数＜1，感应度系数＞1） 福建省：NO1＊、NO2、NO26＊、NO27＊、NO30、O 上海市：NO2、NO8、NO22、NO26＊、NO30 江苏省：NO1＊、NO2、NO3、NO26＊、NO27＊、NO30、NO32＊ 浙江省：NO26＊、NO27＊、NO30	（影响力系数＞1，感应度系数＞1） 福建省：NO3、NO6、NO7＊、NO8、NO9、NO11、NO17、NO22 上海市：NO9、NO11、NO17、NO20、NO21、NO27＊、NO32＊ 江苏省：NO4、NO7＊、NO9、NO11、NO12、NO17、NO22、NO23 浙江省：NO2、NO7＊、NO8、NO9、NO11、NO16、NO20、NO22
迟钝关联型	影响关联型
（影响力系数＜1，感应度系数＜1） 福建省：NO24、NO28＊、NO29＊、NO31、NO32＊、NO33＊、NO34＊、NO35＊、NO36＊、NO37、NO38＊、NO39＊ 上海市：NO1＊、NO3、NO10、NO24、NO28＊、NO29＊、NO31、NO33＊、NO34＊、NO35＊、NO36＊、NO37、NO38＊、NO39＊、O 江苏省：NO20、NO24、NO28＊、NO29＊、NO31、NO33＊、NO34＊、NO35＊、NO36＊、NO37、NO38＊、NO39＊、O 浙江省：NO1＊、NO3、NO24、NO28＊、NO29＊、NO31、NO32＊、NO34＊、NO35＊、NO36＊、NO37、NO38＊、NO39＊、O	（影响力系数＞1，感应度系数＜1） 福建省：NO4、NO5、NO10、NO12、NO13、NO14、NO15、NO16、NO18、NO19、NO20、NO21、NO23、NO25 上海市：NO4、NO5、NO6、NO7＊、NO12、NO13、NO14、NO15、NO16、NO18、NO19、NO23、NO25 江苏省：NO5、NO6、NO8、NO10、NO13、NO14、NO15、NO16、NO18、NO19、NO21、NO25 浙江省：NO4、NO5、NO6、NO10、NO12、NO13、NO14、NO15、NO17、NO18、NO19、NO21、NO23、NO25、NO33＊

（二）东海区海洋文化产业的产业关联效应分细项分析

分细项来看，福建省海洋文化产业中，影响关联型产业仅有 1 个，数量占海洋文化产业的 10%，为海洋工艺品制造业；属于迟钝关联型产业共有 9 个，数量占海洋文化产业的 90%，分别为休闲渔业、海洋旅客运输业、海洋旅游业、海洋科学研究业、海洋教育业、海洋技术服务业、海洋信息服务业、海洋批发与零售业和涉海服务产业。

上海市海洋文化产业中，影响关联型产业共有 4 个，数量占海洋文化产业的 40%，分别为海洋旅客运输业、海洋技术服务业、海洋工艺品制造业和涉海服务产业；属于迟钝关联型产业共有 6 个，数量占海洋文化产业的 60%，分别为休闲渔业、海洋旅游业、海洋科学研究业、海洋教育业、海洋信息服务业和海洋批发与零售业。

江苏省海洋文化产业中，影响关联型产业共有 2 个，数量占海洋文化产业的 20%，分别为海洋科学研究业、海洋工艺品制造业；属于迟钝关联型产业共有 8 个，数量占海洋文化产业的 80%，分别为休闲渔业、海洋旅客运输业、海洋旅游业、海洋教育业、海洋技术服务业、海洋信息服务业、海洋批发与零售业和涉海服务产业。

浙江省海洋文化产业中，影响关联型产业共有 4 个，数量占海洋文化产业的 40%，分别为海洋旅客运输业、海洋科学研究业、海洋技术服务业和海洋工艺品制造业；属于迟钝关联型产业共有 6 个，数量占海洋文化产业的 60%，分别为休闲渔业、海洋旅游业、海洋教育业、海洋信息服务业、海洋批发与零售业和涉海服务产业。

从总体来看，东海区海洋文化产业的产业关联性质主要以迟钝关联型为主，以影响关联型为辅，对于区域内的海洋文化产业来说，尚未孵化出支柱型产业。分产业来看，东海区四省市的休闲渔业、海洋旅游业、海洋教育业、海洋信息服务业和海洋批发与零售业均属于迟钝关联型产业，制约力和辐射力亟待提升，而海洋工艺品制造业均为影响关联型产业，需进一步促进产业制约力。

表 5　东海区海洋文化产业关联性质分析细项图

感应关联型	敏感关联型
（影响力系数＜1，感应度系数＞1）	（影响力系数＞1，感应度系数＞1）
福建省：	福建省：
上海市：	上海市：
江苏省：	江苏省：
浙江省：	浙江省：

续表

迟钝关联型	影响关联型
（影响力系数＜1，感应度系数＜1）	（影响力系数＞1，感应度系数＜1）
福建省：01、02、03、04、05、06、07、09、010	福建省：08
上海市：01、03、04、05、07、09	上海市：02、06、08、010
江苏省：01、02、03、05、06、07、09、010	江苏省：04、08
浙江省：01、03、05、07、09、010	浙江省：02、04、06、08

六、主要结论与政策建议

（一）主要结论

本文在界定海洋文化产业的内涵，划分海洋文化产业部门分类的基础上，计算海洋文化产业剥离系数并编制东海区海洋文化产业投入产出表；运用投入产出分析法，从产业类型性质分析、产业关联效应分析方面对东海区四省市海洋文化产业进行横向比较，探索东海区海洋文化产业的发展情况，得出的结论有以下几点：

（1）以中间产品型产业为主，产业带动能力强

东海区海洋文化产业的中间投入率均大于 0.5，表明东海区海洋文化产业具有高带动能力，福建省、上海市和浙江省海洋文化产业的中间需求率均大于0.5，说明其海洋文化产业对生产的直接支撑作用较大。结合中间投入率和中间需求率分析，福建省、上海市和江苏省海洋文化产业的中间投入率和中间需求率均大于 0.5，属于中间产品型产业，是具有高附加值、高带动能力的生产服务业。浙江省的海洋文化产业中间投入率大于 0.5，中间需求率小于 0.5，属于低附加值、高带动能力最终需求型产业。

（2）产业辐射能力不足，尚未孵化出支柱产业

从产业关联性质分析，东海区四省市海洋文化产业的影响力系数均小于1，表明东海区海洋文化产业对带动东海区经济发展的辐射力弱。福建省海洋文化产业的感应度系数大于1，表明福建省海洋文化产业受其他产业的需求压力较大，上海市、江苏省和浙江省海洋文化产业的感应度系数均小于1，表明海洋文化产业受其他产业的需求压力较小。结合影响力系数和感应度系数分析，福建省海洋文化产业属于弱辐射力、强制约力的感应关联型产业，上海市、江苏省和浙江省海洋文化产业均属于弱辐射力、弱制约力的迟钝关联型产业，东海区海洋文化产业尚未孵化出支柱产业。

（二）政策建议

结合前文实证研究结果和东海区海洋文化产业发展现状，提出建议如下：

(1)深化区域产业合作，发挥产业集聚优势

从区域来看，东海区地理位置比邻，资源构成及经济发展程度相近，但在海洋文化产业发展上看，互有优势。加强区域合作，通过对资金、技术、管理、市场、劳动力等要素进行优化配置，有利于促进海洋文化产业在区域间的优势互补和资源共享。通过政府间的协调与交流，打破产业跨区域交流的壁垒，实现区域共赢。从产业发展来看，海洋文化产业扩散效应较强，形成以海洋文化产业为支撑的聚集区，有利于充分发挥产业集聚效应，带动产业发展。为此，首先要合理规划海洋文化产业聚集区，避免出现资源浪费、功能重叠、行业雷同等无序现象；其次要完善管理体系，管理和引导聚集区内各产业板块，密切掌握集群发展动态；最后是树立聚集区品牌效应，主动引进及对接附加值高的海洋文化产业及项目，完善政策优惠、基础设施、技术服务等体系，形成品牌辐射效应，提升海洋文化产业聚集区的发展水平。

(2)挖掘海洋文化特色，提升产业核心竞争力

东海区拥有丰富的海洋文化资源，是发展海洋文化产业的坚实基础。因此，一方面，在东海区海洋文化产业发展过程中，要深入挖掘东海区海洋文化中的历史、民俗、渔文化等资源及海洋文化的丰富内涵，开发出兼具创新和特色的海洋文化产品，从研发、设计、生产、销售和服务等环节入手，打造出具有高创新性、高附加值和高带动力的海洋文化产业链，并据此向上游和下游延展产业链；另一方面，要紧扣时代发展脉搏，结合时下新观念和新思想，充分运用大数据、互联网＋、云计算、物联网等新技术，打造大众喜闻乐见的新时代海洋文化产业，形成一批拥有自主知识产权、核心竞争力强的集团和公司，提供符合市场需求的海洋文化产品和服务，在海洋文化产业的产业内培育出具备高辐射力和高制约力的主导产业。

(3)促进产业结构优化，提高产业经济效益

当前我国经济已由高速增长阶段转向高质量发展阶段转变，如果单纯依靠资源密集型的第二产业推动，不利于东海区海洋文化产业的长期发展。根据海洋文化产业自身属性，首先要充分发挥市场在资源配置中的基础性作用，加强政府对海洋文化产业发展的合理引导，实现资源的有效配置；其次，要在巩固现有发展成果的基础上，紧密融合第三产业，提高第三产业在东海区海洋文化产业中的比重和水平，促进海洋文化产业的全面发展；最后，要进一步创新和完善海洋文化

产业的体制和机制，建立规范、公开和有效的行业准入制度，提高产业产品的质量，提升产业服务水平，促进东海区海洋文化产业对地区经济的直接贡献效益的提升。

(4)加大人才培育力度，激发产业发展活力

劳动者报酬投入是推动东海区海洋文化产业最终需求扩张的主要因素，产业的竞争很大程度上取决于人才的竞争，充足的高素质人才能直接推动海洋文化产业的发展。首先，海洋文化产业的发展首先要培养一支高素质的海洋文化人才队伍，从源头上强化高校海洋文化类专业的建设，完善人才培养的硬件设施和软件生态，注重专业培养的实用性和实践性；其次，要以高校为核心，建立海洋文化产业园区和孵化基地，推动"产学研用"一体化发展；再次，要充分利用高校的培养和教育优势，通过定期举办学术讨论和科学研讨会等方式培养高精尖的海洋文化产业人才；最后，要以产业引导、政策扶持和环境营造为重点，健全人才管理系统，完善人才保障体系，推动人力资源结构转型，提供优质高效的人才服务保障，强化人才对产业发展的支撑作用。

参考文献

[1] 曲金良. 海洋文化概论. 青岛海洋大学出版社，1999.

[2] 曲金良. 海洋文化与社会. 青岛：中国海洋大学出版社，2003.

[3] 张开城，徐质斌. 海洋文化与海洋文化产业研究. 海洋出版社，2008.

[4] 苏勇军. 浙江海洋文化产业发展研究. 海洋出版社，2011.

[5] 王苎萱. 山东半岛蓝色经济区海洋文化产业发展战略研究. 东岳论丛，2013，34 (10).

[6] 李翔. 传媒的海洋意识在发展海洋文化产业中的作用. 中国广播电视学刊，2012 (05).

[7] 刘家沂. 海洋文化产业分类及相关指标研究. 青岛：中国海洋大学出版社，2015.

[8] 何广顺，王晓惠. 海洋及相关产业分类研究. 海洋科学进展，2006 (03).

[9] 王志标. 文化产业投入占用产出研究——以河南省为例. 科学文献出版社，2016.

[10] 于谨凯，曹艳乔. 海洋产业关联模型分析. 资源与产业，2007 (06).

[11] 殷克东，李杰，张斌，张燕歌. 海洋经济投入产出模型研究. 海洋开发

与管理，2008（01）.

[12] 徐胜，郭玉萍，赵艳香. 我国海洋产业发展水平测度分析. 统计与决策. 2013（19）.

[13] 王莉莉，肖雯雯. 基于投入产出模型的中国海洋产业关联及海陆产业联动发展分析. 经济地理，2016，（01）.

[14] 赵昕，雷亮，彭楠，丁黎黎. 海洋渔业投入产出区域差异的测度. 统计与决策. 2019（4）：137－140.

[15] 国家统计局. 文化及相关产业分类（2018）

[16] http：//www. stats. gov. cn/tjsj/tjbz/201805/t20180509 _1598314. html

（郑珍远、张棣荔，系福州大学经济与管理学院教师；郑姗姗，系福州工商学院教师）

霞浦妈祖文化与两岸民间交流

陈　杰

妈祖文化是海峡两岸民众所创造和传承的民间传统文化的重要组成部分，是在共同地域、共同历史作用下长期积累形成的文化传统。妈祖文化的形成是在一定范围的地域内，同一个族群在共同的环境中经过长久的岁月，经由自主地选择、沉淀、累积、互动，逐渐养成的固定因应生活的心态、方式和知识，而形成一定的风俗习惯、信仰体系和价值观念。

我们以霞浦妈祖文化为例，探讨如何适应社会的发展需要，建立全方位海峡两岸妈祖文化交流平台，促进妈祖文化跨海峡交流，通过妈祖文化的传承和弘扬，造福两岸百姓。

一、霞台妈祖文化的渊源

妈祖信仰从神话传说到民间信仰再到妈祖文化，经历了 1000 多年。据统计，目前全世界共有妈祖庙 1 万多座，妈祖信众 3 亿多人。

（一）霞浦妈祖文化的起源

霞浦县位于福建省的东北部，陆地面积 1490 平方千米，人口 55 万，三面临海，一面依山的地理特点，使这里的海阔港深。全县 15 个乡镇，沿海乡镇占 12 个。霞浦县的海岸线长 404 千米，占福建省的八分之一，是全国沿海海岸线最长的县。三沙镇是全国五大渔港之一、国家二类口岸，因此成为台轮停泊点和对台小额贸易点。

霞浦，因其面向东海的地理位置，决定了其文化元素具有海洋文化的特质。霞浦，又因其妈祖文化的广泛传播和根深蒂固，决定了其对地方文化的深刻影响。

妈祖信仰是海洋文化的现象，是一种人生寄托，也是一种文化表现形态。霞浦县与湄洲岛的海域紧紧相连的地缘关系，正是妈祖信仰和妈祖文化得以存在、延续和发展的基础，也是霞浦县的海洋文化离不开妈祖文化根本原因。妈祖文化起源于宋代，又随着移民来到台湾并在台湾生根开花结果。妈祖文化内涵丰富并在今天的海峡两岸关系中发挥着独特的文化优势，成为增进两岸民族感情、增强两岸文化交流和促进两岸经济贸易往来的桥梁和纽带。

据《霞浦县志》记载，松山天妃宫建于宋朝，清乾隆年间重修，嘉庆十六年（1811）复鸠工增建。在明万历年间，沙江村就建有"天妃宫"崇祀妈祖。牙城天后宫始建于明万历年间，清咸丰年间重修。东冲下位塘明嘉靖建有天后宫。三沙东澳天后宫清乾隆间始建。盐田下街清同治年间建有天后宫。下六都横山也建有天后宫。"三南沿海，各村创建不一。"到目前为止，霞浦县仍存有妈祖宫庙40余座，且主要集中分布在靠近沿海地区的12个乡镇。

（二）妈祖文化在台湾的传承

明清时期福建沿海人民掀起移居台湾的高潮，移民把祖籍地的妈祖等民间信仰也带到了新的移民地。这种民间信仰的移植象征两种意义，一是可以视为闽文化在移居地的延续与发展。二是妈祖是他们心中的保护神，有神的保护，它可以使不安的心灵得到缓解。移民在百般艰难的环境中离乡背井、漂洋过海迁徙到一个陌生的环境求生活，移民迁徙是一个充满危险的历程，特别是东渡台湾海峡移居台湾，迁徙途中充满各种生命危险。移民在海上经历九死一生之后，即使顺利到达目的地，登上台湾岛，在新的环境中还会遇到更加严峻的生存与发展的考验，需要借助神明的力量来摆脱各种恐惧和不安。渡海移民者在出发前都事先到松山天后行宫祈请香火或小尊妈祖神像，来确保航海与生活的平安。

在清朝康熙二十二年（1683）统一台湾后，保卫台湾的军队采用"班兵制"，即不在台湾本地招募兵丁，而是从福建、广东两省军队中抽调一定数量的兵丁，然后重新组编，分配到台湾各地驻防，驻台军队归福建水师提督节制。镇署设在福宁州（即今霞浦）的福宁镇，其属福建水师提督统辖的五镇之首，兵力雄厚，管辖地域辽阔。其中驻防霞浦松山的烽火营水师，其兵员善于海战和海岛防御，故选拔戍台兵员，多数均由烽火营中抽调。调去戍台的兵员，三年期满，退回原营，调换其他兵员前往递补，俗称为"换班兵"。戍台兵丁中，有许多都是妈祖的信徒，为了戍台安全和海上往返顺利，动身之前，必会到松山天后行宫中烧香许愿，并将妈祖神像或符袋随身带到台湾，建庙并长期奉祀，促使松山妈祖文化迅速向台湾传播。

妈祖信仰是目前台湾社会的主要民间民俗信仰，据统计，台湾自大陆分香的妈祖宫庙超过2000座，信众达1600多万人，占台湾人口的三分之二。可见，海峡两岸妈祖信仰的历史渊源是深远的。

二、霞台妈祖文化的交流与传承

松山天后行宫经过 40 多年来不断发展，妈祖第一行宫的地位已经得到海内外妈祖界的认可。近年来，在霞浦县举办的"妈祖文化旅游节""妈祖文化论坛""闽台妈祖文化学术研讨会"等活动的规模越来越大、活动内容越来越丰富、仪式越来越隆重。2004 年在国家文化部社团办的批准下成立了"中华妈祖文化交流协会"，在台湾、香港、澳门以及东南亚国家有 200 多家团体会员。

近年来，海峡两岸妈祖信众的交流交往越来越频繁，悄然形成了妈祖文化交流热潮，妈祖文化已成为两岸民众情感交流的精神纽带。在海峡两岸"和平发展、共创双赢"的大趋势中，妈祖精神已然融入中华民族优秀文化的核心价值，妈祖文化更成为两岸民众追求和谐安宁的精神家园。

改革开放以来，两岸妈祖文化的交流从暗到明，从小到大，从单向到双向，成为两岸民间交流交往的耀眼亮点。据统计，40 年来，累计到松山天后行宫谒祖进香的台湾妈祖宫庙有 100 多座，信众达 80000 多人次。松山天后行宫先后组团赴台湾开展妈祖文化联谊交流活动 16 次，456 人次。赴台交流期间还拜会台湾地区前立法机构负责人王金平、中国国民党前主席连战、中国国民党前主席朱立伦、台湾亲民党前主席宋楚瑜、台湾新党前主席谢启大等。相关两岸民俗文化交流活动的情况还在中国新闻网、台海网、香港日报、澳门日报、凤凰网等知名媒体上报道。

为推动两岸民间文化交流，近年来，松山天后行宫先后与台湾北港朝天宫、台湾新港奉天宫、台湾板桥慈惠宫、台湾路竹天后宫、台湾大甲镇澜宫等联合举办"台湾百家宫庙赴霞浦天后行宫寻根谒祖""两岸妈祖巡安霞浦""海峡两岸妈祖信众祈福行"和"天佑中华，祈福武汉"两岸宫庙线上祈福活动、"两岸合和，隆庆寿诞"线上祈福活动、"霞台'妈祖杯'龙舟赛""两岸'云端'祭妈祖"等活动，与台湾鹿耳门圣母庙、连江马祖境天后宫、连江金板境天后宫、金门天后宫等联合举办妈祖走水、四海龙王朝圣母、新春祈年等两岸民间民俗活动，吸引了大量台湾同胞前来参加。由于松山天后行宫影响广泛，先后与台湾大甲镇澜宫、台湾板桥慈惠宫、台湾新港奉天宫、台湾北港朝天宫、台北松山慈佑宫等 41 家宫庙结为友好宫庙，与台湾大雅永兴宫、台湾嘉义天后宫、台湾浩天宫、台湾彰化南瑶宫、台湾道德院、金门天后宫、台湾澎湖天后宫等百余家妈祖宫庙，建立长年联系，交流活跃，推动霞台妈祖文化和民间交流新发展。

三、妈祖文化的时代价值与作用

从妈祖信仰到妈祖文化的发展过程，是一个漫长的历史过程，经历了1000多年的历史积淀，由妈祖信仰形成的妈祖文化圈，包含着非常丰富的内涵，综合起来可概括为三大层面的内容：

第一，妈祖文化的"道德"内涵。妈祖文化最深的内涵在于人格魅力。在千百年的嬗变过程中，信众不断丰富妈祖的完美道德品质，妈祖形象已成为道德的化身，是中华民族传统美德的集大成。妈祖之所以成为人们敬仰和祭拜的女神，首先是因为妈祖的美德。妈祖的忠义孝悌、救民疾苦、扶危济困、乐善好施、见义勇为、无私利他的情操体现了中华民族的传统美德，并形成一股巨大的精神力量。在信众心目中，"妈祖形象尽善尽美，妈祖精神包含着真善美的价值和道德内涵。信众信仰妈祖，意味着认同妈祖所代表的真善美价值观和道德观"。妈祖的形象是慈祥、博爱、亲切、无私、勇敢。妈祖受到历代朝廷的多次褒封，封号也从"夫人""妃""天妃""天后"直至"天上圣母"，说明历代统治阶级是非常重视以道德化的妈祖形象作为教化百姓的有效的伦理教材。可见，妈祖文化的内涵首先是从道德人格层面上来理解的。

第二，妈祖文化的"信仰"内涵。正因为"信仰"，才使妈祖拥有3亿多的信众。信众祭拜妈祖、信仰妈祖，是相信妈祖是非常灵验的。人们出海的安全、海上贸易的顺利、旅途的平安，以及求子、求财、求福等等，都相信妈祖会显灵助其愿望的实现。所以，信众对妈祖是非常虔诚的。一位台湾嘉义县的陈万来先生，先后共来松山天后行宫朝拜20多次。2000年和2002年台湾嘉义县的妈祖信众两次组团来松山天后行宫朝拜和分灵妈祖，还在台湾成立"嘉义松山圣母会"。2005年台湾台南的陈美儿女士在妈祖神像前，三拜九叩，激动得热泪盈眶："我终于来到天后第一行宫了。"陈女士家祖上奉祀的妈祖是早期他们祖辈从松山天后行宫分灵赴台的，其祖父、父亲一生都期盼来松山天后行宫圣地朝拜，但由于两岸未"三通"等原因，至死夙愿未偿。其父临终前，希望她一定要争取来天后行宫朝拜。2012年连江县马祖天后宫组织300多人到松山天后行宫进香。2015年台湾百家宫庙霞浦天后行宫寻根谒祖团一行600多人到天后行宫寻根问祖。这是妈祖信众对妈祖虔诚信仰的典型案例。虔诚的信仰是信众的精神寄托，是信众战胜艰难险阻的勇气，是信众开创事业的精神支柱。"信仰"是妈祖民俗文化的核心内涵。

第三，妈祖文化的"多学科"内涵。妈祖信仰在经历了1000多年的历史积淀，本身就印记着丰富的历史。在妈祖信仰的历史发展中，形成了妈祖文化圈：妈祖庙的建筑、民俗、文物；由妈祖信仰形成的民间艺术、民俗文化、口传文学；包含着妈祖信仰的民俗学、华侨史、航海史、海外交通史等等。从研究妈祖信仰入手，可以进入众多科学研究领域。流传千年的妈祖文化，蕴含着中华民族的传统美德，涉及历史、文学、艺术、民俗、宗教、建筑等各个方面，在我国沿海地区源远流长，是海峡两岸重要的民间文化纽带。

妈祖文化已成为中华民族文化的重要组成部分，在海峡两岸交流中发挥着积极的作用。她丰富的内涵，在现代社会发挥着增强两岸同胞民族感情、增进两岸文化交流、促进两岸经贸往来的重要作用。

（作者系中华妈祖文化交流协会常务理事、霞浦县妈祖文化交流协会副会长兼秘书长、霞浦松山天后行宫董事会秘书长）

妈祖信俗的多样化表达

——"茶帮拜妈祖"市级非遗的实践

钱颖曦

妈祖作为海神，大家常常将她认为是主管海上航行平安的女神，但是实际上，我们通过现有的文献资料可以发现，妈祖的"主营业务"不止于此。特别是福州的妈祖信俗，向内构建内陆商埠体系，向外开拓外交外贸，通过妈祖信俗将"山海联动"。这正是因为海洋文化比内陆文化更富有开放性、外向性、兼容性、冒险性、开拓性、原创性和进取精神。福州三坊七巷天后宫的"茶帮（商帮）拜妈祖"正以其独特的"山海联动"的原创性成为妈祖文化中的一支奇葩。那么福州是如何形成如此独有的商帮妈祖信俗文化的呢？这要从妈祖信俗的外延讲起。

一、妈祖信仰的外延

大家都知道，任何一个文化的发展都离不开当政者的支持。以时间线来看，北宋时期，妈祖信仰还主要分布在莆田、仙游一带。南宋时期，提出"开洋裕国"的国策，经济重心南移，海上经济繁荣，妈祖走出发源地，首先在江浙闽粤开始传播，并主要在海港商埠呈点状分布。

而妈祖信仰从明朝开始开启了空前的发展，在明代官修的《正统道藏》中的《太上老君说天妃救苦灵验经》记述了妈祖的降生人间的原因，是因为太上老君看见江河湖海等水域中"兴商买卖，采宝求珍，出使遐荒，交通异域，外邦进贡，上国颁恩，输运钱粮，进纳贡赋，舟船往复，风水不便，潮势汹涌，惊涛仓卒……何由救免"，于是敕命"斗中妙行玉女"于三月廿三日降生人间。由此我们可以看出，当时的明朝政府对妈祖信仰已经有了非常明确的定位，首先"北斗"自古以来就作为海上航行导向的重要参照，福建各地也留存着"牵星板""星象图"等用于指引航向的工具，而其降生人间的原因就进一步确认了其作为海上贸易与外交往来的保护神的官方定位。所以我们会发现，福州的几个很有特色的天后宫，如三坊七巷天后宫、怡山院天后宫、马尾船政天后宫，一直与我国诸多和平外交活动、海上交通贸易,有着密切关联。尤其是郑和七次下西洋,出使 30 多个西太平洋和印度洋的国家和地区,以及明、清两朝持续近 500 年的对古琉球中山国的册封,清末的五口通商等,都从官方层面推动了妈祖信仰在海外的传播。当平安归来,化险为夷时,人们把成功归结为妈祖的庇佑,从而进一步加深了人们对妈祖的信仰。妈祖信仰的传播也随之突破了国界,传播到日本、琉球、苏门答腊、苏禄和暹罗。

二、妈祖信仰与我国商埠构建

我国海上交通贸易及沿海港口开发的历史,与妈祖信仰有密不可分的关系。从东北至华南,许多著名的港口城市的开发史几乎都跟妈祖庙息息相关。"先有娘娘庙,后有天津卫。"这句谚语是对天津港口起源的形象化说明。宋代华亭(即上海)、杭州、泉州、广州四大市舶司均与妈祖庙建在一起。还有营口、烟台、青岛、连云港等都是以妈祖庙的兴建为标志,从荒凉的渔村变为繁荣的港口城市。

清代福建海商的发展,进一步将妈祖信仰传播到了世界各地。清代妈祖信仰已经不再局限于与海洋有关的行业。为了联络福建商人,全国各地的会馆纷纷建立,使妈祖信仰的传播由沿海向内陆深入发展。

三、妈祖信仰与闽商贸易

"百货随潮船入市,千家沽酒户垂帘。""万国舟航通禹贡,九仙楼阁倚空同。"这两句诗讲述的是福州在"海上丝绸之路"历史上的繁荣景象,展现的是旧时闽商。

从前面的两句诗中我们可以看出闽商群体与"海上丝路"商会在信俗上有两大特色景观:一是商贾云集,其中不乏外国客商;二是千祥云集,这里的闽商商会有着独特的信仰。闽商文化、闽地文化的对外传播源于历史上闽商群体、天后宫与会馆难分难解的关系。清代活跃于福州的各地商帮,往往以各色信俗场所作为聚集地。其中只有参与外贸且财力雄厚的商帮才具备建立会馆的条件,这类正式会馆通常称为天后宫。且会馆规条中明确规定,会馆是特定商帮在群体独立建设的祭祀场所,均必以天后妈祖作为供奉对象。"天下通都大邑,滨江濒海商贾辐辏之区,客是地者,类皆建设会馆,为同乡聚晤所。而吾闽之建是馆者,又必崇以宫殿祀天后,其中盖隆桑梓之祀,亦以(天)后拯济灵感江河之舟楫,往来冀籍沐神庥也。"因而,福建会馆和天后宫与我国的海运贸易、内陆地区商埠构建有着十分密切的关系。海上贸易的发展与华人、华侨的移民活动更使其传播到了世界各地。

根据《福州遍览》统计，历史上福州至少有 22 座由商会修建的天后宫。其中就包括了福州三坊七巷天后宫（绥安会馆）。这种独特的"商会＋天后宫"的建筑格局形成了独特的闽商会馆文化，既是福州"海丝"文化的历史见证，也是闽商的精神寄托，是福州人开拓"海丝"之路，将中国文化传向世界的见证，更是福州作为"海丝"重要支点城市的历史遗迹之一。

而这种建筑格局也催生了一种特殊的商帮妈祖信俗，即福州市非物质文化遗产"三坊七巷天后信俗"。其中的一项重要内容"茶帮拜妈祖"正是作为福州作为世界茶港的重要见证，体现了福州茶叶贸易的繁荣。

四、海上繁盛的茶叶贸易

福州是中国历史上重要的对外贸易港口，被称为"世界茶港"。旧时福州内城水路发达，闽北茶叶随建溪而下，入城可到达南公园、上下杭以及三坊七巷的大、小水流湾三处。鸦片战争"五口通商"后，福州成为全国最大的茶港及水路贸易集散地。当时，福建各地的茶叶都在这里出口。19 世纪末 20 世纪初，随着花茶的流行，福州有六七十家商户经营。这些茶行多分布在台江苍霞洲等地。他们以经营茉莉花茶为主，多运往北京、天津、烟台、青岛等地；福建各地的红茶、绿茶、青茶、白茶、砖茶等，也集中在福州港出口，远销英国、俄罗斯、德国、荷兰等地。除了福州本地所产茶叶，茶帮大量采购销售的武夷山、政和、福鼎、福安、安溪、潮州等地的茶叶，也是在福州港装船。

1821 年绥安会馆在郎官巷设立。1842 年，福州建立"闽海关"，自此成为全国三大茶市之一。从 1854 年起直到 19 世纪 80 年代，福州对外的茶叶贸易量一直居高不下。据统计，1871—1873 年，中国平均每年出口值为 11000 万元，其中茶叶出口值为 5797 万元，占 52.7％。而福州口岸输出的茶叶价值又占全国茶叶的 35％至 44％。也就是说，福州仅茶叶出口一项，就占全国出口总值的 20％左右。至 1880 年达到历史峰值，仅福州茶叶出口英、美、澳三国就占出口总量 90％左右，输出茶叶种类包含乌龙茶、绿茶、花茶、红茶及少量砖茶等。正因如此，《东亚各港口岸志》里称"福州为南洋之第一要冲"，并认为福州是中国东南之财源。

五、茶叶贸易催生独特信俗

作为妈祖信仰的发源地，福建有个很奇怪的现象，就是除了滨海之城妈祖信仰广泛之外,历史上的建宁府、延平府、福宁府,特别是在武夷山、霍童山等,适合隐居修行的深山之内,也有许多天后宫,且当地百姓对其十分尊崇与信仰。遍布省城的内陆地区商会,比如绥安会馆(现在的三坊七巷天后宫所在)、建宁会馆、浦城会馆、古田会馆,都是商会与天后宫共同存在。在历经艰险的商贸旅途上,内陆地区客商口中念诵的,是一位海边渔女化身的女神。这位女神,有着怎样的山海情怀呢?

闽省自古产好茶。茶叶是"海上丝绸之路"输出的重要贸易物资。据《绥安会馆碑记》记载,清朝年间,"闽北纸、木、茶、笋等帮,贸迁至省,暨转运天津等处者,险历滩河,逾越海澨,莫不感戴神灵,生计日隆,备臻利涉,思有以报答天后之鸿慈,图建会馆"。水上茶路是福州"海上丝绸之路"重要枢纽地位的历史见证。绥安为建宁县的别称,因此人们习惯性地称之为"建宁馆"。"建宁馆"在福州有两处,除了郎官巷的这一处外,在台江的上杭街还有一处,都是重要的水上货物接驳转运站。不只茶叶,竹笋、莲子、木料等山货,都随着水路,在这里中转、交割贸易。而水路的平安畅通,是山里人过日子的重要保障。其诞辰与飞升之辰,恰农历三月和九月,是春茶、秋茶采收季节。两三百年前,闽北等地的茶叶和其他山货,均由商帮沿闽江顺流而下运抵福州的大小港口,当第一批春茶运抵三坊七巷天后宫门前的码埠后,这第一泡茶叶都以特有祭拜形式敬献给妈祖,以表达对水上航路一帆风顺的感谢,也祈求他们经过内陆水路运抵枢纽口岸福州的物资,畅销海内外。继而形成了承载南北文化交融、蕴含闽商精神和闽茶文化的"茶帮(商帮)拜妈祖"等独特文化形式,是海丝枢纽城市福州对外贸易繁荣的见证与缩影。

据马来西亚槟城福州会馆与槟城福州咖啡茶商会的老人的父老记忆,从清代到解放前福州茶市都是他们在南洋的茶源。而福州的绥安茶商主要是把各地的茶送去武夷山炒制,或把当地炒好的茶,通过福州港转输各地,其中外销国外的茶叶则由泛船浦,即原来的"闽海关"所在地的外国客商收购后转运出国。

"茶帮拜妈祖"这一妈祖信俗内联闽江沿岸,我们可以由此看到由闽江源头,从建宁、泰宁等闽北大片地区,通过福州的对外联系。该文化在 2011 年以前,只能查到只言片语的资料,两者十年来,通过我们不断的深挖探索,包括对相关邻域专家与海外侨胞的采访,相关资料正在逐步完善。在研究中发现,在台湾地区,也有着与之同源的以工会形式存在的"茶郊妈祖"传承。通过福州三坊七巷天后宫"茶帮拜妈祖"这一信俗文化,我们也能进一步看出中国海洋文化的深度与广度。从山海联动到海上福州,让我们寻着这段承载着福州人背山面海、奋斗开拓的道路，从茶帮拜妈祖这一信俗文化的角度去感受福州作为世界茶港、海丝枢纽城市、海丝核心区的重要历史文化积淀。让我们共同揭开这段体现福州人踏浪前行、逾越海滋、开拓海丝之路、将中国文化传向世界的精彩一页。

（作者系福州三坊七巷天后宫、福州海丝信俗文化交流中心负责人）

浅谈海洋文创对霞浦新经济发展的启示

吴巍巍　黄　慧　赖清颖

百里海岸，千年古邑，海洋与农耕文明的汇聚交融，共同培育出霞浦兼容开放和丰厚多元的气蕴。霞浦山海资源丰富，滩广海阔，具有多样景观特色，许多名优土特产饮誉海内外，具有"八闽海鲜出霞浦"的美誉，是闽东最具潜力的沿海大县之一。同时霞浦具有悠久的历史和深厚的文化底蕴，建县距今已逾千年，是福建最古老的县份之一。

一、霞浦发展态势及存在问题

发展现状：农业历来是霞浦的经济主体，农林牧渔业的产值不断上升。其中渔业得天独厚，全县14个乡镇，12个靠海，仅可开发利用的海产藻类养殖面积就达50多万亩，海带紫菜的面积和产量都排在全国沿海县（市）前列，因此获得许多美誉。霞浦的制陶业和造船业历史悠久，晋初置温麻县，即以"温麻船屯"得名，一批省优、部优制造业产品畅销海外，颇负盛名。近年来，随着陆、海、空立体交通网络的基本形成，霞浦已成为闽东、浙南地区的交通枢纽，随之滩涂摄影、假日旅游的市场火爆，从而进一步有力推动了服务业发展。霞浦各乡镇均有值得游玩的自然和人文景观。海洋文化旅游，特别是海洋摄影旅游产业，正逐步成为霞浦经济发展的新增长极。

产业推进与规范：霞浦县立足自身得天独厚的区位、人文和自然优势，正逐渐以海洋养殖和全局旅游两个"富民产业"为撬点，来做大做强一根海带、一卷紫菜、一尾黄鱼、一间民宿等"十个一"特色产业，全力推进乡村振兴战略实施。同时行业的规范和监管也逐渐提上日程，例如针对目前火热的民宿行业，在2020年3月，重新修订出台《霞浦县民宿管理暂行规定》，取缔、整治和处罚不符合条件、违规搭盖乱建民宿，对全县民宿进行安全检查和政策宣传，建立健全民宿奖励激励机制提升霞浦民宿的品牌影响力，监管民宿行业定价，开展"高价民宿"整治行动等。

发展要求与问题：宁德市第五次党代会提出构建"一核两廊五轴"的发展格局、建设"现代化湾区经济的试验区"，为霞浦海洋经济发展指明发展方向。面对更高的要求，反思现状的不足成为必要。虽然在发展中霞浦逐渐开发了一些文创产品，把海洋文化融入产品、民宿以及景观等设计中，但仍然存在产品种类不够丰富、略显粗糙单一、同质化严重、纪念意义及内涵缺乏等问题，在服务业上涌现出一批优质的民俗，但从整体上看服务质量还应该继续提升。

霞浦具有鲜明的海洋特色，在发展与完善中应当充分深入挖掘本土海洋特色。现如今，海洋旅游文创设计不仅仅是一种现代设计形式的体现，更是国家文化发展战略的高度体现，海洋文明直接关乎我们每一个人的生活。科技海洋、绿色海洋、生态海洋、透明海洋、立体海洋等新思潮不断促进人们对海洋文创的开发和利用。随着发展，海洋文创已经给许多地方带来效益，对霞浦来说，也同样意味着挑战和机遇。

二、海洋文创给地方带来的效益

目前国内不少地方的海洋文创已做出成效。如大连市在海洋文创方面的设计是以贝壳为原材料的首饰和印有大连市景色的明信片、冰箱贴、钥匙链等等。南海博物馆以海洋特色设计、制作的文创产品，用贝壳磨制的小饰品、以及结合海南地图，设计了"南海礼物时钟""鱼你在一起"系列。而在省内，福州陈靖姑故居推出"临水夫人"钥匙扣、宣传册等一系列产品。莆田湄洲岛推出妈祖文创，以妈祖肖像与妈祖传说为题材，结合湄洲岛地方特色，开发了"妈祖平安礼"系列旅游文创产品，打造出一系列摆件、饰品、帆布包、抱枕等。在台湾地区，妈祖文创产品的种类也很多，比如有祈福保佑寓意的产品：香包、福袋、御守、香火袋等，也有日常生活密切相关的产品：蛋糕与饼干、背包、育婴用品、文房四宝以及动态贴图等。以上举例中，南海博物馆和湄洲岛的文创在全国范围内享有盛誉，不仅紧扣地域文化特色，推动地方文化传播，在一定程度上也增加了知名度和影响力，又配合了国家宏观政策，为"一带一路"建设做出贡献，很值得借鉴和参照。

霞浦县位于闽北地区，全县海岸线长 404 千米，浅海滩涂面积达 104 万亩，滩涂平均宽度为 619 米，是大陆滩涂面积最大的县。三沙港与台湾基隆隔海相望。霞浦境内有杨家溪、大京等风景名胜区，存有传胪、外浒等 27 座古城堡，拥有高罗、小皓等 10 多个沙滩，海上日出全国闻名，海滩美景独具特色。霞浦在产业上被誉为"中国海带之乡""中国紫菜之乡""中国大黄鱼之乡"和"中国南方海参之乡"。但在文化上还未能深化具有霞浦特色的文化产业。霞浦可以充分利用地理优势，以海洋为主题，进行文化品牌设计。海洋文化产业范畴里包含文创产品。海洋文创产品的出现对优化地方经济产业结构会起到重要的作用。霞浦走海洋文创发展的道路是可行的，但该往哪个方向走，怎么走，是目前急需解决的问题。

首先，霞浦的海洋文创应当与地方文化相结合。文化内涵的深入挖掘是文创产品研发的内在动力。作为妈祖信仰重要的传播地，每年"三月节"霞浦都举行传统民俗"妈祖阿婆走水庆典"，热闹非凡，引起广泛关注。而霞浦松山天后行宫亦是大陆现存历史悠久、规格较高的祭祀海神庙宇，距今已有990多年的历史。这一系列妈祖活动都可以转变为文创产品，制作成明信片、帆布包、钥匙扣等。而天后行宫这一建筑，也可作为文创的底板，进行再创造、再发掘、再传播。剪纸作为霞浦民间文化的一部分，经过漫长的发展演变，不仅体现出海洋文化的艺术特点，而且仍保有着中原汉文化的印迹及畲族文化的固有特性，具有明显的当地文化表征与地方特色。剪纸与文创产品相结合，既可以体现地方特色，也能够发扬传承传统剪纸手工艺术，可谓一举两得。霞浦地区剪纸的独特性在于融合了日常民俗活动和海洋文化生活的场景。剪纸形象以海产动物形象为题材，沿海地域特色明显，容易打造出地方品牌特色。另一方面，将海洋文创与茶文化相结合，展现地方双重特色。霞浦茶文化历史悠久，最早在晋朝就有饮茶的习惯，霞浦的白茶、绿茶、金骏眉等名气较大。但在福建众多茶企的竞争下，霞浦的茶叶除了品质上过关，或许也可以借助海洋文创，走出一条新路子。如在茶叶包装、茶叶罐等加入具有霞浦特色的文创内容，或在茶具的制作中，选用与妈祖活动中相似的配色，或者将霞浦的地图艺术化处理后，应用在喝茶的器具中，一方面加强霞浦茶叶的知名度，另一方面增强霞浦的特色。

其次，应充分发挥海洋优势和已有的品牌效应。霞浦台缘深厚，三沙港与台湾基隆隔海相望，两岸渔民长期同海区作业，人员、货物往来十分频繁，对台方面的联系亦可以成为海洋文创的切入点。两岸渔民共同捕鱼的场景、隔海相望的基隆、波涛汹涌的台湾海峡都可以变成摄影作品，进而转化为海洋文创。而霞浦最广为人知的部分是中国海带之乡、中国紫菜之乡、中国大黄鱼之乡和中国南方海参之乡。海带、紫菜、黄鱼、海参可以变成文创形象呈现，同时联系相关企业进行合作，利用已有的品牌效应，进行文化品牌设计，增加文创产品的可行性空间。

但是需要注意的是，在发展海洋文创的过程中，要充分发挥霞浦地区的地域特色和文化底蕴，避免同质化倾向，结合当地实际情况，不盲目跟从，积极借鉴成功的例子，保护当地文化，挖掘地方特色，为霞浦量身定制一套海洋文创的名片。

三、发展海洋文创给霞浦带来的机遇和挑战

海洋文创的发展，是地方文化的再次创造和呈现，是彰显一个地区文化内涵的标志，更是地方的一张名片。而事物都会有两面性，海洋文创在给霞浦带来机遇的同时，也会带来问题和挑战。

首先，海洋文创能够在一定程度上推动地方经济的发展，带动茶、紫菜、海带等企业齐头并进，以及带动地方的旅游业。文旅融合是海洋文创发展的新机遇，也是地方经济发展的新机遇。海洋文创能够为地方旅游业增加更具特色的一笔。《"十三五"时期文化旅游提升工程实施方案》发布，要求着力改善我国旅游产品和服务供给的总量和结构性矛盾，提升旅游的质量和效益。文化和旅游部的组建也是在旅游业火爆的大环境下，新时代文化产业迭代与融合的重大举措。文化创意此时正好可以发挥其杠杆作用，为文化旅游产业融合升级助力。文旅融合给文创产品带来了更为广阔的空间，也吸引更多的年轻一代，带动地方经济发展。

其次，彰显霞浦地域性文化特色，推动霞浦文化走出去，文创的研发和特色要立足与霞浦丰富的文化内涵，充分利用起当地的非物质文化遗产，用简单明晰的方式，让更多人了解霞浦的文化底蕴，感受霞浦的文化内涵，打造出有文化内涵、有地域特色、有海洋风格的霞浦特色文创产品。在走出去的道路上，将酒店、加油站、博物馆、高速路口休息区充分利用起来，打出地方特色牌。另外采取线上线下相结合的模式，全面推广。

而在目前国内文创产业综合实力较弱、文创产品竞争如此激烈的今天，霞浦也面临着更大的挑战。首先是如何在福建省内展露出头角。霞浦的妈祖文化活动与莆田湄洲岛的妈祖文化活动，有何特别之处，与湄洲岛等地的文创产品既可以是合作关系，也可以是竞争关系。其次是能否做出符合人民审美的个性化文创产品。当前人们对精神文明的追求越来越高，如果仅仅是随大流做的文创产品无法在众多竞争中脱颖而出。再次是海洋文创自身的特殊性。如果能将文创产品与电子科技相结合，在文创产品中听到海浪的声音、看见摆动的海草，会给游客带来别具一格的体验。最后是要有传承和传播中华民族优秀传统文化的使命感。任何

文创产品离不开文化内涵，如何去体现文化内涵，同时又有创新精神，是我们需要思考的问题。

通过分析发现，霞浦新经济的发展面临许多问题，但发展前景非常可观。发展好霞浦新经济，需保持自身优势，积极借鉴成功经验，充分发挥海洋文化的本土特色，立足于地域特色与文化底蕴深度挖掘，通过设计与研发彰显其文化特征与内涵，促进霞浦经济进一步可持续和全面性的发展。

（吴巍巍，福建师范大学闽台区域研究中心副主任、研究员；黄慧，福建师范大学闽台区域研究中心博士生；赖清颖，福建师范大学闽台区域研究中心硕士生）

大力发展环马祖澳旅游，助力两岸融合共赢

纪浩鹏

一、背景说明

连江县黄岐镇与马祖列岛有深厚的地理和历史渊源，两者之间的海域被称为"马祖澳"。环马祖澳周边有马祖列岛，以及苔菉、黄岐、安凯、筱埕等几个乡镇。林宝金书记在连江调研时指出要把连江打造成"海上福州"的桥头堡，环马祖澳位于桥头堡的前沿。大陆连江县于 2010 年提出了建设"环马祖澳旅游区"的构想，马祖方面积极响应。加快推进"海上福州"建设，发展旅游文化产业不可忽视。2021 年 1 月 5 日，福州市委、市政府出台《坚持"3820"战略工程思想精髓加快建设现代化国际城市行动纲要》，明确指出福州要集中力量打造"六城五品"，海上福州和闽都文化都属于福州五大城市品牌，发展旅游文化是打造"六城五品"的应有之义。目前，环马祖澳大陆各乡镇年接待游客总量约 150 万人次，以下是各乡镇每年接待游客量的人次。

表一 环马祖澳大陆各乡镇年接待游客表

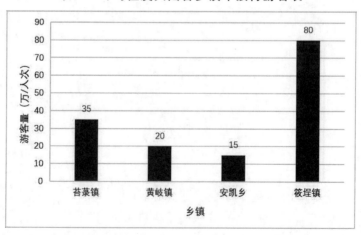

二、存在问题

在经过前期充分地调研后，调研组认为发展"海上福州"战略背景下的旅游文化产业，应以大力建设"环马祖澳旅游区"为重点和抓手。目前，环马祖澳旅游区存在着如下一些问题：

（一）"对台"优势尚不明显

环马祖澳旅游区的"对台"优势没有明显发挥出来，除了两岸关系紧张的因素外，环马祖澳旅游区的建设相对滞后也是重要原因。自2008年以来，马祖与黄岐半岛之间人员往来比较频繁，但对台旅游并没有得到发展。马祖岛上的民众或经由马祖来黄岐半岛的台湾本岛人士赴半岛大多有两方面的目的，一方面是为了采购生活物资和娱乐消费，另一方面则是经由半岛转往福州等大陆其他地区，直接在半岛旅游消费的人数并不多。未来"环马祖澳旅游区"可以打造成台胞登陆旅游的第一家园，对台旅游示范区。

（二）经营上存在分散性

目前，环马祖澳旅游区的经营比较分散，缺乏统合性。分散性表现在两个方面，其一是乡镇之间在发展旅游业时缺乏联系与合作，其二是景点大多由村民自我管理，市场化程度不高。比如苔菉的平流尾地质公园就是苔菉镇北茭村的部分村民在集体管理，安凯乡奇达村也是部分村民在负责景点的维护和运行。经营上的分散性导致资金短缺严重，依靠门票收入无法维持日常的开支，甚至没有办法收回成本。以平流尾地质公园为例，每年门票收入约60万元，但前期总投入已经达到了2000万元。

（三）系统配套不完善

旅游业的发展离不开完善的系统配套。目前，环马祖澳旅游区各乡镇均存在着旅游配套设施不完善等问题。按照全局旅游的观点，旅游配套设施，不仅仅指景点内的设施，还包含整个旅游区的配套建设。环马祖澳的旅游配套设施建设与内地不同，有其特殊性。海边缺地是共通的难题，旅游基础设施建设需要足够的土地供应。比如环马祖澳旅游区内停车位极其匮乏，存量停车位与巨大的旅游需求之间不成正比。部分景点的规划停车位只有不到100个，但在旅游高峰时期的车位需求量却多达数千。海漂垃圾也是环马祖澳旅游区发展旅游业的一个瓶颈，筱埕、安凯、黄岐、苔菉都或多或少面临着海漂垃圾泛滥的问题，但如何治理环马祖澳海漂垃圾一直是一个悬而未决的难题。这需要多方参与、综合治理，仅仅依靠县镇乡无法形成治理成效，需要更高层级的职能部门参与协调治理。

（四）存在同质性

几乎所有沿海省份都会发展滨海旅游，如何在激烈的市场竞争中杀出一片天地则需要坚持主题显明，特色引领。环马祖澳旅游区的旅游业发展就存在着同质性的问题。区内几个乡镇都热衷于打造网红打卡点，在一些网络平台也都有宣传。但总体上存在着同质性，没有发挥各自的特色。比如安凯可以在石头上做文章，筱埕可以在沿海古城上发力，黄岐可以在对台窗口层面下功夫，苔菉可以在特殊地貌的宣传上做进一步探索。

三、对策与建议

基于环马祖澳地区旅游业发展存在的上述问题，为振兴环马祖澳地区的旅游业，进而大力推进"海上福州"建设，调研组特提出以下对策与建议：

（一）打好"台湾"牌

1. 明确定位，预先谋划。打好台湾牌是发展环马祖澳旅游的重中之重。环马祖澳大陆各乡镇目前缺乏旅游资源的整合，为未来把黄岐半岛打造成为台湾游客登陆旅游的第一家园、东南对台旅游的示范区，应先将大陆各乡镇旅游资源进行整合，提出一揽子旅游发展方案。

2. 开发马祖，两岸联动。马祖列岛上的军事设施和基地未来均可作为旅游景点开发。马祖岛上的北海坑道、北竿芹壁村、东引岛均可做进一步地开发。仿照京台高速的设想，将来筹备建设一座连接马祖列岛与黄岐半岛之间的跨海大桥，以缩短马祖与福州之间的交通距离，实现两岸联动。近期，《国家综合立体交通网规划纲要》公布，其中规划 2035 年前修建福州至台北的高铁，基于此，环马祖奥可先行实现交通互联，以达到旅游资源融合发展的效果。

（二）注重旅游业发展的整体性和统合性，大力发展全局旅游

1. 找准问题，明确目标，针对环马祖澳各乡镇在发展旅游业时存在的各自为战、见点不见面、旅游配套不完善的问题，整合现有旅游资源，从全局旅游的视角发展环马祖澳旅游产业非常有必要。全县上下各部门都应该成为发展旅游业的参与者和建设者。全局旅游不强调建设单个的景区、景点，而是突出旅游区域内的整体协调性。目前，筱埕镇等部分乡镇已经开始着手发展全局旅游，并且聘请了省市专家、学者为发展全局旅游的顾问。

2. 优化机制，统筹推进，下一步，可以由福州市、连江县政府职能部门牵头，成立专门的环马祖澳全局旅游协调机构，建议设立环马祖澳旅游开发区管委会，并赋予其一定的项目审批权和监管权，由副处级以上领导兼任管委会主任，

安排专人专岗，并邀请各乡镇派员参加，统一协调环马祖澳旅游区的旅游业建设及发展。同时成立环马祖澳旅游开发公司，探索"管委会＋公司"的全局旅游新运营模式，开发公司原始股由环马祖澳各乡镇及村拥有一部分，镇村之间、镇际之间的比例协商决定，剩余原始股向所有环马祖澳区域内民众募集。设立期权池为未来马祖列岛融入环马祖澳旅游业发展保留足够空间。

（三）深入发掘环马祖澳旅游区的历史与文化资源，增强旅游业发展的软实力

1. 盘点域内历史文化资源。很多地区在发展旅游业时往往会存在一个误区和盲点，增加旅游硬件投入的同时忽略了本区域历史与文化资源的开发与利用。游客所想见到的除了自然风光外，大多即是人文历史，缺乏历史与文化支撑的旅游产业必然没有灵魂。包括黄岐半岛在内的环马祖澳地区有着悠久的历史和丰厚的文化资源。域内被誉为"会城重镇"的筱埕镇定海村有接近 2000 年的历史，有着"千年海甸"之称的安凯乡奇达村也是千年古村。众多历史文化名人在黄岐半岛留下过印迹，诸如托帝投海的南宋大臣陆秀夫、抗击倭寇的戚继光、收复台湾的福建总督姚启圣等。传统文化、红色文化、海洋文化在环祖澳地区交相辉映。

2. 加快历史文化资源的变现。环马祖澳在历史上曾经是一片开放的海域，充分发掘环马祖澳旅游区的历史文化资源，尤其是对外开放时期的历史文化，既有较强的必要性，也有充分的可能性。今后，依托各级档案馆、博物馆，并与科研院校合作，充分挖掘环马祖澳旅游区的历史与文化，以环马祖澳部分乡镇大力建设中心渔港为契机，重点发掘有历史文化底蕴的渔村，比如苔菉的南茭、北茭，黄岐的古石村，安凯的祉洛岛、东洛岛，筱埕的定海村、蛤沙村等，举办"一村一典"活动，讲好环马祖澳故事，助力旅游经济腾飞。建议将环马祖澳历史文化的发掘与文化创意产业紧密结合，打通历史文化资源转变成现实资产的通道。

表二　环马祖澳主要景点简介

景点	所属乡镇	典型意义
马祖列岛	马祖	两岸关系缩影
平流尾地质公园	苔菉	特殊地貌
后沙滩	黄岐	海滨风光
航标灯塔	黄岐	海上渔业
旗冠顶	安凯	福州"马尔代夫"

飞红村	安凯	乡村振兴示范村
渔夫岛	筱埕	滨海度假
定海湾运动小镇	筱埕	滨海旅游
定海古城	筱埕	历史遗迹

（四）紧扣海洋主题，实现旅游与海洋产业的融合发展

1. 巧借政策东风。环马祖澳旅游区的核心资源是海，离开海单独发展旅游业既不现实，也不持久。目前，福州市委市政府高度重视"海上福州"建设，以发展深远海海洋产业为目标，正加快推进"百台万吨"工程，全力打造万亩海上牧场。连江也相应提出要加快建设海洋经济强县。环马祖澳旅游可以借助"海上福州"战略的东风，以打造连江"海上福州"桥头堡为契机，深入贯彻"3820"战略工程思想精髓，促进旅游业与海洋产业的有机、深度融合。下一步，环马祖澳旅游可以参考浙江枸杞岛海上牧场生态体验游，引入社会资本，近海开发与远洋开发相结合，在黄岐半岛近海打造海上牧场精品观光度假区。

2. 长远规划，综合施策。海上平台观光、远洋深海养殖体验、智能捕捞等领域都可以作为下一步发展环马祖澳旅游的抓手和发力点。未来，马祖列岛的深度游、体验游可做进一步的开发与规划，并从统战的政治高度发展马祖列岛旅游。

（五）增加环马祖澳旅游区的青年元素

1. 学习先进经验，增加青年元素。旅游业发展有一条明规则，得青年者得天下。成都、杭州、苏州等全国著名旅游城市都在增加青年元素上下足了功夫。环马祖澳旅游区有良好的旅游和自然资源禀赋，如果能够在增加青年元素上有所进步，吸引更多的年轻人前来旅游，那么环马祖澳旅游区不管在知名度提升，还是在旅游区深度建设上都会有更广阔的空间。

2. 精准发力，多方并举。具体操作可以利用环马祖澳旅游区自然资源，定期举办一些活动。比如可以举办环马祖澳抖音视频大赛、怪石摄影比赛、鲍鱼文化节、海滨篝火烧烤节等活动。同时建议聘请福州籍文化演艺界名人作为环马祖澳旅游形象大使，并依托有实力、有经验的第三方公司，开发环马祖澳文创产品，在青年元素上做足功夫，引流且导流。

（作者系北京大学历史系博士、福州市 2020 届引进生、福州市人才集团副总经理、福州中国船政文化管委会主任助理）

霞浦竹江海洋文化研学构想

郑臣梁

竹江村古名"玑屿",又以岛形似乐器"筑"曰"筑屿"。岛上盛产竹子,又名"竹屿"。后以濒临东吾洋,以"江"为后缀,故名。竹江村位于霞浦县东吾洋北侧的竹江岛上,隶属于霞浦县沙江镇管辖,是中国传统村落,逾今已有800多年历史。小岛面积约0.2平方千米,村民以海带养殖、海蛎养殖、渔业捕捞为主要经济来源。岛上除有省级文物保护单位天后宫、汐路桥等文物外,还流传许多非物质文化遗产。如由明朝江西都昌知县郑洪图总结推广的"竹江郑氏竹蛎养殖技术",被列入宁德市非物质文化遗产名录。当地每年农历三月下旬为纪念妈祖诞辰举办"竹屿妈祖三"活动,其中著名的"阿婆走水"是整个活动的最高潮,观者人山人海。

我们可以通过了解竹江郑氏竹蛎养殖技艺、阿婆走水、汐路桥、锣鼓井、竹屿堡、前澳天后宫、后湾天后宫等海洋文化遗产,感受竹江特有的海洋文化。

一、研学线路

竹蛎养殖四大基地—竹蛎文化展示厅(郑洪图故居)—锣鼓井—前澳天后宫—后湾天后宫—摄影观光栈道—虎头岗摄影点—竹屿堡—汐路桥

二、竹江郑氏竹蛎养殖技艺

(一)竹江郑氏竹蛎养殖技艺

竹江郑氏竹蛎养殖技艺又称竹扦养蛎技术,发源于霞浦县沙江镇竹江村,由竹江郑氏先祖发明,距今已有500多年的历史。将野生海蛎人工驯化,是人类从自然汲取到人工养殖的一个成功的典范。它被誉为"中国海蛎养殖历史的活化石",福建海洋文化的一颗璀璨明珠。

明宣德年间,竹江郑氏始祖蕃衍公定居竹江。据《郑氏宗谱》中《蛎蛹考》

记载，当时的竹江是个孤岛，无田可耕，无山可垦，岛上人主要靠渔箔为生，到明成化年间废渔箔开始养蛎。当时先民取深海牡蛎之壳布于泥沙中，待天时和暖水花孕结而蛎生壳中，次年取所生残壳再布泥沙中，反复生蛎，郑氏族人就靠此蛎蛸谋生。但是因为牡蛎鲜美，大鱼常常吞食，老百姓们用石块将牡蛎养殖海域围住，但大浪又会将石块冲走，因此，海蛎产量极低。其后，郑氏族人用三尺长的竹子扦插在牡蛎养殖海域，发现竹枝生长出大量的牡蛎，而且比蛎壳生蛎更好。于是，郑氏先人砍下竹子长三尺有余，插进滩涂中，第二年，生长出许多牡蛎，因此，人们叫这种方法养殖的牡蛎为"竺蛎"。以竹三尺，故名也。

福建沿海城镇纷纷效仿。郑氏先祖们根据当地气候条件和蛎蛸生长过程研究发明了竹扦养蛎的方法，极大提高了海蛎的产值，不仅养活了全岛族人，而且推广到沙江、涵江、溪南、长春，以及福鼎、福安、宁德等沿海区域，影响力深远。竹江村由此成为竹扦养蛎技术的发源地。

竹江郑氏第九世，明万历江西都昌县知县、诰赠奉直大夫郑洪图也亲身参与了竹江竹蛎的养殖和科学研究，并总结撰写了《蛎蛸考》，详细记载了这种新型的养殖方式，且被载入《霞浦县志》《竹江郑氏宗谱》。郑氏先祖发明的竹扦养蛎技艺代代相传至今，他由此被后人誉为"海蛎王"。郑洪图故居作为竹江郑氏竹蛎文化展示厅，成为外界了解竹江村竹蛎文化的一个重要窗口。展厅吸引了省、市、县有关领导及调研队伍、游客、摄影爱好者等前来考察、参观，受到社会各界的赞扬和肯定，称其为推动霞浦县海洋文化发展，寻访"海上丝绸之路"提供具有历史意义见证的实物。将竹蛎养殖技艺与"海上丝绸之路"相接，进一步提高了竹蛎养殖技艺的历史广度和深度。

2016 年 1 月 6 日，宁德市人民政府将"竹江郑氏竹蛎养殖技艺"列入宁德市级非物质文化遗产名录（宁政文〔2016〕2 号）。

"竹江郑氏竹蛎养殖技艺"是中国海蛎养殖史上一次重大的革新，带动了福建沿海海蛎养殖的空前发展。《蛎蛸考》既是对"竹扦养蛎"发明过程的详细记载，也是对这种新型技术的经验总结，是中国海蛎养殖业的一篇非常重要的著作，有着极高的学术价值、文化价值和经济价值。同时因为海蛎养殖的发展壮大，伴生出现了妈祖走水、清明海蛎祭祖、八大特色菜系的海蛎宴等地域民俗文化。可以说这是一项不可多得的非物质文化遗产，及时有效的申报和保护此项非物质文化遗产，将使得"竹江郑氏竹蛎养殖技艺"得以传承延续和发扬光大。

（二）非遗人物

郑洪图，字光舆，号玉沙，福建福宁州人（今霞浦竹江人），嘉靖庚申年

（1560）生，天启丙寅年（1662）卒，万历辛卯（1591）科举人、江西都昌知县、广西陆川知县、诰赠奉直大夫。授江西都昌县，抑衙蠹，恤舆情，廉能有声，去后民多思之。著有《蛎蒱考》，叙述竹江郑氏先祖发明"竹扦养蛎"技术，其为我国首部系统介绍海蛎养殖的著作，对中国海蛎养殖产生深远影响。

郑惠茂，1963 年出生，霞浦竹江人。竹江郑氏竹蛎养殖技艺第 21 代传人。宁德市非遗代表性传承人、宁德市乡土人才（文化传承人）。几十年来积极投身于竹蛎养殖事业，随着时代的发展使用塑料绳串蛎壳育苗，即"挂蛎技术"（又称"吊养牡蛎"技术）。这是先祖郑洪图公发明竹扦养蛎技术 400 年多年之后的又一次技术改进。这种技术更加快捷，省工省时，而且产量极高。多年来，他全力配合文化部门申报非物质文化遗产，主动整理、收集竹江竹蛎有关的史料，致力于传播和弘扬竹蛎养殖文化，对竹江竹蛎养殖技艺的宣传和保护起到积极的作用。

（三）领导关怀

2016 年 5 月 2 日，霞浦县委书记王斌等领导参观郑洪图故居，关心支持竹江郑氏竹蛎养殖技艺传承与保护工作。2016 年 9 月 22 日，宁德市文广新局与霞浦县文体新局领导莅临郑洪图故居调研。2017 年 3 月 28 日，福建省政协副主席陈绍军带领部分省政协委员、省文化厅、省林业厅、省海洋渔业厅、省旅游局、福建农林大学有关领导及专家、学者赴沙江镇开展"加强农业文化遗产保护，助推城乡旅游业发展"专题调研活动。霞浦县政协主席韦大兴、政法委书记雷大联、政协副主席胡屏辉及沙江镇党委、政府领导等一行陪同调研。调研组一行查看了竹江郑氏竹蛎养殖技艺等三个农业文化遗产项目。陈绍军政协副主席向传承人郑惠茂详细了解"竹江郑氏竹蛎养殖技艺"农业文化遗产保护工作。

（四）媒体对非遗的宣传

2016 年 3 月 24 日，大型海洋文化专题片《千里海疆行》（第四集）播出。2019 年 5 月 11 日，《传承·相生》（第三季）在中央电视台中文国际频道播出，后陆续在央视一套、二套、四套、九套转播，是竹蛎养殖技艺的专题纪录片。2021 年 9 月 6 日，中央电视台科教频道《地理中国·滩涂寻宝》播出，是一部竹江人文地理纪录片，纪录片内容涉及宁德市非遗竹江郑氏竹蛎养殖技艺、竹蛎生产等。

三、阿婆走水

竹江村是个孤岛，岛上居民靠渔业生产为生，信仰妈祖由来已久。竹江的村民将渔业、养殖的丰收，归功于妈祖的保佑。农历三月廿三日为妈祖诞辰日，村民每年必祭祀妈祖海神。"竹屿妈祖三"神节，便是村民用来纪念妈祖女神，在海上救父、救兄和救护遇险渔民而开展的一项民俗活动。神节期间，举行"阿婆走水"（亦称"妈祖走水"）仪式是神诞祭祀之高潮。

"阿婆走水"民俗活动，在竹江当地传承已有 600 多年的历史。在闽东众多妈祖文化中，竹江岛的"妈祖走水"海祭活动最具特色，也最有影响力。2017年，"妈祖信俗"（含"阿婆走水"活动）被列入福建省非物质文化遗产名录。这项活动荣获中国自驾游短线节庆类第一名。

三月廿六日待潮水半涨时，16 名丁壮从后湾天后宫抬着端坐妈祖神像的神舆沿街巡行。前面导以神锣、令旗、龙伞、高灯、街牌、香亭，伴以鼓乐队、神铳手，后跟随着信众香客、围观民众，可谓人山人海。行至竹江西门境沙嘴头（沉尾头）时，只听三声铳响，16 名壮汉甩开众人，口喊号子，抬着神舆疾走如飞，向海边浅水处奔去，溅起层层浪花。海上跑得起劲，岸上的群众喊得也卖力。轿手们在海水中大约跑了 100 多米便停了下来。将神舆抬高又放下，放下又抬高，如此反复蘸水 36 次，兆一年 365 天，谓之"安澜"，意寓波澜汹涌，借神力以安之。旧俗 12 次，兆一年 12 个月，月月风平浪静。平安沾水仪式结束后，大家又抬着轿子原路返回，紧接着便轮到第二队出发。如此循环往复，来祈祷平安与丰收。

四、名胜古迹

（一）前澳天后宫

此宫始建于南宋庆元年间，曰"顺济庙"。明代重建，旧址尚存。清康熙二十九年（1690）扩建，更名"天后宫"，延续至今。主殿"天后宫"，清代建筑风格。边殿"顺济庙"，明代建筑风格。尤其是主殿的砖木悬山顶结构，门楣为五层斗拱，檐口翘角，宫内藻井呈圆形，以 7 层斗拱精雕装嵌。内设戏台。戏台环楼腰壁雕刻有城垛、人物和 8 幅工笔画、4 幅壁画等。

（二）后湾天后宫

此宫始建年代无法考证，一说建于南宋宝庆年间（1225－1227），一说建于元朝，重建及重修有多个说法，一说明嘉靖年间重建，规模宏大。天后宫自北而南依次为照墙、戏台、环楼、天井、中厅、大殿。大殿位于戏台南面，内祀妈祖神像。整个宫殿飞檐翘角，金碧辉煌，均鎏金彩，富丽堂皇，观者无不称奇。

（三）锣鼓井

锣鼓井又名金鼓井。在竹江学堂宫边，上下两井，距不盈尺。以石投之，上者一铿然若锣声，下者一填然似鼓声。据《宁德地区志》记载，这两口井是在明朝永乐年间所掘。两口井皆为"天方地圆"设计。井面皆为正方形，边长分别为1米和0.8米，井下都是圆形，井深达13米。凡游竹江者必欲请试，每年须搬井三四次，因石多的原故。

（四）竹屿堡

此堡古曰"筑屿堡"，始建于明嘉靖年间。堡在屿巅，长约600米，高约3米，用乱毛石砌成。康熙复界后村民出堡环麓而居。今存残墙。竹江岛是著名的抗倭前沿阵地。明嘉靖至万历年间，岛上居民为保家卫国，阻止倭寇与海盗侵挠，进行了长期抗争。在一次战役中，岛上居民与官兵并肩作战，里应外合，共同剿灭倭寇。为此，村民们付出了巨大的牺牲。一战下来，村民死伤数百人，尤以陈氏伤亡最大。岛上尸横遍野，血流成河。竹江岛是个具有光荣历史的宝岛。

（五）汐路桥

该桥位于霞浦县沙江镇竹江村、小马村之间，又名达路桥，系连接陆地与竹江岛的石桥。它是国内目前发现最长的古代海埕石路桥。2009年被确定为省级文物保护单位。清乾隆年间，竹江岛乡绅郑绣轩倡议建桥，至嘉庆十六年（1811），郑启昂献出巨资，开始全面筑建。由于地处滩涂泥泞中，建路桥时，路桥基就用松树打桩，铺垫杂木草皮，然后铺上条石横竖3层砌成。历经3年建成。石板铺设于滩涂上，全长3651米，共架造汐达桥6座。桥每座3—6米，最高2.9米。其中4座桥孔设计为上下双层，具有排潮防淤之功能。

五、滩涂摄影

（一）S湾

S湾位于沙江与竹江之间，在船行的水道旁，众多插在滩涂上的竹竿形成的优美线条，错落有致地排列在大小"S"形的港湾水道两边，构成一幅完美的霞浦滩涂风景画。在落潮的时候才能够看到非常漂亮的"S"形，每年吸引了全国各地的摄影爱好者、游客来沙江拍摄S湾的美景。每当海带收成季节，竹竿上挂满晾晒的海带，来来往往的船只在"S"形的竿影间繁忙穿梭，使得原本美丽的港湾更加丰富多彩，水墨韵律更加美妙突出。2016年里约奥运会上，沙江S湾的风光亮相全球广告大片。

（二）竹蛎四大基地

竹蛎四大基地是传承竹江郑氏竹蛎养殖技艺的主要场所。该基地由竹扦竹蛎育苗滩涂基地、竹扦生　滩涂基地、竹蛎移植深水滩涂育肥基地、竹蛎移植浅水滩涂寄养基地组成。摄影爱好者可在这些基地拍摄生产竹蛎的劳作场景。

（三）日出

清晨太阳从葛洪山升起，竹江的虎头岗摄影点是拍摄日出的绝佳位置。竹江旅游摄影路线以文化观赏、实地操作与亲子游乐等为主题，虎头岗摄影点是竹江旅游摄影路线之一。

六、红色文化

每逢国家危难之际，竹江村人挺身而出，保家卫国，涌现出了郑德苗、郑住昌、陈立广等英雄人物。

（一）郑德苗

郑德苗，又名陈守锯，霞浦竹江人，竹江陈氏养子。1940年入伍，任中国人民解放军第115师炮兵343团副班长。入伍后参加抗日战争。解放战争中，参与淮海战役、平津战役、渡江战役等战役。1949年中国人民解放军第四野战军成立，郑德苗所在部队隶属第四野战军，为林彪、罗荣桓部下。1950年朝鲜战争爆发，郑德苗作为志愿军的一员入朝参加抗美援朝战争。他在大小数十次战役中勇敢奋战，屡立战功，荣立大功两次、二等功三次、小功二次、三等功十次、勋章数十枚。

抗美援朝胜利后郑德苗退伍转业回地方工作。1956年，经中国人民解放军福建省军区批准复员，在政和县外屯伐木场任伐木总务，之后赴福鼎任福鼎白琳茶厂厂长，后回家乡霞浦竹江居住，在霞浦县光荣院安享晚年直至逝世。

郑德苗把一生奉献给了中国革命事业，其为革命鞠躬尽瘁的精神，永远激励后人，光辉事迹，永载革命史册。

（二）郑住昌

郑住昌，霞浦竹江人。于1947年3月入伍，二等兵炮手。1947年9月参加呼和浩特和平解放战争，因战斗英勇，于1950年被授予"华北解放"纪念勋章一枚。1948年11月参加平津战役。

郑住昌于1950年随吴瑞林率领的第42军入朝参加抗美援朝保卫战争，先后参加了五次战役。1950年11月8日在第二次战役中，虽然腿部中弹受伤，但仍然坚持在战斗一线。1951年1月3日，作为先遣部队悄悄潜入"联合国军"阵地前沿发起突击。1951 年，郑住昌随部队参加汉城战役。有一天，连长叫郑住昌去山上侦察，顺便捡些柴火带回连队煮饭。他听到草丛中有摇动之声，经认真观察发现是一个美国兵。郑住昌迅速扑向美国兵，和他打起来，从山坡上坪打到下坪，一直打到美国兵精疲力尽，把美国兵捆到连队。连长称赞道："住昌抓美国兵，今天有功劳！"1954 年 1 月退伍回乡。

郑住昌同志在抗美援朝期间，英勇善战、不怕牺牲，先后被协授予"抗美援朝"纪念勋章三枚，被朝鲜政府授予"二等功"勋章一枚、"三等功"勋章一枚，其家属也被霞浦县人民政府授予"光荣军属"称号。

（三）陈立广

陈立广，又名丁立广。1947 年 11 月入伍，入伍后任中国人民解放军第 39 军 115 师 345 团战士。抗美援朝战争爆发后，随所在部队编入中国人民志愿军第 38 军 24 师 341 团，于 1950 年 10 月首批赴朝作战，参加了第一至第二次战役，奋战于冰天雪地，英勇善战。1950 年 11 月 18 日在朝鲜前线德洞里守备战中阵亡。他的遗体葬于德川德洞。他共荣立小功 3 次。1983 年 7 月经国家民政部、霞浦县人民政府批准为革命烈士。

六、结语

海洋是生命诞生的摇篮，是人类文明的重要发祥地，在人类社会发展的进程中起着举足轻重的作用。深入挖掘竹江海洋文化的内涵，为竹江美丽乡村建设注入文化活力，有助于推进竹江旅游、海洋文化产业的发展。

参考文献

［1］罗汝泽，等，修. 徐友悟，纂. 霞浦县地方志编纂委员会整理，霞浦县志. 1986.

［2］宁德地区地方志编纂委员会. 宁德地区志. 方志出版社，1998.

［3］竹江村文化宣传栏.

［4］竹江村妈祖文化宣传栏.

［5］光绪版竹江郑氏宗谱.

［6］郑洪图. 蛎蛴考.

（作者系国家税务总局霞浦县税务局通讯员）

探索海洋教育视域下全局研学产业创新发展路径

——以福州马尾和厦门为例

陈炎森

一、研学产业与海洋文化产业融合创新的政策机遇

2021 年是"十四五"规划开局之年，也是全面建成小康社会、开启全面建设社会主义现代化国家新征程的关键之年。近期，文化和旅游部印发《"十四五"文化和旅游发展规划》，针对旅游产品和服务提升明确专栏任务："开展国家级研学旅行示范基地创建工作，推出一批主题鲜明、课程精良、运行规范的研学旅行示范基地。"福建"十四五"规划明确提出，要"丰富滨海旅游产品，培育福建特色的邮轮旅游产业；培育生态旅游、文化旅游、海洋旅游等新业态发展"。与此同时，《福建省"十四五"文化和旅游改革发展专项规划》进一步提出针对海洋文化产业提质增效重点任务："培育壮大海洋文化产业，建立福建海洋文化素材库，加强海洋文化资源保护和合理利用。大力发展海洋文化体育娱乐业，支持发展海洋文化体验经济。"充分利用政策叠加的集成优势，为推动研学产业与海洋文化产业的融合创新提供新思路。

立足新发展阶段，以研学新业态为抓手，准确把握新发展理念对加快转变经济发展方式的新要求，通过构建全局研学产业链为培育区域经济发展新动能立柱架梁。

二、全局研学的建设思路与产业化应用

全局研学以研学实践教育基地与营地建设为重要载体，针对产业升级、教育改革、平台经济的发展需求，深化改革，打造文化教育旅游互联平台，推动产业资源数字化、行业工具专业化、跨界交易平台化；促进文教、旅教结合，推进研学教育与文化、旅游业态融合；建设研学教育和国家文化、旅游产业融合发展创新示范区。

　　研学实践教育基地与营地建设不仅推动了实践教育的创新发展，也对当地的文化建设、经济发展、教育水平、产业融合提升具有重要意义：一是有利于活化当地文化资源，促进在地文旅融合发展；二是实践教育基地与营地的运营有利于打造"1+N"发展模式；三是随着基地与营地的运营，地方政府将进一步完善公共教育设施建设，为当地学校教育的发展提供更为丰富多样的教育资源，基地营地为学校教育提供专业内容与优质服务；四是将研学实践教育融入文旅产业不仅可以整合文旅产业原有市场，也将带动两者的结合派生新的消费模式，同时还可以在传统服务产业中派生出新的门类。

　　以福州马尾船政文化研学实践教育产业基地为例，福州齐物中锐致力于打造"1+1+N"船政研学示范区："1"船政文化城核心片区+"1"船政研学营地+"N"多类型实践基地。

　　项目运营发展分为三个阶段：第一阶段，以中小学研学旅行为切入点，引流量聚人气；第二阶段，以打造研学产业链为引擎，拓展产业渠道，盘活区域资源，发挥研学产业对社会积极发展的综合带动作用；第三阶段，以构建产业生态为目标，推动船政文化的活态传承、文化的全面复兴、旅游的全局发展，实现社会价值、教育价值、经济价值的有机统一。

三、新时代海洋教育的可视化探索与实践

　　研学实践教育基地与营地是实施基础，研学课程则是落实国家教育政策和推进文教旅产业融合的关键。从政策支持到产业构建，最终要落实在产品实施和运营。

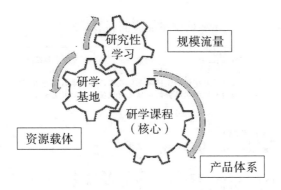

　　研学实践教育作为学校教育和校外教育衔接的创新形式，纳入中小学教育教学计划，计算学时学分，是综合实践育人的有效途径。

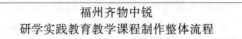

打造研学"线上系统＋线下实践"的一体化流程：研学前，学校选择教育服务供应商，完成申报，通过线上系统完成不同线路主题的选课，学生接受到课程，在线上完成研学前课程预习与知识储备；研学中，组织学生根据不同主题线路开展课程教学；研学后，学生完成课后研学任务清单，提交研学成果，学生的研学素材与数据会归类到综评系统，教师通过线上系统进行评价，最终生成本次研学评价报告和成长记录，可供家长及学生查看，作为未来升学的重要依据。

四、开创霞浦全局研学高质量发展超越新格局

面对新的发展趋势和后"疫情"时代，需要进一步推动霞浦当地资源的创造性转化、创新性发展，形成多样化的表达方式和业态产品。特别是依托新一轮科技革命和新技术的深度应用，重塑文化产品生产流程、重建文化和旅游内容建设方向、重构文化产品应用场景，形成文化产业新业态。

全域研学赋能霞浦新经济发展

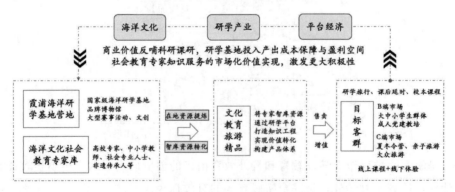

形成产业生态可持续发展的良性循环体系

另一方面，需要打通"政－产－学－研"全局研学产业创新链。政府加强统筹协调，建立工作协调小组，进行顶层设计，推动出台研学支持政策，结合本地实际情况制订相应工作方案，将职责层层分解落实到相关部门和单位，定期检查工作推进情况，切实将好事办好；社会力量参与建设，社会专业机构、社会教育专家与科研单位，整合区域优质资源，提供满足市场需求的高质量研学产品；家校作为目标客群，基于国家教育政策和学校教育教学计划需求，拓宽立德树人育人路径，打造校外实践资源平台，扎实推进素质教育，促进学生全面发展。

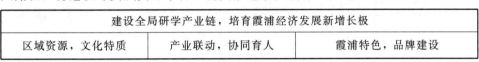

建设全局研学产业链，培育霞浦经济发展新增长极		
区域资源，文化特质	产业联动，协同育人	霞浦特色，品牌建设

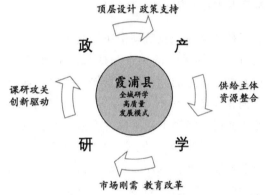

打通"政—产—学—研"全域研学产业创新链

全方面推动霞浦全局研学产业融合创新高质量发展超越，充分挥发霞浦海洋文化产业的资源优势，推动研学产业转向高质量发展，更好服务于省内外广大师生，积极探索研学教育和海洋文化的教学融合，不断丰富教育形式，向世界讲好霞浦海洋文化故事，为培养新时代的海洋产业人才，建设海洋研学强县，谱写海洋强国梦。

（作者系福州齐物塔联教育科技有限公司课程研发部总监）

区域渔文化的传承、研习与展示

——以石狮市弘洋渔文化馆的建设为例

邱 松

一、石狮市渔文化的历史

渔文化，广义而言是人类在渔业活动中所创造出来的人与经济水生生物、人与渔业、人与人之间各种有形无形的关系与成果。石狮市的渔文化的内容很丰富，大致可以分为几大类：渔业的渊源以及发展的历史；各个时期考古发现了许多有关鱼类、渔船、捕捞工具、渔村遗址等等；不同时代的各种渔业生产的渔船、渔具、渔法；各地渔村、渔民不同时代的生活习性、风俗习惯、渔村的建设和风土人情；渔民生产生活的典故、传说、故事、渔谚、书画、戏剧、渔歌等；历代文人墨客、雅士学者描写渔村、渔区、渔民的文章、书画、诗词等等；千姿百态的各种鱼类习性、典故以及历代不同阶层、不同层次积累的观赏鱼文化；各种鱼类的烹饪技术以及年年有"鱼"丰富繁多的华夏饮食；渔业和海洋、湖泊、岛屿以及宗教文化结合的各种故事和传说。这些都是石狮市弘洋渔文化馆收集的重点。

二、石狮市渔文化馆的缘起

石狮市弘洋渔文化馆（原名：石狮海峡渔文化博物馆）是由石狮市鸿山镇东埔村村民自发筹建的民办渔文化馆。渔文化馆展厅300多平方米，近400件的展品多为民间收集而来。约10年前，村里的老渔民邱国凹、邱尚柴、邱清泉、邱尚欣在聊天时，突然聊起一根"大斗"，邱尚柴就提议将当年生产作业的渔具搜集起来。随着搜集的旧渔具越来越多，其他物品也同时收集起来，许多村民也提供了许多民俗、传说等非物质资料，大家便提议干脆建个渔文化馆。经过多方面协调，最终决定将东埔三村老年协会综合楼四楼作为展馆，总面积300多平方米。为丰富馆藏，老渔民们亲自上阵，演示当年切箧、打草桶绳、扛鱼、洗网的场景，拍成照片进行展示，同时收集各式老旧渔具或与渔文化相关的内容，从而使渔文化馆内有着来自海峡两岸的众多馆藏，引进了台湾捕捞技术的灯光捕捞渔船，村里的画家创作了多幅捕鱼题材的作品，船模也是渔民专门请工匠定制的。终于，在 2014 年 9 月 6 日，文化馆正式免费向民众开馆，草根渔民们圆了自己的博物馆之梦。

三、日常经营

渔文化馆开馆以来，一直免费对外开放，吸引了海内外众多游客，成为石狮一道亮丽的风景线，为海洋文化建设添砖加瓦。其中既有各中小学组团前往参观，又有泉州市作家协会、石狮摄影家协会、厦门词曲作家等文艺社团慕名前往采风。同时，渔文化馆配合石狮市妇联开展爱心妈妈一日行活动，配合泉州市海洋与渔业局组织加勒比国家渔业投资与海产品加工技术交流培训班参观，配合石狮市文体旅游广电新闻出版局参与石狮市第七届渔民文化节活动，及中国国际（厦门）渔博会暨亚太水产养殖展览会活动，组织承办了石狮弘洋渔文化馆展品捐赠仪式暨老年大学 25 周年太极拳观摩交流大赛等。通过众多的活动，渔文化馆向外宣传海洋文化，取得了良好的社会效果。

同时，渔文化馆主动关注地方旅游业发展。当下休闲渔业是旅游业的热点话题，是人们对休闲的需求与渔业相结合的产物。为不断提升休闲渔业发展水平，促进渔文化与渔业的良性互动，渔文化馆积极融入海洋经济发展战略、加强品牌建设与推广、拓展发展空间、处理好个性与共性的关系，在特色旅游建设中注入文化元素，传承文化遗产，努力促进特色旅游文化功能"聚而合"、文化形态"精而美"、文化产业"特而强"、文化机制"活而新"。

笔者作为弘洋渔文化馆副馆长，2017 年 4 月，号召成立泉州市港兴海上义务救援中心。这支具备专业素质的救援志愿者队伍，以"开展海上义务救援服务，为沿海渔民及群众排忧解难，协助政府打造平安和谐的海上安全生产环境"为宗旨，以"海上救生、保驾护渔、无私奉献、见义勇为"为团队精神，全力配合海事部门做好各项工作，海上救援行动更是家常便饭，一次次在狂风恶浪中救起了海上遇险、溺水的群众，得到政府部门和当地群众的肯定和支持。为表彰救援中心在海岸救援中的突出贡献，泉州市海上搜救中心特授予笔者"泉州市海上搜救有功个人"荣誉称号。

四、各界交流

作为民间自办的渔文化主题博物馆，渔文化馆特别重视渔文化历史的交流，先后有来自台湾空中大学人文学系副教授、中国文化大学史学研究所博士蔡相辉先生，台湾高雄县仁光慈善会，台湾鹿港文教基金会等台湾组织、个人前往参观，让渔文化馆成为两岸文化交流的新桥梁。2015 年 11 月，渔文化馆组织交流团前往台湾进行交流与访问，历时 8 天的交流收获颇丰，先后与台湾丘（邱）氏宗亲总会、台湾石狮同乡总会等众多社团，及台湾各地渔会进行交流，聘任台湾丘（邱）氏宗亲总会总会长邱明昭、台湾新北市丘（邱）氏宗亲会新任理事长邱鸿达、台湾穆公祠穆公文化发展协会会长邱秋金、高雄海洋探索馆馆长简铭志等担任渔文化馆顾问，邀请他们为新馆建设建言献策。

2015 年 1 月 9 日，渔文化馆和中国闽台缘博物馆建立起结对帮扶关系，依托后者在藏品保管、科学建档、文物保护等方面的专业优势，渔文化馆的办馆水平得到进一步提高。今年 8 月，中国闽台缘博物馆联合渔文化馆开展党建三级联动活动，进一步密切双方联系、充实活动内容。

五、现存问题与思考

当前，随着时代的变化，传统渔文化流失日益严重，新生一代对渔文化的传承热情也日益减退。尤其城市化的快速发展，越来越多渔村的青壮年劳动力涌向城市，下一代的少年也通过读书等途径走向城市，留在农村很少，这使得渔村渔文化的传承面临严峻的危机。而留在渔村中的渔民不仅是渔文化传承的主体，也是渔文化创造和发展的主体。由于历史的原因，当前东埔村包括其他渔村中的渔民总体而言文化素质总体并不高，中学及以下文化居多。渔民的文化素质不高，在某种程度上限制了渔村中渔文化的传承和发展。渔民是最接近渔文化的群体，传统渔文化不仅要传承更要向前发展，而且要把渔文化同乡村振兴和建设海洋文化结合起来。

另外，渔文化馆不在大城市的市区，受到关注较少，因此特别需要领导、专家们的关注与支持。如今年 4 月 1 日上午，福建省文化厅原副厅长、巡视员庄晏成，泉州市人大常委会原副主任、台商投资区原党委书记吴群德，泉州市委宣传部原副部长、市文化局原局长、泉州西湖文化促进会会长龚万全，泉州市物价局原局长吴谋德，泉州市人大常委会原副秘书长李黎琪一行 40 余人莅临渔文化馆调研指导工作。

几年来，石狮市弘洋渔文化馆已经取得突破性发展，随着藏品的增加、展示功能的拓展，正计划择址扩建。渔文化馆将继续创新发展生态旅游业，优化提升现代渔业，弘扬渔业文化，为海洋文明做出应有的贡献。

（作者系泉州市港兴海上义务救援中心主任、石狮市渔文化博物馆副馆长）

互联网助推霞浦海洋养殖的探索与实践

龚碧玲

"互联网＋海洋养殖"的兴起和发展，将推动智慧渔业的发展，促进海洋养殖绿色健康发展，成为农民致富新的增长极。人类文明进入科技时代，科技发展为传统产业发展提供了转型升级的动力。海上水产养殖作为农业的重要组成，自然也赶上了这波变革浪潮。

近年来，智慧渔业不断发展，科技创新在海洋水产养殖的水质控制、饵料投喂、动态监测、循环用水等生产环节不断应用，而实践也证明，智慧渔业的发展将推动海洋水产养殖向高科技含量和高质量转变。而"互联网＋"海洋水产养殖的发展，其实就是智慧渔业的一部分，它的发展壮大必就是给智慧渔业锦上添花。渔业的生产、销售、消费、品牌的建设，质量安全追溯都将大推动、大发展。

物联网渔业的兴起，将推动海洋养殖绿色健康发展。改革开放，人们更需要去追逐美好生活需要，仅从食品角度讲，绿色生态、健康优质将是主流。物联网渔业的兴起，给水产品品质提出更高要求，将从消费端倒逼海洋水产养殖在品种结构、养殖方式上做出调整，向绿色、生态、标准、品牌转变。

"互联网＋海洋养殖"的兴起，将推动霞浦县智慧渔业的发展。

一、"互联网＋海洋养殖"的内涵

"互联网＋"是以互联网为主的新一代信息技术（包括移动互联网、云计算、物联网、大数据等）在经济、社会各部门的扩散、应用与深度配合的过程。其本质是传统产业在线化、数据化。海洋水产养殖作为霞浦最传统的产业之一，在"互联网＋"的发展趋势中潜力巨大。霞浦县在"互联网＋海洋养殖"要大胆探索，充分运用移动互联网、云计算、物联网、大数据等新一代信息技术，对海洋养殖产业链生产、管理以及服务等环节进行改造、优化、升级、重构生产结构，提高生产效率，把霞浦县传统海洋水产养殖落后的生产方式发展成新型高效的生产方式。"互联网＋海洋养殖"是基于互联网平台和通信技术，传统海洋养殖与互联网深度融合，包括生产要素的合理配置，人力、物力、资金的优化调度等，将为霞浦县海洋养殖提供有力的支撑，以提高生产效率，推动生产经营方式变革，形成新的发展生态。

首先在养殖生产领域的智能化海洋水产养殖模式，运用物联网技术，采集养殖水质、养殖生物等有关参数信息，给养殖者决策提供信息，实现饵料、鱼药精准投放，随时操作工具设备，以最小人力、物力投入获取最大收益。二是运用先进的信息化手段，完整、准确的采集各项信息，进行数据分析，为行政管理决策者提供信息。三是运用电子商务平台为海洋养殖生产提供生产物资购买、产品销售、技术培训保险与金融服务，将海洋养殖保障内容延伸到养殖活动的上下游。

二、霞浦县"互联网＋海洋养殖"的发展现状

近年来，霞浦县海洋养殖在水质环境监测，水生动物疾病、鱼情信息动态采集，水质量安全追溯监管，渔技服务，金融保险等渔业生产、管理、服务方面逐渐与互联网融合，改变了霞浦县海洋养殖相对落后的状态，有效提升了产业发展和科技含金量。

自动监测养殖水质环境，能够实现水质环境参数自动在线采集、无线传输。养殖户通过手机、掌上电脑（PDA）、计算机等信息终端，能及时了解养殖水质环境信息，养殖企业、养殖户可以根据水质检测结果分析养殖环境因素与饵料摄取量之间的关系，以及不同养殖品种各生长阶段对营养成分的需求情况，建立起养殖对象在不同生长阶段的最佳投喂模式，实现按需投喂、最优化养殖。目前，霞浦县海洋养殖水质在线监测系统、水质监测点还尚未完善。

远程辅助诊断水生物疾病，是养殖企业、养殖户最为关心、最为敏感的养殖环节，现包括远程会诊、自动诊断和预防警报等3种。自助诊断系统收集常见养殖种类相关疾病的资料图片和防治方法，基层养殖户和技术人员可通过远程会诊系统提交病例和典型症状图片给专家进行远程诊断，也可以对照自助诊断系统中有关疾病资料、典型症状图片自动诊断。目前水生动物疾病远程辅助诊断服务，霞浦县大部分海上养殖专业户还不够重视。建议政府通过新闻媒体加大宣传力度。

（一）问题

一是认识不足。"互联网＋海洋养殖"作为一种新的经济形态，霞浦县业内

各方普遍存在认识不足的问题，主要表现包括：缺乏互联网思维，不能把海上水产养殖发展与互联网结合起来思考，认为把海上水产养殖扯上互联网是一种做秀，华而不实；认为互联网硬件建设投入成本大、资金收回周期较长，中小型养殖企业、养殖户难以承受；认为海洋养殖是传统行业，不适宜搞"互联网＋"。

二是缺少投入。"互联网＋海洋养殖"中经费不足是个突出问题。大量系统建设是以项目带动的方式进行的，资金是一次性投入，缺乏长期投入机制。由于没有后续投入，导致项目建设缓慢，也没有后续的专业维护，只能一次性使用，不能较好地解决实际问题，也不能充分发挥"互联网＋"的作用。

三是重复开发。海上养殖全过程涉及多个服务、管理系统，各个开发单位按照资金的需要开发建设，促使系统建设存在"多、散、杂"的问题，浪费资金、重复建设现象明显，导致信息共享存在问题，不利于大数据的建立和共享，也无法对技术标准和应用效果进行准确评价。

四是人员素质不高。"互联网＋"在霞浦县海洋养殖业的应用上还属于新兴事物。目前，霞浦县养殖户多数年龄偏大、文化水平较低，接受"互联网＋"的能力不强。基层渔技人员的互联网使用技能也普遍不高，缺乏从事物联网建设、渔业大数据运用等专业知识，导致用户体验度不高。

（二）建议

第一，提高思想认识水平。霞浦县渔业主管部门要创新思想认识，破除陈旧观念，牢固树立"互联网＋海洋养殖"的发展思路。做好顶层设计，各类海洋养殖企业、养殖户要充分意识到海洋养殖搭上"互联网快车"是实现海洋养殖业跨越式发展的重要手段。加快关键技术开发与应用，提高海洋养殖发展与互联网的融合度。养殖企业、养殖户使用者要提高"互联网＋"思想意识，用互联网的思维解决海洋养殖生产中的各类问题。

第二，建立长期有效投入机制。发展"互联网＋海洋养殖"，其设施设备成本较高，单靠养殖企业、专业合作社的力量难以有效推动，因此政府资金支持是其发展的必要条件之一。建议建立长效的投入机制，设立政府产业引导资金，通过财政支农、税收减免、价格支持等多种手段。推进物联网、云计算、移动互联等现代信息技术和农业智能装备在渔业生产、经营领域的示范作用，引导和激励渔业企业、专业合作社运用信息化手段发展养殖生产。

第三，行业主管部门要对当前霞浦县的开发力量进行整合，避免无序、混乱开发造成浪费。尽快制定比较合理的各类系统统一的操作标准或操作要求，逐步完善和制定用于帮助海洋养殖企业、养殖户实施"互联网＋海洋养殖"的操作要求，使相关的各个利益主体能够有据可依，以确保海洋养殖企业、养殖户能正确有效地实施、合理有序地开发海洋资源。

第四，提高海洋养殖，服务人员业务水平和能力。对水产专业人员、养殖业者要加强培训教育，提高他们对"互联网＋海洋养殖"的重要作用和发展前景的认识，增强他们接受和学习互联网知识的能力，逐步掌握"互联网＋海洋养殖"新技术，并运用到实际生产管理中去。

第五，出台金融、保险等扶持政策。为保障"互联网＋海洋养殖"能持续、健康地发展，建立和落实相关配套制度显得尤为迫切。要加强相关政策的研究，梳理当前的渔业政策与"互联网＋海洋养殖"不匹配的地方，尽快制定出台有关金融、保险、科技等扶持政策，为霞浦县海洋养殖业的发展创造良好环境，保障霞浦县海洋养殖业能快速、健康发展。

三、"互联网＋海洋养殖"发展前景

制定海洋养殖信息分类、采集、存储、交换服务的一系列技术标准和规范，以实现信息共享。制定海洋养殖信息化管理、功能扩展、运营管理、信息系统功能、风险评估规范以及技术准入规则，逐步建成海洋养殖信息化技术标准规范体系。整合、完善现有各类监测监控设施，制定详细方案，并完成网络改造。公共服务平台在现有门户网络的基础上，实现信息公开、信息发布、交流互动、在线服务，投诉办理反馈等重要功能，建成多渠道、多方式、多样化的公共平台。加强基础安全保障设施建设，制定安全管理策略及相应的制度，健全安全管理机制。全面提供网络、大数据和应用多层次安全保障。

渔业主管部门应利用先进的信息技术，建成先进实用、安全可靠，集信息资源采集、传输、存储、共享与交换、发布、应用服务等功能为一体的数据中心。形成持续稳定的数据汇集、管理、维护的运行机制。集中力量建设有利于霞浦县海洋养殖效率和管理水平的综合办公系统，通过协同办公改变传统的工作模式。实行移动办公，实现电子化、无纸化、网络化、协同化、支持各种移动终端，提供更方便的沟通方式，增强信息共享和沟通能力，提高工作效率。

"互联网＋海洋养殖"的兴起，将是农民增收又一有效渠道。近几年，互联网经济生态发展势头迅猛，互联网商机的火热，也带动了互联网农业的发展。这股大势，海洋养殖也是避无可避的，也无须回避。今后霞浦海洋养殖业的发展走向将由内海海洋养殖向外海深海海洋养殖延伸。由于政府的宏观调控，再加内海海洋养殖面积受限，养殖企业、养殖户的养殖面积范围被严格控制，已不能满足

沿海群众的养殖发展，同时也约束了群众增收。为此，群众就会发挥他们的主观能动性，向外海、深海海洋发展，来壮大自己的养殖规模。霞浦人民的首创精神，将极大激励霞浦人民向发展求生存、求效益。这是时代的迫切要求。如何满足群众的养殖发展需求，政府将面临一次新的挑战，建议政府尽快研究探讨如何使内海海洋养殖向外海深海海洋沿伸的可行性计划。把群众的意愿作为政府的动力。未来霞浦县"互联网＋海洋养殖"浪潮掀起将大大促进霞浦县水产品的交流和流通，也会使霞浦县海洋养殖业进入一次新高潮，又会一次造就为促进霞浦经济发展，拓宽农民收入的大商机来临。这是大农业、大经济发展的应有之意。

（作者系霞浦县溪南海食品有限公司总经理）

中国传统航海绳结的特点与价值

曾俊凯

航海绳结是指在船舶作业、海上生活生产中所使用的绳结。航海绳结伴随着人类的航海活动而产生。中国航海文化历史悠久,流传至今的航海绳结种类多样、文化内涵丰富,是中国航海先人留给我们的宝贵的文化遗产。

一、中国传统航海绳结的特点

(一)种类多样

1. 中国幅员辽阔,境内资源丰富,适合制作绳索的材料众多,所制绳索有棉、麻、棕、竹、藤、革等多种材质,这些材料因质地性能的差异,在绳结打制的样式上也各有特色。如棉、麻类纤维较柔软适合打制常规绳结,竹、藤类纤维多以打制扎、箍、环等形式的绳结使用,革类绳结则做某些特殊用途使用。正是这众多材质性能的差异性,使得相应的绳结表现出不同的形态特征。

2. 中国海岸线漫长,江河纵横,地理环境复杂多样,经历代演进船舶种类繁多,因而船舶作业方式也各有特色,与船舶作业密切关系的绳结打制则又呈现出不同的形态特征。如渔区的绳结特征更多的是呈现在网、渔具上,这类绳结或为网、渔具上特有,或为某种网、渔具上特有,为他处所未见。而在港口贸易区,货物的包装、吊卸、搬运过程中需要捆、拉、背、抬等作业方式,与之相关用途的绳结特征会在这些作业方式中呈现出来。

3. 船舶的船种、船型、吨位的不同对绳结样式的要求也是有差别的。比如,就中式传统锚结而言,木锚和铁锚的结绳方式是有区别的,而同样是铁锚,大船铁锚和小船铁锚的结绳方式又有区别,这样的例子不胜枚举。

所以,由于选用材料的不同、历史地理的变迁、生产作业方式的不同和船型船种的差异造就了中国传统航海绳结非常繁多的形式种类。

（二）形式用途独特

1. 中国航海文化是东方航海文化的代表，与西方航海文化构成世界两大航海文化体系。东西方航海文化最标志性的区别是船舶构造和装备的不同。不同的构造、装备就会产生不同的与之部位相应的绳结。例如，中式帆船使用纵帆，会用到帆踏索，因此桅顶会有"踏索结"，而西式帆船使用横帆，自然没有这种"踏索结"。再如，中式船一般都有配备橹来人力推进，用来摇橹的那根绳结就是"橹板结"，西式船不用橹，自然没有"橹扳结"。类似的专门用途的绳结还很多。

2. 中国人的生产作业的习惯方式也产生了一部分独特的绳结。比如，中国人搬运货物时习惯用肩挑，在扁担上会打上专用的"扁担结"。这样的绳结在西式绳结中未曾见过。

（三）文化内涵丰富

中国传统航海绳结的独特性，不仅表现在绳结形式和打法用途上，还表现绳结名称上。绳结名称的命名一般有以下几种：

1. 以被使用的对象来命名，如"水桶结""猪蹄索"。

2. 以对绳结的形象化来命名，如"梅花结""琵琶头"。

3. 以形容绳结的结实、牢固的程度来命名，如"牛头断""牛钓纽"。

4. 以绳结使用者的身份来命名，如"曲蹄结""番仔接"。

5. 以打制绳结的动作来命名，如"一把抓""两指探"。

这些绳结名称中，有中国特产名，有历史上对专属人群的特定称谓，有生活场景形象。其命名方式反映出中国民族的思维习惯和语言习惯，具有浓郁的地区特色和民族典型性，蕴含丰富的文化内涵。

二、中国传统航海绳结的价值

（一）实用价值

虽然传统帆船已经淡出人们的视野，人们也不再沿用过去的海上作业方式，但仍有相当多的绳结种类在海军、航运、渔业等部门的生产作业中发挥必不可少的作用，是水手渔民必须掌握的技能，特别是近年来航海、野营等户外运动的兴起，航海绳结受到更多人的关注，是从业者必须掌握的一项入门技能。除了专业人士，普通人学会一些绳结打法在日常生活或工作中也有实际帮助。

（二）历史文化传承价值

中国传统航海绳结的历史文化传承价值表现在以下几方面：

1. 古船复原和古船模制作。只要是传统帆船不论是实船或模型都会有索具，有索具就必然有绳结，这些不同部位、不同功能、不同历史时期的绳结能真实而具体地还原再现出原物的历史面貌。可以这么说：判断一条古船模是否经得起考证，判断一个制作者水平的高低，绳结知识是一项重要的考核指标。这就要求古船或船模的建造者必须具备传统航海绳结的知识素养。

2. 博物馆展示。近年来因国家对海洋文化的重视修建了不少涉海类博物馆，这些博物馆对宣传、保护和传承我国的海洋文化发挥了重要的作用。中国传统航海绳结作为传统海洋文化的重要内容，理应受到文化、学术机构的关注和重视，试想一下：如果一家以本土传统海洋文化为主题的博物馆，展示的尽是西式绳结甚至连名称都带字母，而看不到一个中式名称，会让人觉得有多尴尬，人们会误解为中国人用的绳结都是西方人创造的。所以，中国传统航海绳结在博物馆展示时发挥的作用是不可替代的。

3. 传统海洋文化普及教育。历史文化的传承需要后来者。当前，国家提倡振兴中华民族优秀传统文化，社会对传统海洋文化的关注热度也随之提升。许多文化教育机构经常对青少年儿童进行海洋文化意识教育，或讲座，或训练营，形式多样，旨在激发青少年对本土传统文化的认同和热爱。在这些训练课目中讲解传统航海绳结是宣传传统海洋文化最简单、最有效的方式。比如，关于"曲蹄结"，我们可以讲述我国海上蜑民的历史变迁和生活习俗；关于"番仔接"，我们可以讲述中国与西方的海洋贸易、文化的交流与传播；关于"踏索结"，我们可以讲述中西式帆船的不同的构造特征和操作方式等等。我们可以将中国传统航海绳结的实用性、知识性、趣味性结合起来来讲述中国海洋文化故事。遗憾的是由于长期以来国内对传统航海绳结研究的缺失，致很少有人了解中式航海绳结，教员上课都是用西方绳结手册做教材，所讲述的内容往往以西方航海文化为背景。本来是宣传本土文化，结果灌输的都是西方文化。如何将中国传统航海绳结的历史文化价值契入当前的青少年海洋文化意识教育中，是我们要思考的问题。

（三）学术研究价值

中国传统航海绳结产生于古老的航海时代，伴随着舟船历史的发展形成了深厚的文化积淀，是中国航海历史的"见证者"，其中包含着大量的具有研究价值的文化信息。笔者有次查阅某古文献资料，看到上面有"桩奴"二字，联系到传统绳结中有一种"桩奴结"，由是而产生关于某绳结名称之本源、方言术语之流传、舟船形制之沿革等诸悬疑，从绳结和文献中得以相互验证，一一获解。相信在今后的研究、整理中还会有这样的事例。

此外，将中式传统航海绳结和西式传统航海绳结做比较研究，也是值得尝试的课题。

（四）中国传统航海绳结的美学价值

1. 精神象征。传统航海绳结是航海先民在与海洋自然环境的长期斗争中总结出的经验成果，凝聚着航海先民的智慧，代表着勇敢无畏、冒险探索的航海精神，是航海文化的精神符号。人们通过对航海绳结的欣赏，对航海先人的优秀品格发出赞叹，对海洋和航海事业产生热爱，从而形成审美关系，体现审美价值。

2. 风格特征。航海绳结的历史可以追溯到上古时期的原始时代，伴随着人类的航海活动而产生，它们的身上烙刻着原始的文化印记。传统绳索用麻、棕、藤、草等天然纤维材料合股捻制，颜色材质未加矫饰，绳结花式以实用为原则，绳结面貌风格古朴。在恶劣苛刻的海洋环境中，人们对航海绳结的要求是结实、耐用、简易、高效。正如粗犷的海洋对水手性格的锻炼一样，海洋也赋予了航海绳结粗犷的性格：粗壮、结实，在风吹日晒和海浪击打中愈显沧桑和刚毅。可以说，原始、质朴、粗犷是传统航海绳结艺术品格，同时也是有别于其他装饰类绳结的重要标志。

3. 艺术形态。航海绳结的绳索结构由多股合捻或重复合捻而成，绳索本身便产生了独特的纹理。在绳结编打过程，经过弯曲、缠绕、穿插等一系列的动态变化后，绳索的轮廓和纹理对绳结空间产生平行、交叉、放射、重叠等形式的分割，形成主次、曲直、连续、对称等抽象或形象的图案图形，因而具有造型艺术的形式美。

国内对传统航海绳结的研究还相对较少，当前，在国家实施建设海洋强国战略的背景下，传承和宣扬中国传统航海绳结这样的航海文化遗产，对提升中国航海文化在世界航海文化中独立地位和践行海洋强国文化自信，让中国航海文化走向世界，提供有力的内容支持。

（作者系霞浦县艺舟文创工作室负责人）

福建霞浦海带价格指数编制设想

郑珍远

一、什么是价格指数（CPI）

价格指数是反映不同时期一组商品（服务项目）价格水平的变化方向、趋势和程度的经济指标，是经济指数的一种，通常以报告期和基期相对比的相对数来表示。价格指数是研究价格动态变化的一种工具。

二、常用的几种价格指数简介

（一）居民消费价格指数

居民消费价格指数是指反映一定时期内居民消费价格变动趋势和变动程度的相对数，是指城乡居民购买支付生活消费品和服务项目的价格，是社会产品和服务项目的最终价格，同人民生活密切相关，在整个国民经济价格体系中具有极为重要的地位。

居民消费价格指数通常作为观察通货膨胀水平的重要指标。中国的 CPI 包括食品、烟酒及用品、衣着、家庭设备用品及维修服务费、医疗保健和个人用品、交通及通讯、娱乐教育文化用品及服务、居住等 8 个类。一般说来，$0 < CPI < 3\%$，表示有轻微的通货膨胀，这是经济发展所允许的，因为轻微的通货膨胀对经济繁荣是有好处的。$CPI > 3\%$，就是通货膨胀；而当 $CPI > 5\%$ 时，则是严重的通货膨胀，经济发展不稳定，国家相应将出台货币紧缩的政策，如加息、提高银行存款准备金率等。

（二）商品零售价格指数

商品零售价格指数是反映城乡商品零售价格变动趋势的一种经济指数。它的变动直接影响到城乡居民的生活支出和国家财政收入，影响居民的购买力和市场供需平衡以及消费和积累的比例。商品主要包括食品、饮料烟酒、服装鞋帽、纺织品、中西药品、化妆品、书报杂志、文化体育用品、日用品、家用电器、首饰、燃料、建筑装潢材料、机电产品等 14 个大类。

（三）农产品收购价格指数

农产品收购价格指数是反映国有商业、集体商业、个体商业、外贸部门、国家机关、社会团体等各种经济类型的商业企业和有关部门收购农产品价格变动趋势和程度的相对数。农产品收购价格指数可以观察和研究农产品收购价格总水平的变化情况，以及对农民货币收入的影响，作为制订和检查农产品价格政策的依据。

（四）工业品价格指数

工业品价格指数是从生产者方面考虑的物价指数，反映与生产者所购买、出售商品价格变动情况的一种相对数。生产者价格指数的上涨反映了生产者价格的提高，相应地生产者的生产成本增加，生产成本的增加必然转嫁到消费者身上，导致 CPI 的上涨。

（五）固定资产投资价格指数

固定资产投资价格指数是反映固定资产投资额价格变动趋势和程度的相对数。固定资产投资额是由建筑安装工程投资完成额，设备、工器具购置投资完成额和其他费用投资完成额三部分组成的。编制固定资产投资价格指数应首先分别编制上述三部分投资的价格指数，然后采用加权算术平均法求出固定资产投资价格总指数。

编制固定资产投资价格指数可以准确地反映固定资产投资中涉及的各类商品和取费项目价格变动趋势和变动幅度，消除按现价计算的固定资产投资指标中的价格变动因素，真实地反映固定资产投资的规模、速度、结构和效益，为国家科学地制定、检查固定资产投资计划并提高宏观调控水平，为完善国民经济核算体系提供科学的、可靠的依据。

（六）房地产价格指数

房地产价格指数是反映房地产价格变动程度和趋势的相对数，即房产和地产的总称。房地产价格的变动与城镇居民和其他经济主体的经济利益密切相关，它是反映国民经济运行情况的晴雨表，开展房地产价格调查，编制房地产价格指数十分必要。

（七）股票价格指数

股票价格指数就是用以反映整个股票市场上各种股票价格的总体水平及其变动情况的相对数，简称为股票指数。它是由证券交易所或金融服务机构编制的表明股票行市变动的一种供参考的指示数字。由于股票价格起伏无常，投资者必然面临市场价格风险。

三、国内价格指数发展趋势与研发现状

（一）国内价格指数发展趋势

目前，我国价格指数研究还处于起步阶段，但发展势头迅猛。除国家层面外，各个省份地区也积极响应，纷纷编制出了有其地方特色的价格指数。截至目前，我国有不少关于商品价格指数、消费者价格指数的网络平台顺利运行并应用，类型多种多样，如农产品价格指数、能源价格指数、化工价格指数等。

（二）国内价格指数研发现状

价格指数研究和实践，"北上广"和浙江走在前列，但省际之间鲜有交流和合作，加之国内价格指数大型研讨会鲜有召开，这些不利因素严重阻碍了价格指数平台建设的顺畅健康发展，也很难引起政府相关部门的重视和关注。

（1）广东价格指数

广东价格指数平台是首个由国家发展改革委授权的平台，由广东地方政府建立，编制、发布价格指数。

目前，"广东价格指数平台"挑选的都是已经有一定影响力的专业市场，整合、编制、发布了"广东塑料指数""西樵轻纺指数""进口气华南指数""华强北电子市场价格指数""德富塑料指数""广东华南粮食交易价格指数""广州江南果菜批发价格指数""广州钢铁交易指数"和"鱼珠木材指数"等9个指数，可即时查询3353种不同品种和规格的商品价格。

通过价格的分析得出行业景气指数，出台及时、准确、权威的行业预测和预警信息，使广东真正提高其话语权，改变广东商品在定价上的被动局面，使"广东价格"成为影响全国乃至国际相关价格的晴雨表和风向标。

（2）浙江价格指数

一是以专业交易市场业主单位为编制主体。在已编或待编的14项指数中，编制主体为专业市场业主的就有8项。目前编制的价格指数，主要有"中国塑料价格指数""中国海宁皮草指数""义乌中国小商品指数"以及"中国船舶交易价格指数"等。

二是注重经费保障、经费来源多样化。编制指数所需经费来源采用业主自筹与财政拨款相结合的方式，在财政按单项指数核拨经费。

三是价格指数发布平台灵活多元化。浙江省各地市场价格指数发布平台呈现

多样化特点，11 项已发布的市场价格指数中，由商务部授权，通过商务部网站、各新闻网站、商业网站共同发布的指数有 2 个，分别是"柯桥·中国纺织指数"和"义乌·中国小商品指数"。其余 9 项指数通过自建平台、新闻网站和商业网站共同或单独发布，如"中国塑料价格指数"自中塑网首发，现通过中国经编信息网发布。

（3）山东价格指数

山东主要的价格指数现有"山东蔬菜价格指数""临沂商城价格指数""金锣指数""烟台苹果价格指数""青岛橡胶价格指数""鲁花食用油价格指数""淄博石化价格指数""金乡大蒜价格指数""武城辣椒价格指数"。

（4）江苏价格指数

凌家塘农副产品价格指数平台是江苏有代表性的价格指数发布平台，该平台包括农副产品价格指数、蔬菜指数、水产品指数。其中蔬菜包括根类、茎叶类、果实类、食用菌类等；水产品包括鱼类、虾蟹类、其他水产品等。具体指数分日数据、周数据和月数据，都是选用环比指数。

（5）其他价格指数研究单位及组织

中国指数研究院有限公司（简称：中国指数研究院或中指院）是在香港合法注册的研究机构。20 多年来，其依托房天下控股业务覆盖的 600 多个城市的数据资源，建立了历时最长、信息最全的专业房地产数据库，是国家统计局的大数据战略合作伙伴，是国家发改委价格监测预警的合作单位。依据庞大的数据定期发布中国主要城市的价格指数，及时反应房地产市场变化；在多年研究积累的基础上，开展系列房地产市场及企业研究，为行业发展提供重要的决策参考。

中国指数研究院是整合中国房地产指数系统、房天下研究院、中国房地产TOP10 研究组、中国别墅指数系统等研究资源，由国内外几十位专家和数家学术机构共建的全方位服务于中国商业经济的研究机构。其下设指数研究中心、TOP10 研究组、数据信息中心三大体系和华北、华东、华中、华南、西南五个分院，是目前中国最大的房地产专业研究院。

其具体指数研究种类包括"新房价格指数""百城价格指数""二手房销售价格指数""租赁价格指数""中国物业服务价格指数""中国房地产顾客满意度指数""中证房天下大数据指数"，在指数分析上大多选择环比数据。

四、中国荣成海鲜·海带价格指数介绍

由山东省物价局组织、中国海洋大学等单位联合完成的"中国荣成海鲜·海

带价格指数"工作，作为中国海带商品销售运行监督与管理的新举措，将对中国海带产业发展以及全球海带产业发展产生重要的推动作用。

荣成素有"中国海带之乡"的美誉，沿海分布着大大小小的海湾 10 个、岛屿 50 个。荣成海域面积广阔，水质条件优越，海水营养物质丰富，特别适合海带等藻类的生长和繁衍。荣成海带养殖面积和产量多年位居全国前列，有较强的影响力和辐射力。但相对而言，荣成海带还没有在市场竞争中占据优势地位，未掌握主动权，市场价格波动性比较大，影响了荣成海带产业的良性发展。因此，为了发挥市场价格指数与监测预警的晴雨表和信号灯的重要功能，进一步发挥荣成海带产业产量高、质量过硬、产品多样等优势，促进产业可持续健康发展，山东省海带价格指数编制团队编制了"中国荣成海鲜·海带价格指数"，并进行社会化的信息公共服务。

（一）荣成海鲜·海带价格指数的整体架构设计

荣成海鲜·海带价格指数由海带单品价格指数、海带综合价格指数、企业景气指数和企业家信心指数组成。

（1）海带单品价格指数

海带单品价格指数综合反映了单一海带产品的价格变动情况。当海带单品价格指数上升时，显示出海带单品价格的上升，同时反映了市场需求的扩张；反之，当海带单品价格指数下降时，显示出海带单品价格的下降，同时反映了市场需求的缩减。

（2）海带综合价格指数

海带综合价格指数综合反映了海带市场整体价格的变动情况。当海带综合价格指数上升时，显示出海带市场整体价格的上升，同时反映了市场需求的扩张；反之，当海带综合价格指数下降时，显示出海带市场整体价格的下降，同时反映了市场需求的缩减。

（3）企业景气指数

企业景气指数是根据企业负责人对本企业综合生产经营情况的判断与预期而编制的指数，用以综合反映企业的生产经营状况。企业景气指数用正数形式表示，以 100 作为景气指数临界值，其数值范围为 0～200。当景气指数大于临界值 100 时，表明经济状况趋于上升或改善，处于景气状态；当景气指数小于临界值时，表明经济状况趋于下降或不景气状态。

（4）企业家信心指数

企业家信心指数综合反映了企业家对当前宏观经济形势和海带产业发展趋势

的乐观程度。企业家信心指数的取值范围为0~200，以100为临界值。当指数大于100时，反映企业家信心是积极的、乐观的，越接近200，乐观程度越高；当指数小于100时，反映企业家信心是消极的、悲观的，越接近0，悲观程度越深。

（二）荣成海鲜·海带价格指数的主要功能分解

（1）荣成海鲜·海带价格指数平台架构

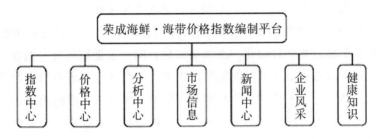

（2）荣成海带价格指数架构

荣成海鲜·海带价格指数由8个海带单品价格指数、3个二级海带综合价格指数、1个一级海带综合价格指数、1个企业景气指数、1个企业家信心指数组成。现有价格指数暂未将烘干海带列入。

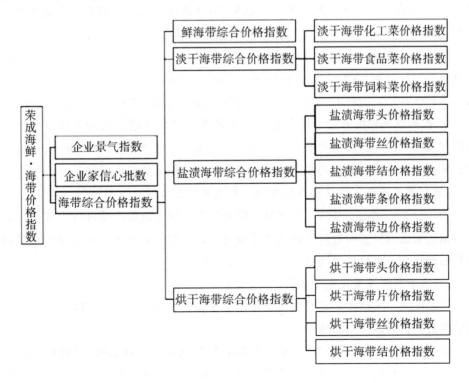

（3）荣成海鲜·海带价格指数编制

通过调研讨论和专家咨询，确定荣成海带分类体系和荣成海鲜·海带价格指数代表规格品，通过计算对比选择荣成海鲜·海带价格指数编制模型，确保荣成海鲜·海带价格指数准确高效地反映荣成海带价格波动情况。

调研发现，不同企业对海带的分类千差万别，存在着交叉、重复的现象。究其原因，是分类的依据没有统一，不同分类下的产品又相互组合，形成了叫法不一的产品。针对以上现实情况，从不同的分类标准出发，分别对海带进行了分类，使海带分类做到更加针对化、更加全方位，同时也更加具有实用性。与此同时，项目组从荣成市海带企业的实际情况出发，综合考虑荣成市海带产业的产业结构、产品结构、企业重要性、产品数量等影响海带价格指数的重要因素，最终提出了兼具实用性与可操作性的荣成市海带价格指数代表规格品分类体系，并对代表规格品进行了编码。

1. 按照海带产品形态分类。海带产品按照形态可以分为海带板菜、海带丝、海带结、海带条、海带边。

2. 按照品质级别分类。参照《干海带》（SC/T 3202—2012），将海带按照品质分为一级品、二级品、三级品。一级品：叶体清洁平展，平直部为深褐色至浅褐色，两棵叶体间无粘贴，无霉变，无花斑，无海带根。二级品：叶体清洁平展，平直部为褐色至黄褐色，两棵叶体间无粘贴，无霉变，允许有花斑，其面积之和不超过叶体面积的 5%，无海带根。三级品：平直部为浅褐色至绿褐色，两棵叶体间无粘贴，允许有花斑，其面积之和不超过叶体面积的 8%，无海带根。

3. 按照成熟程度分类。板菜是指去掉海带头和海带梢之后的中间部分。海带按照成熟程度可以分为绿板菜、黄板菜、红板菜（实际上为海带品种、水质、生长阶段、营养物质合成与积累等差异导致的后续加工品显色变化）。

（三）荣成海鲜·海带价格指数的代表规格品选取

为了分类体系的完整性，首先从不同的标准出发对海带产品进行了分类，最终形成了荣成海鲜·海带价格指数产品分类。代表规格品的选择需要兼顾其作为指数的操作性、可行性等问题。

（1）代表规格品的定义及作用

代表规格品是指按一定原则从全部商品中抽选出来的最有代表性的规格品，即编制价格指数的样本商品。

价格指数应根据市场实际价格来计算，但市场商品多种多样，品牌、型号、规格、等级、花色、式样等千差万别。因此必须从全部商品中选择一些购、销量较大而有代表性的商品作为代表规格品。用代表规格品的价格升降情况，来综合反映全部商品价格变动的趋势和程度。

(2)代表规格品的选取依据

在产品分类中，鲜海带按用途分可以分为鲜海带食品菜、鲜海带化工菜、鲜海带饲料菜。其中，鲜海带化工菜又可以分为鲜化工菜和腌化工菜，且两者价格相差较大，所以将鲜海带食品菜、鲜海带饲料菜、鲜化工菜和腌化工菜纳入规格品。淡干海带的下一级分类——淡干海带食品菜、淡干海带化工菜、淡干海带饲料菜的价格相差较大，且在销售中也会有明确的记录，所以将淡干海带食品菜、淡干海带化工菜、淡干海带饲料菜都纳入代表规格品。对于盐渍海带，从指数的实用性和编制工作的可行性出发，将盐渍海带大头、盐渍海带中头、盐渍海带小头、盐渍海带一级丝、盐渍海带二级丝、盐渍海带边丝、盐渍海带大结、盐渍海带小结、盐渍海带条、盐渍海带边纳入代表规格品。烘干海带是新兴的产品，销售数据不多，现阶段未将其纳入代表规格品，在后期数据完善后，可以将其纳入代表规格品。

(四) 荣成海鲜·海带价格指数编制模型选择

(1)指数编制模型的确定

从价格指数计算方法来看，指数编制方法至少分为未加权和加权两种方法。考虑到分类指数编制、发布、运用的需要，荣成海鲜·海带价格指数采用加权综合指数的 Fisher 指数模型进行编制。

(2)单品价格指数模型设计

单品价格指数就是基本分类的价格指数。在计算单品价格指数时，采用固定权重的加权算术平均指数法编制。

结合海带单品价格的波动情况以及实际数据采集情况，本技术方案将海带单品价格指数的计算周期分为三部分：

年价格指数：以海带单品价格的某年波动为依据，计算海带单品年价格指数。

月价格指数：以海带单品价格的某月波动为依据，计算海带单品月价格指数。

周价格指数：以海带单品价格的某周波动为依据，计算海带单品周价格指数。

(3)综合产品价格指数模型设计

综合产品价格指数是基于不同分类对规格品进行加权综合计算的价格指数。

在计算海带综合产品价格指数时，本技术方案采用加权综合指数的 Fisher 指数模型进行。

结合海带综合产品价格的波动情况以及实际数据采集情况，本技术方案将海带综合产品价格指数的计算周期分为三部分：

年价格指数：以海带综合产品的某年价格波动为依据，计算海带综合产品年价格指数。

月价格指数：以海带综合产品的某月价格波动为依据，计算海带综合产品月价格指数。

周价格指数：以海带综合产品的某周价格波动为依据，计算海带综合产品周价格指数。

（4）企业景气指数和企业家信心指数模型设计

针对荣成海鲜·海带价格指数体系，设计了企业景气指数和企业家信心指数来综合反应荣成企业的发展状况和行业发展趋势。

行业景气指数是对企业景气调查中的定性指标通过定量方法加工汇总，综合反映某一特定调查群体或某一社会经济现象所处的状态或发展趋势的一种指标。

企业景气调查是通过对部分企业负责人定期进行问卷调查，并根据他们对企业经营状况及宏观经济环境的判断和预期来编制景气指数和信心指数，从而准确、及时地反映宏观经济运行态势和企业经营状况，预测经济发展的变动趋势的一种调查统计方法。

企业景气调查以问卷为调查形式，以定性为主、定量为辅、定性与定量相结合的景气指标为体系。问卷设计遵循以下原则：一是所设计问题为企业经营中最核心的问题；二是所设计问题一般不能或无法及时从常规统计数据中获得；三是尽可能了解预期信息，用于对未来经济、行业走势的预判。

海带企业景气调查的范围覆盖海带养殖企业和海带加工企业。

调查内容包括企业基本情况、企业家对本企业生产经营景气状况的判断、企业家对本行业景气状况的判断和企业家对企业生产经营问题的判断。

企业的基本情况包括企业性质、养殖企业海域面积、鲜海带年销售量、干海带年销售量、加工企业占地面积、鲜海带年进货量、干海带年进货量、企业员工数量。

企业家对本企业生产经营景气状况的判断包括企业盈利情况、企业总体经营状况、原材料购进价格、产品销售价格、销量情况、存货周转速度、资金周转状况、销货款回笼情况、员工工资费用、税费情况。

企业家对本行业景气状况的判断包括当前宏观经济形势、海带行业总体经营状况、海带市场需求、海带市场供应、商品流通速度（跨省份交易频率）、行业就业规模、气候环境对海带生产的促进、民众对海带营养保健功能的认知。

企业家对企业生产经营问题的判断包括企业面临的一些基本问题和企业家提出的其他问题。

调查频率为月报，每月最后一周的周一上午 10 点之前，采价员将企业负责人填写的问卷输入系统或企业负责人直接在系统中填写，周一下午上班时间发布指数。

（五）荣成海鲜·海带价格指数计算

编制说明对采价、数据处理、基期、基点等内容进行详细的说明，具体描述了海带的价格、销售量等数据的采集方式，处理原始数据的方法，基期的概念以及确定方法及结果。数据采集流程见图。

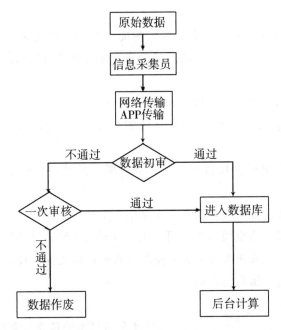

目前，在国内外并没有成熟的海带及海带相关产品的价格指数。海带并非生活必需品，相对小众一些，暂时并没有找到相关价格指数或宏观指数进行相关分析和对比分析。

五、编制海带价格指数的意义——以荣成海带指数为例

价格指数是反映不同时期商品和服务价格变化方向、趋势和程度的经济指

标，是研究价格动态的一种工具，可为制定、调整和检查各项经济政策特别是价格政策提供依据。编制海带价格指数，其重要性可体现在四个方面。

对政府而言，荣成海带价格指数编制符合山东省提出的构建山东价格指数体系的要求，促进全省价格指数体系建设，为推动蓝色经济发展、助力国家海洋强国建设和"一带一路"战略做出贡献，有利于为政府制定和调整海带产业乃至整个海洋产业提供强数据支撑。

对企业而言，海带价格指数编制能够及时反映海带产业价格动态变化，为企业经营决策提供参考。同时有利于企业在行业中准确定位，有利于加强海带生产、加工、销售企业之间的互动与合作，树立行业标杆，形成业内良性竞争。

对行业而言，海带价格指数编制有利于增强荣成海带品牌影响力，形成指数与品牌影响力相互助推的循环格局。海带价格指数编制的综合性、科学性、严谨性，有利于整个行业把握海带产业发展脉络，有利于荣成海带行业增强信心，发挥优势。

对商品需求而言，海带价格指数编制能够为其提供更多、更全面的价格参考，能够降低商品交易成本，促进市场流通，通过成本对价格的影响机制，最终惠及普通消费者。

海带价格指数具有潜在的社会和经济价值：

一是通过海带价格指数监测发布预警，建立"监测—预测—预警—决策"链条；

二是开发海带价格指数衍生品，即指数期货品种，有利于投资者把握市场动态；

三是开发海带企业景气指数和企业家信心指数；

四是开发海带价格空间指数，用于比较不同地区海带价格综合差异程度；

五是与高校合作发布海带生长环境监测数据，量化分析环境对海带质量、产量、市场价格及价格指数的影响。

（作者系福州大学经济与管理学院教授）

后　记

　　本论文集出版得到福建社科院刘小新副院长鼎力支持，并得其亲自为论文集作序。霞浦县政协韦大兴主席为两次研讨会的成功举办殚精竭虑、亲力亲为。闽商文化研究院苏文菁院长主持筹办霞浦海洋文化论坛。海峡文艺出版社提供出版协助。在此一并致以谢忱！

图书在版编目(CIP)数据

霞光照浦丝路帆:海洋文化研讨会(中国·霞浦)论文集/麻健敏主编. —福州:海峡文艺出版社,2022.11
ISBN 978-7-5550-2557-3

Ⅰ.①霞… Ⅱ.①麻… Ⅲ.①海洋-文化-中国-学术会议-文集 Ⅳ.①P7-05

中国版本图书馆 CIP 数据核字(2020)第 260846 号

霞光照浦丝路帆
——海洋文化研讨会(中国·霞浦)论文集

麻健敏　主编
出 版 人　林　滨
责任编辑　朱墨山
出版发行　海峡文艺出版社
经　　销　福建新华发行(集团)有限责任公司
社　　址　福州市东水路 76 号 14 层
发 行 部　0591-87536797
印　　刷　福州印团网印刷有限公司
厂　　址　福州市仓山区十字亭路 4 号金山街道燎原村厂房 4 号楼
开　　本　787 毫米×1092 毫米　1/16
字　　数　330 千字
印　　张　17.75
版　　次　2022 年 11 月第 1 版
印　　次　2022 年 11 月第 1 次印刷
书　　号　ISBN 978-7-5550-2557-3
定　　价　69.00 元

如发现印装质量问题,请寄承印厂调换